관광학개론 · 관광법규
요점 및 기출 · 예상문제집

강익준 편저

관광환경의 변화는 여러 나라들이 관광산업을 국가전략산업으로 지정하고 육성하면서 빠르게 발전하고 있으며, 관광사업 활동도 복잡 · 다양해지고 그에 따른 효과도 여러 측면에서 중요성이 더욱 강조되고 있습니다.

우리나라도 1975년에 관광산업을 국가전략산업으로 지정하여 외래관광객 유치에 노력한 결과 2012년에 방한 관광객 1000만명 시대를 넘어섰고, 2020년 까지 방한관광객 2000만명 달성을 목표로 관광정책을 추진하고 있습니다.
이런 분위기에 부응하여 관광종사원 자격시험제도는 유능한 민간외교관을 양성하는 좋은 제도로서 많은 자격증소지자를 배출해 왔습니다.

특히 관광종사원 자격시험 가운데서도 많은 수험생들이 비교적 어려워하는 관광학개론과 관광법규를 어떻게 하면 학생들이 더욱 알기 쉽게 준비할 수 있을까 하는 바람이 있었습니다. 이에 30여 년간 현장에서 지도해 온 경험을 바탕으로 그간 준비해 온 강의노트와 기출문제들을 분석하여 두 과목을 새로운 경향에 맞추어 효과적으로 정리할 수 있도록 이 책을 출간하게 되었습니다.

이 책은 다음과 같은 내용과 특징으로 구성되었습니다.

첫째, 관광학개론, 관광법규 두 과목을 한 권으로 요약 · 정리하였기 때문에 수험생의 준비시간을 절약할 수 있습니다.
둘째, 자주 바뀌는 시험경향에 따라 최근 기출문제뿐만 아니라 과거의 기출문제까지도 분석하여 예상문제를 만들어 실전과 같이 최종 점검을 할 수 있는 형식을 갖추었습니다.
셋째, 기출 및 예상문제 부분에서는 각 TEST 마지막에 해설을 수록하여 쉽게 정답과 내용을 이해할 수 있도록 하였습니다.
넷째, 최신개정 관광법규, 최근 관광통계 · 용어 등은 삼영서관 홈페이지(www.sysk.kr)에서 그 내용을 확인할 수 있도록 하였습니다.

나름대로 수험생들에게 꼭 필요하다고 생각되는 내용을 요약 · 정리하여 수록하였습니다. 앞으로도 부족한 점들은 더욱 보완하도록 하겠습니다.
끝으로 본 교재가 나오기 까지 도움을 주신 삼영서관 사장님 이하 여러분께 깊은 감사를 드리며 본 교재로 시험을 준비하시는 수험생 여러분의 건투를 빕니다.

저자 **강 익 준**

PART 1 관광학개론

• 1장 • 관광학개론 요점 정리

• 2장 • 관광학개론 통계 및 용어 정리

• 3장 • 관광학개론 기출 및 예상문제

PART 1

관광학개론

1장

관광학개론 요점 정리

01

관광의 개념

1 관광의 개념 요소 : ① 회귀성 ② 이동성 ③ 탈일상성 ④ 경제적 소비

2 관광의 어원

동양	서양	한국
① 중국 : 주역 또는 역경에서 「관국지광, 이용빈우왕」 ② 일본 : 1855년 「관광환」	① 영국 : 1811년 Sporting Magazine ② 독일 : FremdenverKehr	• 신라시대 「계원필경」에서 '관광6년' • 고려 예종11년 「고려사절요」에서 '관광상국' 등

3 관광과 인접한 용어 : 여행, 위락, 여가, 놀이 등

4 UNWTO의 권장안에 따른 관광객 구분(우리나라 통계기준)

① **관광통계에 포함될 수 있는 자 :** 비거주자, 승무원, 해외교포, 비숙박자 등

② **관광통계에 포함될 수 없는 자 :** 국경거주자, 유목민, 난민, 통과여객자(Transit Guest), 이민자 등

5 관광의 효과

① 경제적 효과

가. 외화가득율 = $\frac{\text{국제관광수입} - (\text{국제관광 선전비} + \text{면세품 구입가격})}{\text{국제관광수입}} \times 100$

나. 관광승수 = $\frac{1}{1 - \text{한계소비성향}}$

다. Checky Report : 관광승수는 3.2배 ~ 4.3배 회전하고 선진국은 5.5배 회전한다.

② 사회 · 문화적 효과 : 부정적 효과(반달리즘〈Vandalism〉, 전시효과〈Demonstration Effect〉) 등

③ 환경적 효과

④ 국가안보적 효과

6 서양관광의 역사

① 서양관광형태의 발전과정

- 상업관광 → 종교관광 → 귀족관광 → 대중관광(복지관광)

② 유럽의 발전단계

가. 고대 그리스 시대 : 체육, 요양, 종교 목적(Hospitality)

나. 고대 로마 시대 : 종교, 식도락(Gastronomia), 요양, 예술관광, 등산 목적

- 고대에서 가장 관광이 활발했던 국가
- 포피나(식당 겸 숙박시설), 타베르나(간이식당), 관청에서 발행하는 증명서가 있어야 숙박이 가능했던 맨션(Mansion)이 등장했다.

다. 중세유럽관광 : 십자군 원정으로 종교 관광이 부활

라. 근대유럽의 관광

- 신대륙 발견, 원거리 무역의 확대
- 문예부흥기에 저명한 문호, 사상가, 시인들의 여행 후 기행문 등이 관광여행의 자극제가 되었다.
- 봉건제도의 붕괴로 인한 여행자유화 및 종교 개혁
- 교통수단의 발달 및 소득의 증대

마. 교양관광의 시대 : 18C 후반부터 19C에 이르러 교통수단의 발달 등으로 영국의 국내여행에

서 유럽대륙으로 여행범위가 확대되고 유럽의 귀족, 시인, 문호들이 지식과 견문을 넓히기 위해 유럽의 여러나라를 순방했던 대이동이 이루어지는데 이를 그랜드 투어(Grand Tour)의 시대라고도 한다.

- 1829년 : 카를베네커(K. Baedecker)의 여행안내서(Rhein Land)
- 1845년 : 토마스 쿡(Thomas Cook)이 'Thomas cook & Son. LTD'라는 세계 최초의 여행사 설립 → 서비스적 관광사업 시대의 시작
- 1849년 : 존머리(John Murry)의 여행편람(The Hand Book of London)

바. 1939년 스위스에서 스위스 여행금고 등장 → **Social Tourism(국민관광, 복지관광)의 계기**

사. 대중관광과 복지관광 비교

- 대중관광(Mass Tourism) : 태고시대(역사적 배경), 국민전체, 자연발생적, 자의적 관광, 자기 경비
- 복지관광(Social Tourism) : 국민관광, 여행의 소외계층(저소득층, 노동연령층), 인위적 · 정책적 · 제도적, 국가 · 정부 · 지방자치단체가 주도, 타의적 관광, 남의 경비
- 복지관광(Social Tourism)의 이념 : 형평성, 민주성, 공익성, 문화성

③ 새로운 관광형태

가. New Tourism

나. 대안관광 : 3E, 즉 Education(교육), Entertainment(기분 전환), Excitement(자극) 등

다. 종류 : 녹색관광, 생태관광, 지속가능한 관광, 연성관광, 스포츠관광, 종교관광, 민족관광(Ethnic Tourism), 토착관광, 소규모관광, 통제된 관광 등

라. 현대관광의 특징

- 적극적인 활동, 근로의욕 고취, 동적인 관광, 자아실현 수단
- 복잡 · 다양, 참여관광, 환경보호, 공정관광의 실현 등

④ 관광산업의 새로운 트랜드인 복 · 융합관광

가. 복 · 융합은 복합과 융합의 준말로서 산업내지 경제활동이 서로 섞여 융합되고(fusion), 수렴(convergence)되는 현상으로 단순히 다른 기술이나 제품을 합치는 것이 아니라 더 큰 가치를 창출해 내는 것이다.

나. 의료관광, 농촌관광, 생태관광, 영상관광, 헬스투어리즘, 웰빙(웰니스)관광, 유비쿼터스관광, 교육관광, MICE관광, 쇼핑관광, 환승관광 등을 말하며, 특히 의료관광(Medical Tourism)을 싱가포르, 태국, 말레이시아, 인도, 중국(상해) 등 주변국들이 21세기 국가전략산업으로 삼고 있다. (미국, 남아프리카공화국)

다. 0.5차 산업이라고도 한다.

7 한국관광의 역사

① **1888년 :** 최초의 호텔인 대불호텔

② **1945년 :** 조선여행사(대한여행사)

③ **1949년 :** NWA가 시애틀 – 동경 – 서울 첫 취항

④ **1952년 :** 한 · 대만 항공 협정

⑤ **1954년 :** 교통부 육운국 관광과 설치

⑥ **1961년 :** 관광사업진흥법 최초 제정 공포

⑦ **1962년 :** 관광통역안내사 자격시험 실시, 국제관광공사 설립

⑧ **1963년 :** 교통부 육운국 관광과가 관광국 승격

⑨ **1965년 :** PATA 14차 총회, 관광호텔종사원 자격시험제도 실시, 한 · 일 국교 정상화

⑩ **1967년 :** 최초의 국립공원 지정, UN이 국제관광의 해로 정함

⑪ **1970년 :** 관광호텔 등급제 적용, 최초의 도립공원 금오산 지정

⑫ **1975년 :** 관광산업을 국가전략산업으로 지정

⑬ **1978년 :** 외래객 100만 명 돌파, 자연보호헌장 선포

⑭ **1979년 :** UNWTO에서 매년 9월 27일을 세계관광의 날로 지정

⑮ **1980년 :** 제주도를 무사증 지역으로 지정

⑯ **1983년 :** 50세 이상 국민의 관광목적 해외여행 자유화

⑰ **1989년 :** 해외여행 완전자유화

⑱ **1992년 :** 한 · 중 수교, 한 – 대만 단교

⑲ **1994년 :** 한국 방문의 해, 한 → 중국 관광목적 여행 시작

⑳ **2001년 :** 한국 방문의 해

㉑ **2005년 :** 한 · 일 방문의 해, 해외여행객 1,000만 명 돌파

㉒ **2008년 :** 문화체육관광부 개명, 관광산업선진화 원년 선포

㉓ **2010년 :** 2010~2012 한국 방문의 해 실시(민간주도)

㉔ **2012년 :** 외래객 1,000만 명 돌파, 한 · 중 교류의 해

㉕ **2013년 :** 외래시장이 일본 중심에서 중국 중심으로 전환

㉖ **2014년 :** 외래객 1,400만 명 돌파, 한–러 무비자협정 발효

㉗ **2015년 :** 한국인 중국 방문의 해, 이태리 밀라노 EXPO 개최

㉘ **2016년 :** 중국인 한국 방문의 해, "2016~2018 한국 방문의 해 캠페인", 해외 여행객 2,000만 명 돌파

㉙ **2017년 :** 중국의 한한령으로 중국관광객이 감소, 방한 관광객이 전년 대비 22.7% 감소

8 한국관광의 정책적 발전과정 : Inbound Tour → Domestic Tour → Outbound Tour

02

관광의 수요 및 공급요소

1 관광의 구성요소

① 주체 : 관광을 하고자 하는 의욕을 가진 사람 → 관광객
(관광동기, 관광의욕(욕구), 관광수요시장, 관광소비시장, 관광객공급시장)

② 객체 : 관광객의 욕구를 충족시키는 관광행동의 목적물 → 관광대상
(관광자원, 관광시설, 관광공급시장, 관광수용시장)

③ 매체 : 관광객을 상대로 직접 · 간접 또는 영리 · 비영리를 목적으로 재화나 서비스를 제공하는 사업 → 관광사업
(시간적 매체, 공간적 매체, 기능적 매체, 영리사업, 비영리사업)

2 머슬로우(Maslow)의 욕구 5단계

① 생리적 욕구(기본적 욕구)

② 안전의 욕구

③ 사회적 욕구(소속의 욕구)

④ 지위 및 존경 욕구

⑤ 자기실현 욕구(관광 욕구)

3 관광수요의 유형

① 유효수요, ② 잠재수요, ③ 유도수요

4 수요 예측방법

① 정성적 예측방법, 질적 예측방법, 장기미래수요 예측방법
: 역사적 예측방법, 전문가 패널, 델파이 기법, 시나리오 모델, 집행부 의견수렴법

② 정량적 수요 예측방법, 양적 예측방법, 단기미래수요 예측방법
: 회귀분석법, 시계열 분석법, 중력모형, 개재기회 모형

5 관광행동의 단계변화

노는 관광 → 쉬는 관광(후진국형) → 보는 관광(중진국형) → 움직이는 관광(선진국형)

6 관광행동의 확대요인

① **경제적 요인** : 가처분 소득증가, 생활수준 향상, 소비지출구조 변화 등

② **사회적 요인** : 자유시간 증가, 인구의 고령화, 사회보장제도의 확대 등

③ **문화적 요인** : 교육기회 증대, 정보의 풍부성, 지식에 대한 욕구 등

④ **심리적 요인**

가. **내적요인** – 태도, 지각, 학습, 동기, 성격

나. **외적요인(사회 · 문화적 요인)** – 준거집단, 사회계층, 역할과 가족영향, 문화와 하위문화

7 스탠리 플로그(Stanley Plog)의 관광행동 유형

① **안전지향형(Psychocentries)** : 사고중심형(패키지투어에 참여하기 좋아함, 친근성 있는 관광지, 자동차 드라이브로 도착 가능한 목적지 선호 등)

② **중간지향형(Midcentries)** : 중간형

③ **새로움지향형(Allocentries)** : 행동중심형(반제품 관광〈halfmade tour〉에 참여하기 좋아함, 관광객들이 많이 방문하지 않는 관광 목적지 선호, 항공기로 도착가능한 목적지 선호 등)

8 Push-Pull 요인

① **Push** : 여행 동기 등 여행을 가지 않을 수 없는 관광객의 내적요인
(아노미 현상, 건강, 정신적 요인, 쾌락추구 등)

② **Pull** : 관광객체에 의한 매력이나 유인성 때문에 관광을 가게 되는 외적 요인
(문화적 자원, 자연적 자원 등)

9 관광객의 의사결정 과정

① **제1단계** : 관광을 하고자 하는 욕구와 필요성을 느낀다. (문제인식) – 자극(Stimuli)

② **제2단계** : 관광에 필요한 정보수집을 하고 평가를 한다. (정보의 탐색) – 동기유발(Motivation)

③ **제3단계** : 관광목적지, 형태, 교통수단, 숙박시설 등을 선택 · 결정한다. (대안평가) – 태도결정(Attitude)

④ **제4단계** : 관광에 대한 준비와 실제 관광을 한다. (구매결정) – 관광행동(Behaviar)

⑤ **제5단계** : 만족 · 불만족에 대한 평가를 한다. (구매 후 평가) – 재방문 욕구(Postpurchase Evaluation)

03

관광자원개발

1 관광대상

① **관광시설** : 관광자원을 관광대상으로 기능화 시키기 위한 시설을 가리키기도 하고 그 자체 관광자원으로서 관광자원과 같은 관광객 유인기능을 갖기도 한다.

② **관광자원** : 관광대상 가운데 소재부분을 가리키고 관광자원개발이라는 인위적 작용에 의해 실제 이용할 수 있는 기능적 가치가 있는 것

가. 종류

1) 자연적 자원

2) 인공적 자원

- 문화적 자원 – 문화재로 지정된 자원이 대부분이다.
- 사회적 자원 – 공공시설, 사회현상, 고전적 예술
- 산업적 자원 – 1952년 프랑스에서 시작, 1차 산업, 기술적 자원, 상업관련 시설, 공장 등

나. 문화재의 구분(문화재청장이 지정)

: 국보, 보물, 무형문화재, 사적, 명승, 천연기념물, 민속자료 등

2 관광자원개발

① 관광자원개발 방법

가. 관광자원 자체의 개발(조성 · 정비) : 자연적 자원, 인공적 자원 등

나. 기반시설의 개발 : 교통시설, 통신시설, 상 · 하수도 시설 등

다. 부대시설의 개발 : 각종 숙박시설, 전망시설, 기타 위락시설 등

라. 해외시장의 개척 및 선전 : 각종 홍보 수단 이용

마. 인적자원 개발 : 유능한 종사원 양성

② 조건

가. 지리적 조건 : 거리 · 교통시간 등 거리적 입지조건, 경합관광지 등 고려

나. 자연적 조건 : 자연경관

다. 사회적 조건 : 관계법령에 의한 법적 규제, 주민동의

③ 관광개발의 주체

가. 국가기관 등 공공부문에 의한 개발 (제 1sector)
나. 민간기업에 의한 개발 (제 2sector)
다. 국가기관 등과 민간기업에 의한 공동개발 (제 3sector)
라. 지역주민과 국가기관 등의 공동개발 (제 4sector)
마. 민간기업과 지역주민의 공동개발 (제 5sector)
바. 국가기관 등과 민간기업, 지역주민의 공동개발 (Joint sector : 혼합 sector)

④ 관광개발 주체의 개발 방법의 장 · 단점

장 · 단점 주체	장점	단점
국가기관에 의한 개발 (공공주도형)	• 개발에 필요한 예산확보 용이 • 개발착수 등 안정적 개발 가능 • 비영리 부분의 투자가능성이 높다.	• 비효율적인 운영 • 사회적으로 무책임한 개발 가능 • 실패 시 주민의 부담이 큼
민간기업에 의한 개발	• 운영이 효율적이다. • 투자 자원의 확보가 용이하다. • 투자가 의욕적이고 적극적이다.	• 지역 주민의 의사배제 가능성이 높다. • 이익 발생 시 외부유출이 높다. • 비영리 부분의 투자가능성이 낮다.
국가기관과 민간기업에 의한 공동개발	• 단독개발의 단점 보완 • 개발에 필요한 기술과 자본금의 효과적 협력이 가능하다.	• 개발 주체 간의 의견 대립 가능성이 크다.

3 관광개발계획

① 관광개발계획의 단계

: 구상계획 → 기본계획 → 실시계획 → 사업계획 → 관리계획

② 관광개발계획의 이념

가. 공익성　　나. 민주성　　다. 효율성
라. 형평성　　마. 지역성　　바. 문화성

③ UNWTO의 관광개발계획 단계에 의한 분류

가. 거시적 단계계획　　나. 과정적 단계계획　　다. 미시적 단계계획

4 관광자원분석

① 관광자원 분석기법

가. 망분석법　　나. 임의지점법　　다. 직감적기법

② 관광자원 관리방안

가. 거점개발 방식	나. 모형문화센터	다. 자연휴식년제
라. 가격차별화	마. 사전예약제	바. 휴가시기 변경

③ 독시(Doxey)의 관광개발과 관광지 주민의 반응단계

: 도취단계 → 무관심단계 → 분노의 단계 → 적대의 관계 → 최종 단계

5 관광자원개발정책

① 국립공원제도

가. 세계 최초의 국립공원 : 1872년 미국의 옐로스톤(Yellowstone) 국립공원

나. 세계 최대의 국립공원 : 1907년 캐나다의 재스퍼(Jasper) 국립공원

다. 우리나라의 국립공원

1) 2019년 12월 현재 22개소 지정

2) 최초의 국립공원 : 1967년 지리산 국립공원

3) 국립공원 지정 – 환경부 장관, 도립공원 지정 – 시 · 도지사

② 관광지 개발

가. 관광단지

1) 시 · 도지사가 지정

2) 1973년 최초로 경주 보문관광단지 개발 시작

3) 2019년 12월 현재 47개소 지정

나. 관광특구

1) 시 · 도지사가 지정

2) 1994년 8월 최초로 5개 지역 지정 – 부산 해운대, 대전 유성, 강원 설악, 경북 경주, 제주

3) 서울 6개 지역 지정 (2014년 12월 강남마이스 관광특구 지정)

4) 2019년 12월 현재 13개 시 · 도 31개소 지정 (수원 화성 : 2016. 1. 15 지정)

다. 관광지

1) 시 · 도지사가 지정

2) 자연적 · 문화적 자원 + 편의시설 + 진흥법에 의해 지정된 곳

3) 2019년 12월 현재 228개소 지정

라. 관광레저도시(관광레저형 기업도시)

1) 2004년 '기업도시 개발특별법' 제정으로 개발되는 관광과 레저 기능을 중심으로 산업 · 주거 · 의료 · 교육 · 문화시설 등 정주시설이 복합된 자족형 도시

2) 2005년 3월 31일 문화체육관광부에 관광레저도시 추진기획단 설치

3) 2014년 12월 현재 태안 관광레저형 기업도시와 영암 · 해남 관광레저형 기업도시가 시범사업으로 추진되고 있다.

마. 관광개발 기본계획

1) 매 10년마다 문화체육관광부장관이 수립한다.

2) 2012년 ~ 2021년까지 제3차 관광개발 기본계획이 추진 중

3) 제3차 관광개발 기본계획 5대 관광 목표

: 창조관광, 녹색관광, 생활관광, 공정관광, 경제관광

4) 제3차 관광개발 기본계획 7대 광역관광권

: 수도관광권, 강원관광권, 충청관광권, 대구 · 경북관광권, 부 · 울 · 경관광권, 호남관광권, 제주관광권

5) 제3차 관광개발 기본계획 6대 초광역 관광벨트

: 서해안 관광벨트, 동해안 관광벨트, 남해안 관광벨트, 한반도 평화생태 관광벨트, 백두대간 생태문화 관광벨트, 강변생태문화 관광벨트

바. 관광권 : 관광자원의 동질성 및 고유성과 국토의 전반적인 공간질서 면에서는 상호유기적인 연계성을 확보해야 한다.

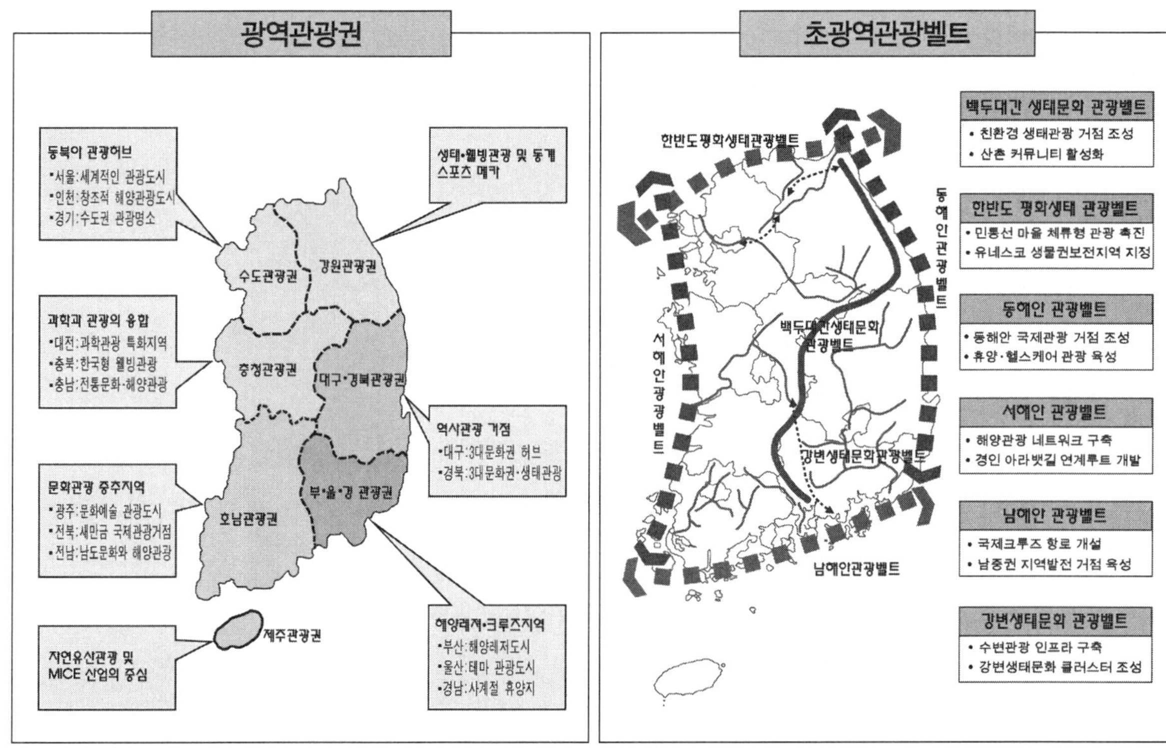

04

관광사업경영

1 유럽의 관광사업의 발전과정

: 자연발생적 관광사업시대(기생형) – 서비스적 관광사업시대(매개형) – 개발조직적 관광사업시대(개발형)

2 관광사업의 주체

① **영리 목적의 사업자 :** 민간기업(여행업, 숙박업, 교통업 등) → 관광경영

② **비영리 목적의 사업자 :** 국가 · 정부 · 지방단체 · 공공기관 등 → 관광행정

3 관광사업의 특징

① **복합성 :** 사업주체의 복합성, 사업내용의 복합성

② **입지의존성 :** 불연속 생산활동(계절성), 생산 · 소비 동시완결형(무형성), 노동 · 시설율이 상승

③ **공익성과 수익성**

④ **변동성 :** 사회적 요인, 경제적 요인, 자연적 요인

⑤ **양면성 :** 수동적, 능동적

⑥ **서비스성**

⑦ **매체성**

⑧ **경립성**

⑨ **지역성**

⑩ **다면성(다각성)**

4 교통업의 기본적 성격

① **무형재 :** 생산즉 소비, 소비즉 생산의 성격을 띠고 있기 때문에 생산된 재화의 저장이 불가능하다.

② **수요의 편재성 :** 교통수요는 시간적 · 공간적으로 커다란 파동을 일으킨다. 또한 성수기와 비수기의 편재성도 강하게 나타난다.

③ **자본의 유휴성 :** 교통수요가 시간적 · 지역적으로 편재하고 있다는 것은 성수기를 제외하면 적재력이 남아돌아간다는 것이다.

④ **독점성 :** 일정한 노선을 확보하고 있는 교통사업은 당초부터 자연적 독점형태의 성격을 띠고 있다.

5 각국의 철도 승차권

① Amtrak : 미국 국립철도 회사의 마케팅 명칭

② Britrail Pass : 영국 · 스코틀랜드 · 웨일스를 여행할 수 있는 승차권

③ 유로패스 : 프랑스 · 독일 · 이탈리아 · 스위스 · 스페인과 인접한 4지역 중 최대 2개 지역권까지 선택할 수 있는 맞춤 패스

④ 코레일 Pac : 우리나라의 철도종합 관광상품

⑤ 한일공동승차권 : 한국에서 일본까지 KTX–부관훼리–일본철도를 이용해서 7일간 여행할 수 있는 티켓이다.

⑥ 유레일패스(유럽 28개국 이용 : 영국 사용불가)

⑦ Japan Rail Pass

⑧ 유로스타(Euro Star) : 영국, 프랑스, 벨기에를 시속 300km로 연결하는 국제고속철도

6 항공기의 종류

① CTOL : 보통 이 · 착륙기

② STOL : 단거리 이 · 착륙기

③ VTOL : 수직 이 · 착륙기

7 육상운송업

① Fly and Drive : 교통수단을 바꿔 타는 관광형태

② 렌터카 사업은 1930년 미국에서 번창하였고, 성공한 이유는

가. 항공여행의 대중화에 따른 항공여행과의 결합

나. 고속도로의 발달과 도로정비가 잘 되었고

다. 편리한 장소에서 반환이 가능하도록 한 시스템의 구축 등이다.

05

숙박업

1 숙박시설

① 전통적 숙박시설(Traditional Accommodation) : 호텔, 모텔, 펜션, 유스호스텔 등

② 보조적 숙박시설(Supplementary Accommodation) : Cottage, Cabin, 방갈로 등

2 숙박업의 발전과정

: Hotel Industry → Hotel & Motel Industry → Lodging Industry → Hospitality Industry

3 관광숙박업의 종류

① 호텔업 : 관광호텔업, 수상관광호텔업, 한국전통호텔업, 가족호텔업, 호스텔업, 소형호텔업, 의료관광호텔업

② 휴양콘도미니엄업

4 호텔의 어원 변화

: Hospital – Hostel – Inn – Hotel

5 호텔의 역사적 발전과정

: Inn의 시대 → 그랜드(Grand)호텔 시대 → Commercial호텔 시대 → New age호텔 시대

6 각국 호텔의 발전사

① 독일 : 1807년에 독일 최초의 호텔 바디셰호프

② 프랑스

- 1850년에 파리에 세워진 최초의 그랜드호텔(Le Grand Hotel)
- 1880년에 세워진 체인호텔의 효시가 된 리츠호텔(Ritz Hotel)
  → Guest is my King, Guest is always Right.

③ 미국

가. 1794년에 미국 최초의 City Hotel : 미국 호텔 산업의 제1차 황금기

나. **1829년 호텔산업의 원조인 트레몬트하우스**(Tremont House) : 최초로 로비를 구비, 지배인 제도 채용, 프랑스요리 소개, 모닝콜제도 등 실시

다. **1893년 뉴욕에 월도프애스토리아 호텔**(Waldorf Astoria Hotel) : 지배인 푸마가 Waldorf Manual을 작성했고, 근대적인 호텔 회계 확립

라. **1908년 버팔로 스타틀러 호텔**(Statler Hotel) : 호텔의 혁명왕인 스타틀러가 "1.5$로 욕실이 딸린 객실을 제공한다."는 슬로건으로 상용호텔의 효시를 이룸, Studio Bed 개발, '방해하지 마시오'카드 사용 등으로 미국 호텔산업의 2차 황금기를 이룸

마. 제2차 세계대전 후 쉐라톤 호텔(Sheraton Hotel)의 창업자인 어니스트 핸더슨(Earnest Handerson)과 힐튼 호텔(Hilton Hotel) 창업자인 콘라트 힐튼(Conlard N. Hilton)의 등장으로 전 호텔업계를 2등분하는 세력으로 등장하였다. Hilton은 체인화이론, 즉 관리경영 위탁방식(Managemaent Contract)을 완성했다.

바. 모텔의 등장

- Holiday Inn의 창업자 케몬스윌슨(Kemmons Wilson)
- 프랜차이즈를 이용 모텔을 체인화시켰다.
- 저요금 숙박시설 경영의 경영비결을 들 수 있다.

사. 메리어트(Marriott) : 드라이브인 레스토랑과 고급 레스토랑을 운영했다.

아. 세계 최대의 리조트 호텔 : 지중해클럽(Club Méd)

7 호텔기업 경영의 특수성

① 일시적 최초투자 비율이 높다.

② 자본회전율이 낮다.

③ 고정자산 구성비율이 높다.

④ 건물 및 시설의 노후화가 빠르다.

⑤ 인적자원에 대한 의존도가 높다.

⑥ 연중무휴의 상품이다.

⑦ 수지균형의 고율성

⑧ 호텔경영의 3요소 (3S : Service, Sales, Science)

⑨ 비보관성 상품이다.

⑩ 비신축성 상품이다.

⑪ 비전매성 상품이다.

⑫ 계절성 상품이다.

⑬ 공공성 상품이다.

⑭ 다인자성 상품이다.

⑮ 기계화의 한계성이 있는 상품이다.

⑯ 고정경비 지출이 과대하다.

8 호텔의 기본 조직

① Front of House (현관 · 객실 분야) : Front office, House keeping, 현관접객(Uniformed Service) 부서

② Back of House (F&B, 식음료 분야, Catering) : 식당, 연회(Banquet), 주방, 주장(酒場)

③ Entertainment and Banquet Dept. (오락 · 연회 부문)

④ Management and Executive Dept. (관리 부문)

9 모텔(Motorist Hotel)의 특징

① 건전한 호텔로서의 인상을 준다.

② 숙박비가 저렴하다.

③ 주차가 편리하다.

④ 옥외부대 시설의 활용이 용이하다.

⑤ NO TIP 제도이다.

⑥ 객실예약이 불필요하다.

⑦ 이용과 행동이 자유롭다.

10 유스호스텔(Youth Hostel)

① Social Tourism의 한 분야로서 청소년호텔이다.

② 독일에서 리하르트 쉬르만(R. Schirmann)이라는 초등학교 여교사에 의해 시작되었다.

③ 1932년 국제유스호스텔연맹(IYHF)이 네덜란드 암스테르담에서 발족했고, 우리나라는 1967년 한국유스호스텔 연맹이 발족되었다.

④ 본부는 영국에 있고, parent라는 관리인이 관리 · 감독한다.

⑤ 유스호스텔의 지도원칙

가. 인종, 종교 및 언어의 구별이 없다.
나. 저액의 통일요금제도이다.
다. 젊은이에게 우선권을 부여한다.
라. 한 국가에 한 개의 조직만을 승인한다.
마. 회원증 제도이다.

11 콘도미니엄(Condominium)

① con(공동) + dominate(소유하다) + ium(어미)의 합성어이다.

② 콘도미니엄의 객실단위는 Unit이라 한다.

③ 콘도미니엄의 이용제도

- 기간제 이용소유권(Time Sharing Ownership)
- 휴가권제도(Vacation License Concept)
- 공간은행(Space Bank)

12 호텔의 요금제도

① 유럽식제도(European Plan) : 객실요금만. 우리나라에서 많이 이용되는 제도

② 대륙식제도(Continental Plan) : 1박 1식 제도. 유럽에서 많이 이용되는 제도. 대륙식 조식이 포함된다.

③ 수정미국식제도(Modified American Plan) : 1박 2식 제도. Half Pension이라고도 함

④ 미국식제도(American Plsn) : 1박 3식 제도. Full Pension, Full Board, B&B라고도 함

⑤ 혼용식제도(Dual Plan) : 미국식이나 유럽식 등을 혼용한 제도

13 호텔의 경영형태

① 단독경영호텔 : 개인이 1개의 호텔을 경영하는 형태

② 체인호텔(Chain Hotel) : 2개 이상의 호텔이 하나의 그룹을 형성하여 운영할 때 연쇄경영 또는 체인경영이라 한다.

가. 체인호텔의 효시 : 리츠칼튼(Ritz-Carton) 호텔

나. 체인호텔의 장 · 단점

장점	단점
• 대량구입으로 인한 원가 절감 • 전문가의 양적 · 질적 활용 • 공동선전에 의한 효과 • 예약의 효율적 활용 • 계수관리의 적정화 • 인용연한 연장의 효과	• 로열티의 과다한 지급 • 회계제도상의 불리함 • 경영의 불간섭 • 자본주에게 계약 내용상 최소한의 수익이 보장되어 있지 않음 • 자본주에게 계약파기권이 없다. • 부당한 인사 • 재고의 발생 • 인건비 및 기타 경비의 과다한 지출

③ 체인호텔의 종류

가. **일반체인호텔(Regular Chain Hotel)** : 롯데호텔, 신라호텔 등의 경영방식이다.

나. **관리경영 위탁방식(Management Contract)** : 힐튼호텔, 하얏트호텔 등 우리나라 대부분의 호텔 경영방식이다.

다. **프랜차이즈(Franchise Hotel)** : 가맹권 제도 또는 특약점 제도라고도 하는데 쉐라톤워커힐 호텔이 대표적이다.

라. **리퍼럴(Referral) 방식** : 동업자 결합방식, 자발적 체인이라고 하는데 Best Western이 대표적이다.

마. **임차경영방식** : Lease 방식으로 호텔기업이 개인 소유의 건물을 빌려 호텔로 활용하는 방법이다.

바. **업무제휴방식** : 공동선전이나 예약업무 등의 분야에서 업무제휴를 맺어 하나의 체인을 구성하는 방법이다.

사. Co-owner Chain : 공동소유 방식. Joint Venture(합자) 방식이다.

14 객실 경영

① 객실의 종류

가. Single Room : 1인용 침대가 있는 1인용 객실

나. Double Room : 2인용 침대가 있는 2인용 객실

다. Twin Room : 1인용 침대가 2개 설치되어 있는 2인용 객실

라. Triple Room : 2인용 객실에 Extra bed가 추가되는 3인용 객실이다.

마. Suite Room : 침실과 거실이 따로 연결되어 있는 호화객실이다.

바. Studio Room : 주간에는 소파로 야간에는 침대로 변형시켜 사용할 수 있는 Studio bed가 설치된 객실이다.

사. Outside Room : 전망이 좋은 객실

아. Inside Room : 전망이 좋지 않은 객실

자. Connecting Room : 방과 방 사이에 연결통로가 있는 연결된 객실이다.

차. Adjoining Room : 객실과 객실이 서로 나란히 붙어있는 객실이다.

② 객실요금의 종류

가. 공표요금(Tariff) : 행정기관에 신고, 팸플릿에 표기된 요금, 보통 요금, Rack Rate라고도 한다.

나. 특별요금(Special Rate)

1) 무료요금(Complimentary Rate = Comp. Rate = FOC : Free Of Charge)

- 객실요금만을 무료 : Complementary On Room이라 하고,
- 객실요금과 식사대를 포함한 무료 : 컴플리멘터리(Complimentary Rate)라고 표시한다.

2) 할인요금(Discount Rate)

- 싱글요금(Single Rate) : 싱글룸 예약을 호텔이 확약하였지만 호텔 사정으로 인하여 싱글룸이 없을 경우 고객에게 트윈룸 또는 다른 객실을 싱글요금으로 적용하는 것. (이용하는 것은 Single Use라 한다.)
- 계절별 할인요금(Season off Rate) : 비수기에 한하여 할인
- 커머셜 요금(Commercial Rate) : 회사와의 약정을 통해 할인하는 방법
- 단체할인 요금(Group Rate) : 여행알선업자와 계약을 체결하여 고객을 유치하기 위한 할인제도
- 가이드 요금(Guide Rate) : 관광객 10~14명을 안내하는 가이드에게 50%정도 할인
- 가족요금(Family Rate) : 어린이는 서비스로 숙박하여 2인 요금만을 받는 요금제

다. 추가요금

1) 미드나이트 차지(Midnight Charge) : 야간객실요금이라고 하는데 고객의 도착시간이 새벽이더라도 전일부터 객실을 비우고 있으므로 그 해당 객실에 대한 야간요금을 말한다.

2) 홀드룸 차지(Hold Room Charge) :

- 고객의 수하물을 객실에 남겨두고 숙박을 하지 않았을 때 그 객실은 고객이 계속 사용한다는 의미이므로 객실료를 청구할 경우
- 고객이 객실을 예약한 날 오지 않고 추후에 도착했을 경우 그 객실을 유보시키므로 객실료를 청구할 경우

라. **분할요금(Part day Rate)** : 객실을 시간제로 이용하는 경우 Part Day Use라 하고, 그에 따른 요금을 Part Day Rate라고 한다.

마. **취소요금(Cancellation Charge)** : 예약을 일방적으로 취소할 경우 발생되는 요금

③ 객실요금의 산출방법

가. 평균 객실요금의 계산

나. 휴버트 방식에 의한 실료 계산

다. 수용률에 의한 실료 계산

$$(\text{수용율} = \frac{\text{판매된 객실 수}}{\text{판매가능 객실 수}} \times 100)$$

④ 객실 부문의 업무

가. Front Office 업무

1) 고객의 영접
2) 고객을 위한 현금 출납, 귀중품 보관
3) 고객의 예약 취급, 숙박등록 및 기록, 객실 배정
4) 고객의 불평 · 불만 취급과 해결
5) 각종 정보 및 안내의 제공 등

나. Front Office 조직

1) 룸클럭(Room Clerk) : 손님의 영접, 객실 판매, 객실 변경 등
2) Front Cashier : 현금 출납, 환전, 귀중품 보관
3) 그밖에 예약사무원, 나이트클럭, 레코드클럭, 메일클럭, 키클럭 등이 있다.

다. House Keeping(객실관리부서)

- 4대 업무 : 1) 호텔의 수익 증대
  2) 호텔의 운영비 절감
  3) 호텔의 재산관리
  4) 호텔상품 생산

라. House Keeping 조직

1) House Keeper : 책임자
2) Room Maid : 객실을 정리 · 정돈 · 청소하는 담당
3) House Man : 영선 담당(고장수리, 공공장소 청소 등)
4) Linen Women : 호텔 내에서 사용하는 모든 천류를 세탁 · 보수 · 관리 담당

5) Laundry : 세탁소

마. 현관 접객 서비스 : Uniformed Service라고 한다.

바. 현관 접객 서비스 조직

1) Door Man : 호텔 손님을 최초로 영접

2) Porter : 수하물 취급담당

3) Bell man : 고객을 안내하여 숙박절차를 완료시켜주고 체재 중 모든 일을 처리해 주는 담당

4) Checker : 가방, 외투 등을 잠시 보관해주는 담당

5) Lobby Boy : 공공장소 정돈 · 청소 담당

6) Paging Boy : 호텔 내에서 손님을 찾아주거나 메시지를 전달하는 종사원

7) Concierge : 유럽 유명 호텔 등에서 출발한 직종으로 로비에 카운터를 두고 고객에 대한 안내, 차표 등의 예약, 열쇠 관리 등 여러가지 서비스를 제공하는 담당

15 기타 숙박 시설

① **민박(Home Visit System)** : 숙식제공을 본업으로 하지 않는 민가가 방문객을 숙박시켜 영업활동을 하는 숙박시설로서 계절적 · 임시적으로 영업하는 민가의 부업을 말한다.

② **펜션(Pension)** : 호텔보다 격이 낮은 숙박시설로 프랑스어로는 팡숑이라고 한다.

③ **로지(Lodge)** : 전형적인 프랑스 시골 숙박시설로서 특정기간만 개업하는 농촌에 있는 간이호텔이다.

④ **샤토(Chateau)** : 일명 맨션(Mansion)이라고도 불리는 영주나 지주의 대저택 또는 호화저택을 지칭하였으나 오늘날은 관광지에 있는 아담한 소규모의 숙박시설을 말한다.

⑤ **샬레(Chalet)** : 본래 스위스식의 농가집으로 샬레는 열대지방의 숙박시설의 한 형태인데, 그 규모는 대체로 방갈로보다 작고 건물의 높이도 낮은 것이 특징이다.

⑥ **방갈로(Bungalow)** : 열대지방의 건축형태의 일종으로 주로 목조 2층 건물이다. 아래층은 없고 원두막처럼 생겼는데 지붕은 경사가 심하다.

⑦ **커티지(Cottage)** : 초가형태의 소규모 단독 숙박시설로 아담하고 조용한 분위기 속에 머물 수 있고 건물이 일정한 거리로 떨어져 있어서 프라이버시와 정숙함을 보장받을 수 있다.

※ 호텔업무와 관련된 용어

① Skipper : Check out 과정을 안거치고 가는 손님

② No Show Guest : 예약하고 안 온 손님

③ Walking in Guest : 예약없이 오는 손님

④ Turn down Service : Room Maid가 오후시간에 객실의 청소 · 정리와 침대를 다시 한 번 간단하게 정리해 주는 서비스

⑤ Turn away Service : 호텔 손님에게 객실을 제공해 줄 수 없는 경우에 다른 호텔로 안내되는 서비스

⑥ Go Show Guest : 빈 객실을 기다리는 대기 고객

⑦ Pass Key : 열쇠 1개로 한 층의 객실문은 모두 열 수 있는 키 (Room Maid가 소지)

⑧ Master Key : 열쇠 1개로 건물 전체의 객실을 열 수 있는 키 (총지배인이 소지)

⑨ On Change Room : 정돈중인 방

⑩ Stock Card : Room Clerk이 객실을 효율적으로 판매하고 이중판매 방지의 목적으로 사용하는 플라스틱 보조카드

⑪ Night Auditor : 야간회계 감사자

⑫ Room Rack : 객실 상황판

⑬ Valet Service : 단추가 떨어졌을 때 꿰매주고, 옷이 찢어지면 기워주기도 하며, 주차 서비스 등을 해주는 서비스를 말한다.

⑭ Trunk Room : 손님의 수하물을 장기적으로 보관해주는 장소

⑮ House Use Room : 호텔에서 공용으로 사용하는 객실

⑯ Out of order Room : 고장난 객실

⑰ Bump Room : 청소중인 객실

06

식음료 경영

1 식당(Restaurant)의 어원

① 1765년 프랑스에서 몽블랑거라는 식당업자가 Der Restauer(기력을 회복시킨다, 재흥한다, 수복한다는 뜻)라는 흰색 스프를 스태미나 음식이라고 판매한데서 유래

② 우리나라는 조선시대 성균관에 양재라는 유생들이 기숙사에서 '식당지기'가 서비스하는 식당이 출현해서 양재를 개념상 최초의 식당이라 함

③ 우리나라 최초의 불란서식당 : 손탁호텔

2 식당의 조직

① 식당지배인(Manager) → 식당주임(Head Waiter) → 스테이션 웨이터(Station Waiter) : 구역책임자 → 웨이터(Waiter) → 버스보이(Bus Boy) : 실습생

② 와인 웨이터(Wine Waiter) : 소믈리에(Sommelier)

3 식당경영 서비스 편성

① 셔프드랑 시스템(Chef de Rang System)

② 헤드웨이터 시스템(Head Waiter System)

③ 스테이션 웨이터(Station Waiter System)

4 식당 경영의 특성

① 생산 즉시 판매가 이루어진다.

② 일반적으로 주문생산을 원칙으로 한다.

③ 접대(Entertainment), 분위기(Atmosphere), 맛(Taste), 위생(Sanitation) 즉, EATS를 판매하는 곳이다.

④ 시간 · 장소적 제약을 받는다.

⑤ 상품이 부패하기 쉽다.

⑥ 인적서비스에 대한 의존도가 높다.

⑦ 현금판매가 원칙이다.

⑧ 수요예측이 곤란하다.

⑨ 시설 · 분위기 등 환경의 영향이 크다.

⑩ 메뉴의 내용에 따라 판매된다.

5 서비스 수단에 따른 분류

① **Plate Service(접시서비스)** : American 서비스라고 하는데 주방에서 만든 음식을 접시에 넣고 제공되는 서비스이다.

② **Tray Service(쟁반서비스)**

가. American 쟁반서비스는 음식을 넣은 접시를 대형쟁반을 이용하여 제공하는 서비스를 말한다.

나. Russia(러시아) 쟁반서비스는 음식을 타원형 쟁반(Tray 또는 Platter)에 놓고 손님에게 보인 후 식탁 가운데에 놓으면 손님이 먹고 싶은 만큼 덜어서 먹거나 웨이터가 덜어주는 서비스이다.

③ **Cart Service(카트서비스)**

가. 영국식 서비스는 만든 음식을 Side Table을 이용하여 따뜻하게 보관하면서 추가로 제공하는 서비스이다.

나. 프랑스 서비스는 Gueridon 서비스라고도 하는데 요리하는 모습을 손님이 직접 볼 수 있도록 조리대를 이용하여 요리하여 제공하는 서비스이다.

④ **Silver Service** : 제공되는 식기류가 은제로 된 식기류를 이용하여 음식을 제공하는 서비스이다.

6 식사내용에 의한 분류

① 정식식당(Table D'hote Restaurant)

② 일품요리식당(Á la carte Restaurant)

③ 뷔페식당(Buffet Restaurant)

7 정식(Full Course) 순서

① Appetizer(Hors D'oeuvre) → Soup(Potage) → Fish(Poisson) → Main Dish(Entrée) → Roast & Salad → Dessert → Beverage

② Appetizer의 조건

가. 한 입에 먹을 수 있게 작고, 양이 적어야 한다.

나. 침의 분비를 촉진시키기 위해 짜고, 맵고, 신맛의 특징이 있어야 한다.

다. 주 요리와 균형을 이루어야 하고 맛이 있어야 한다.

라. 지방색과 계절감이 있으면 더욱 좋다.

③ 정식식사의 내용

가. 식욕촉진 알코올성 음료 : Sherry(스페인산 백포도주), Vermouth(이태리산 백포도주), Martini, Manhattan 등

나. 생선요리에 가장 많이 이용되는 소스 : Tar Tar 소스

다. 생선요리에 적합한 와인 : White wine

라. 육류에 적합한 와인 : Red wine

마. Sirloin Steak는 소의 허리등심으로 만든다.

바. Dessert의 3요소 : 단맛을 내는 Sweet, 치즈를 재료로 한 Savoury, Fruit(과일)

8 음료

① Soft Drink : 커피, 홍차, 코코아, 인삼차 등

② Hard Drink : 포도주, 위스키, 샴페인, 보드카 등

③ 술의 종류

가. 양조주(발효주) : 막걸리, 포도주, 샴페인, 맥주, pulque 등

나. 증류주(화주) : 위스키, 브랜디, 소주, 보드카, 진, 럼, 데킬라 등

다. 혼성주(Liqueur) : 아브샹트, 큐라소, 베네디크틴 등

④ Wine의 산지에 의한 분류

가. 프랑스 : 보르도(Bordeaux), 메독(Medoc)

나. 독일 : 라인(Rhine), 모젤(Moselle), 슈타인바인(Steinwein)

다. 스페인 : 셰리(Sherry)

라. 포르투갈 : 포트와인(Portwein)

마. 이탈리아 : 베르무트(Vermouth), 치안티(Chianti), 소아베(Soave)

⑤ 위스키의 산지별 구분

가. Scotch Whisky : Malt Whisky

나. Irish Whisky : Malt-Grain Whisky

다. American Whisky : Bourbon-Corn Whisky

라. Canadian Whisky : Grain-Rye Whisky

⑥ 브랜디(Brandy)의 숙성도 표시

가. VSOP(Very Special Old Pale) : 25년 ~ 30년

나. XO(Extra Old) : 40년 ~ 45년

다. Extra Napoleon : 70년 ~ 86년

⑦ 양주의 알코올 표시를 우리나라 도수로 바꿀 때는 양주도수 × 0.5를 해야 된다.

07

여행업

1 여행업의 역사

① 영국에서 1845년 Thomas Cook & Son LTD설립 : 세계 최초의 여행사

② Thomas Cook의 원리

가. 가격이 내려가면 수요가 증가한다.

나. 운송 · 숙박시설 등은 고정시설에 대한 투자가 크기 때문에 1인당 요금을 내려서 많이 가면 전체적인 수입은 증가한다.

다. 가, 나 내용을 실현시키려면 단체여행을 실시해야 하고 이를 채택하면 모두에게 만족이 돌아간다.

③ 미국 '아메리칸 익스프레스(American Express Company-Amex. Co)'
: 1891년 여행자 수표(T/C) 최초 사용, 월부여행(Credit Tour)제도 최초 실시

④ PAN-American 항공사 : 1954년에 Fly Now Pay Later Plan = PLP(운임 후불제) 실시

⑤ 대한여행사 : 1912년 일본교통공사(JTB) 서울지사가 설립되었는데 해방 후 대한여행사로 바뀜 → 우리나라 최초의 여행사

⑥ 주요 Online 여행사 : Expedia.com, Priceline.com, Orbitz.com, Travelocity.com, Cheapoair.com, Zuji.com

2 여행업 경영의 특징

① 고정자본의 투자가 적다.

② 노동력에 대한 의존도가 높기 때문에 인간이 자본이라 할 수 있다.

③ 계절성이 강하다.

④ 제품수명 주기가 짧다.

⑤ 직원의 전문요원화

⑥ 사무실의 위치의존도가 크다.

⑦ 다품종 대량 생산의 시스템 산업이다.

⑧ 여행상품의 구성 소재는 단일품목으로 판매되기 때문에 부가가치 증대가 어렵고 독자적 상품조성이 곤란하다.

⑨ 유동자금이 생명이다.

3 여행업의 전망

① 소비자 욕구의 다양화 · 전문화 · 세분화 현상이 나타난다.

② 인터넷의 발달로 여행시장의 규모 확대와 함께 인터넷 여행시장이 성장하고 있음을 알 수 있다.

③ 소비자들의 여행경험이 풍부해지고 개성화가 진전됨에 따라 개별 여행시장이 확대될 것으로 보인다.

④ 근로여성의 증가에 따라 여성들의 소비능력이 증대되고, 독신여성의 증가, 출산감소 등으로 여성들의 여행수요가 급증하고 있다.

⑤ 과학 및 의료기술의 발달로 평균수명 연장, 노령화 진전, 복지정책 등으로 실버계층의 여행객이 증가하고 있다.

⑥ 개별 여행자의 주문에 의한 특정관심분야 및 차별화된 기획여행이 확대될 것이다.

⑦ 인터넷 등 정보기술이 발달하면서 항공사 · 호텔 등 공급자가 여행업자를 배제시키고 소비자와 직접 거래하는 현상이 가속화되고 있다.

⑧ 항공권 판매방식의 다양화와 직접 판매방식이 증가하고 있고 항공사와 호텔 등이 여행서비스 업무를 부분적으로 침해하고 있다.

4 여행규모에 의한 분류

① **개인여행** : 9인 이하의 여행

② **단체여행** : 10인 이상의 여행

5 기획자에 따른 분류

① **주최여행** : 여행사가 기획에 의해 여정 · 여행조건 · 여행비용 등을 미리 정하여 모집하는 여행

② **공최여행** : 여행사와 단체의 책임자가 협의하여 여정 · 여행조건 · 여행비용 등을 정하여 공동으로 모집하여 실시하는 여행

③ **청부여행** : 개인이나 단체 등 여행자의 희망에 따라 여정을 작성하고 여행사에서 여정을 청부 맡아 실시하는 여행을 말한다.

6 안내조건에 의한 분류

① **I.I.T(Inclusive Independent Tour)** : 개인포괄 여행으로서 9명 이내의 여행자가 첨승원 없이 여행할 경우이다. Local Guide System 이라고 한다.

② **I.C.T(Inclusive Conducted Tour)** : 포괄첨승 여행으로서 10명 이상의 관광객이 첨승원과 전 여정을 동반하여 여행하는 것을 말한다.

7 판매형태에 의한 분류

① 레디 메이드(Ready Made) 여행 : 주최여행 또는 정기여행, 기획여행

② 오더 메이드(Order Made) 여행 : 주문여행

③ 이지 오더(Easy Order Tour) 여행 : 기획상품과 주문상품을 복합한 중간형 형태이다.

④ 임의관광(Optional Tour) : 기본일정에 없는 자유시간을 이용 판매하는 소여행으로서 선택관광이라고도 한다.

8 교통수단에 의한 분류

① 도보여행 : 교통수단을 이용하지 않는 여행으로 만보관광(900m 이내)과 강보관광(900m 이상)으로 나눈다.

② 교통수단 이용여행 : 자전거여행, 자동차여행, 선박 · 항공기 여행 등

9 출입국 수속에 의한 분류

① Shore Excursion : '기항지 상륙여행(Tour) / 기항지 상륙허가(Pass)'라고 하며, 선박이 항구에 도착한 후 동일 항구를 출발할 때까지의 기간을 이용하여 일시 상륙의 허가를 얻어 여객이 그 항 부근의 도시, 명승지 등을 구경하는 여행을 말한다.

② Over Land Tour : '통과상륙여행'이라고 하며, 선박이 어느 기항지로부터 다른 타 기항지에 항해할 동안 통과 상륙의 허가를 얻어 행하는 여행을 말하며 동일선박에 재 승선할 때에 한한다.

③ 일반관광여행 : 정식 입국허가를 얻고 입국하는 여행을 말한다.

10 여행 형태에 의한 분류

① Package Tour : 기획여행, 주최여행, 모집관광, 포괄여행, 단체여행이라고도 하며, 여행사에서 여행경비, 여행일정, 여행조건을 사전에 정해놓고 불특정다수를 대상으로 모집하여 실시하는 여행을 말한다.

특색	상품의 효과
① 기획, 조립상품이다. ② Whole Saler와 Retailer의 발생 ③ 가격이 저렴하다. → 대량원리	① 여행사의 체질개선 효과(기다리는 경영 → 적극적 판촉 경영) ② Off Season과 Shoulder Season(준성수기)에 수요환기를 시키는 효과 (기획, 선전에 따라) ③ 여행자는 각 사의 여행상품을 비교 선택할 수 있다. ④ 교통시설, 숙박시설 등을 미리 사전답사 후 예약하므로 품질관리가 가능 ⑤ 업무의 능률화에 기여 (인건비 절약)

② Series Tour : 정기코스관광이라고 하며 동일한 형, 목적, 기간, Course로서 정기적으로 실시되는 Tour를 말한다.

③ 관광선 여행(Cruise Tour) : 선박을 이용하여 실시되는 여행(경제적, 시간적으로 여유 있는 층이 주로 이용 : 노인계층)

④ 국제회의 여행(Convention Tour) : 회의에 참석하는 참가자를 대상으로 하는 여행으로서 Pre-convention Tour(회의 전 관광)와 Post-convention Tour(회의 후 관광)가 있다.

⑤ 전세여행(Charter Tour)

가. Affinity Group Charter(인원수 할당 챠터)

나. Own Use Charter(단일 주최 챠터)

다. I.T Charter(포괄여행 챠터) : 유럽에서는 인정을 하나 IATA에서는 인정하지 않음

※ 관련 용어

- Dry Charter : 항공기만 대절하는 경우(승무원 제외)
- Block off Charter : Time Table에 나와 있는 항공기를 대절하는 경우
- Independent Charter : 임시편 항공기를 대절할 경우
- Split Charter : 항공기를 대절하는 자가 2인 이상인 경우

⑥ 포상여행(Incentive Tour) : 위로여행이라고도 하며, 자사상품 판매촉진을 목표로도 한다.

⑦ Interline Tour : 항공회사가 가맹 Agent를 초대하여 실시하는 여행

⑧ 시찰초대여행(Familiarization Tour) : 관광기관, 항공회사 등이 여행업자, 보도관계자 등을 초청해서 루트나 관광지, 관광시설, 관광대상 등을 시찰시키는 여행이다.

⑨ Special Interest Tour(S.I.T) : 특별테마여행이라 하는데 특별활동이 주목적으로 New Tourism의 한 종류이다. 기획테마여행, 골프투어, 사파리투어 등이 있다.

⑩ Budget Tour : 통상요금보다 저렴하게 제공되는 여행

⑪ Technical Tour
Technical Visit
Industrial Tour
Plant Tour
: 산업관광의 뜻으로 1952년 프랑스에서 시작되었다.

11 여행방향에 의한 분류

① Domestic Tour : 내국인의 국내여행을 말한다.

② Outbound Tour : 내국인의 해외여행이다.

③ Inbound Tour : 외국인의 내국여행을 말하는 것이다.

12 Escort 유무에 의한 분류

① F.I.T(Foreign Independent Tour) : 외국 개인여행

② F.E.T(Foreign Escorted Tour) : 외국 첨승여행

13 여행코스의 유형에 의한 분류

① **피스톤형** : 여행객이 목적지에 가서 그곳 목적지만 관광을 하고 다시 같은 코스로 돌아오는 반복식 여행형태이다.

② **스푼형** : 정주지에서 목적지까지 가서 목적지 주변관광지를 돌아보고 관광한 다음 같은 코스로 돌아오는 여행

③ **안전핀형** : 스푼형과 같이 주변관광지를 돌아보고 돌아올 때는 다른 코스로 정주지에 돌아오는 형태이다.

④ **템버린형** : 정주지를 떠나 여러 목적지를 돌아보고 그 주위를 관광한 다음 출발코스와는 다른 코스로 정주지에 도착하는 가장 많은 시간과 경비가 소요되는 여행이다.

14 여행코스의 형태

① 편도여행(One Way Trip)

② 왕복여행(Round Trip)

③ 주유여행(Circle Trip)

④ 가위벌린형(Open Jaw Trip) : 도착지와 출발지가 다른 여행형태

15 여행알선 업무내용

① 판매업무

② 중계업무

③ **수배업무** : 가장 전통적이고 비중이 큰 업무

④ 인수업무

⑤ 대행업무

⑥ 안내업무

16 여행업의 조직 : 항공권 발권부서는 Outbound 업무조직에 반드시 있고 Inbound 업무 조직에는 없다.

17 여행상품의 특징

① 눈에 보이지 않는 무형의 상품이다.

② 순간생산, 순간소비 동시 완결형이기 때문에 재고가 없다.

③ 수요가 계절이나 요일 등에 따라 파동이 크다.

④ 모방하기 쉬운 상품이다.

⑤ After Service가 안 된다.

⑥ 여러 상품이 결합됨으로서 하나의 완전한 상품으로 된다.

⑦ 효용면에서 개인의 차가 크다.

⑧ 정보에 의한 수송이 빠르다.

⑨ 상품의 차별화가 곤란하다.

⑩ 상품조성에 소비되는 설비투자가 적게 든다.

⑪ 통상 고액이며 단명하다.

⑫ 소비자의 정확한 욕구파악이 어렵다.

⑬ 복수의 동시소비가 불가능하다.

⑭ 비객관성의 특징을 갖는다.

⑮ 여행상품의 가격결정과 만족은 상품의 품질과 가격에 대한 이용자의 지각수준을 기초로 이루어지기 때문에 비가격경쟁의 특징을 가지게 된다.

⑯ 한계효용체감의 법칙이 적용되지 않는다.

18 여행업의 수입

① Principal로부터 받는 수수료

② 여행자로부터 받는 대행 수수료

③ 여행상품을 생산 · 판매하여 얻는 수익

④ 대리점업으로서의 판매수수료

19 여행상품 판매방법

① 인적 판매방법

가. Counter Sales(점포판매)

나. Visit Sales(방문판매)

다. 전화 Sales

라. DM(Direct Mail) Sales

마. 통신(Catalog) Sales

② 비인적 판매방법

가. Mass Media(대중매체) Sales

나. PC를 통한 인터넷 판매

다. 박람회, 전시회 등을 통한 판매

20 여행상품 원가구성 3요소

① 운임(항공운임, 선박운임)

② 지상경비 : 숙박비, 식사비 등 관광목적지에서 발생되는 경비

③ 기타경비

가. 투어코스트에 포함되는 비용(공적 경비) 나. 투어코스트에 포함되지 않는 비용(사적 경비)

21 여객운송업무

① 여행서류(PVS : Passport, Visa, Shot)

가. 여권 : 여권법에 따라 외교부장관이 발행한다. 여권의 종류는 일반(10년 복수, 1년 단수여권), 관용여권, 외교관여권으로 나눈다.

나. 사증(VISA) : 입국허가서로서 우리나라는 법무부장관이 발급하는데 외국인 무사증 입국은 사증면제협정 체결국가(2019년 7월 현재 107개국)와 지정에 의한 무(無)사증 입국국가(2019년 7월 현재 48개국) 등은 비자 없이 입국할 수 있다.

〈대륙별 사증면제협정 체결국가(107개 국가)〉

대륙	국가
아시아(27)	말레이시아, 몽골, 방글라데시, 베트남, 싱가포르, 이란, 이스라엘, 인도, 일본, 터키, 태국, 캄보디아, 카자흐스탄, 파키스탄, 필리핀, 타지키스탄, 투르크메니스탄, 우즈베키스탄, 라오스, 미얀마, 키르키즈스탄, 중국, 아르메니아, 오만, 쿠웨이트, 아랍에미리트, 요르단
남아메리카(30)	과테말라, 그레나다, 니카라과, 도미니카공화국, 도미니카연방, 멕시코, 바하마, 바베이도스, 브라질, 베네수엘라, 벨리즈, 세인트루시아, 세인트빈센트-그레나딘스, 세인트키츠네비스, 수리남, 아이티, 아르헨티나, 앤티가 바부다, 에콰도르, 엘살바도르, 우루과이, 자메이카, 칠레, 코스타리카, 콜롬비아, 트리니다드토바고, 파나마, 파라과이, 페루, 볼리비아
유럽(37)	그리스, 네덜란드, 노르웨이, 덴마크, 독일, 루마니아, 룩셈부르크, 몰도바, 몰타, 벨기에, 벨로루시, 불가리아, 사이프러스, 스웨덴, 스위스, 라트비아, 러시아, 리투아니아, 리히텐슈타인, 스페인, 슬로바키아, 아제르바이잔, 아이슬란드, 아일랜드, 에스토니아, 영국, 오스트리아, 우크라이나, 이탈리아, 체코, 포르투갈, 폴란드, 프랑스, 핀란드, 헝가리, 크로아티아, 조지아
대양주(2)	뉴질랜드, 바누아트
아프리카(11)	라이베리아, 레소토, 모로코, 베냉, 이집트, 튀니지, 알제리, 앙골라, 가봉, 카보베르데, 모잠비크

자료 : 법무부

〈외교, 관용, 일반여권 소지자 무상증 입국허가 대상국가〉

대륙구분	국가명
아시아	마카오(90일), 브루나이, 사우디아라비아, 오만, 일본(90일), 카타르, 타이완(90일), 홍콩(90일), 쿠웨이트(90일), 바레인
북아메리카	미국(90일), 캐나다(6개월)
남아메리카	가이아나, 아르헨티나, 에콰도르, 온두라스, 파라과이
유럽	모나코, 바티칸, 보스니아 · 헤르체코비나, 사이프러스, 산마리노, 세르비아(90일), 몬테네그로, 슬로베니아(90일), 안도라, 알바니아, 크로아티아
오세아니아	괌, 나우루, 뉴칼레도니아, 미크로네시아, 사모아, 솔로몬군도, 키리바시, 피지, 호주(90일), 마셜군도, 팔라우, 통가, 투발루
아프리카	남아프리카공화국, 모리셔스, 세이쉘, 스와질란드, 보츠나와(90일)

〈외교, 관용여권 소지자 무사증 입국허가 대상국가(2개국)〉

대륙구분	국가명
아시아	인도네시아, 레바논

자료 : 법무부 출입국 · 외국인 정책본부

다. TWOV : TWOV는 'Transit Without VISA'의 약어로서 통과객이 입국하고자하는 국가로부터 정식 비자를 받지 않아도 일정조건을 갖추면 단기 체재할 수 있는 제도이다.

1) 제3국으로 계속 여행할 수 있는 예약 확인된 항공권을 소지해야 한다.

2) 제3국으로 계속 여행할 수 있는 여행서류를 구비하고 있어야 한다.

3) 일반적으로 외교관계가 수립되어 있는 국가에만 이러한 규정이 적용된다.

4) 출입 공항이 동일할 때

라. 국제공인 예방접종 증명서 : Yellow Card 또는 Vaccination Card라고 부른다.

마. 출입국자 신고서(E/D Card) : 한국여권 소지자는 제출하지 않아도 된다.

바. 출입국 세관신고서 : 해외여행자는 각국에서 규정하고 있는 관세법규에 따라 수하물에 대한 통관 절차를 밟게 되어 있으며, 출입국 세관 신고서를 기입 · 제출하게 되어 있다.

1) 출국 시 재반입할 고가의 귀중품 등은 출국 시 세관에 신고하여 확인증을 받아 두었다가 입국 시 제출하면 면세를 받을 수 있다.

2) 입 · 출국 시 US $10,000을 초과할 경우 세관에 신고해야 한다.

3) 입국 시의 무조건 면세대상은 주류 1병(1L 이하, 해외 구입가격 $400 이하), 담배 궐련 200개비, 향수 60ml이며, 해외여행자 휴대품 면세한도는 US $600 이하이다.

4) 해외 출국 시 물품구매 한도는 US $5000 이하이다.

사. **여행증명서**(Travel Certificate) : 여행증명서란 일반여권을 발급받지 못한 경우 일회적 목적으로 발급하여주는 서류로서 1회의 여행목적을 성취하므로서 그 효력이 상실되며 유효기간은 1년 이내이다.

1) 출국하는 무국적자

2) 국외에 체류 또는 거주하고 있는 사람으로서 여권을 잃어버리거나 유효기간이 만료되는 등의 경우에 여권발급을 기다릴 시간적 여유가 없이 긴급히 귀국하거나 제3국에 여행할 필요가 있는 사람

3) 국외에 거주하고 있는 사람으로서 일시 귀국한 후 여권을 잃어버리거나 유효기간이 만료되는 등의 경우에 여권발급을 기다릴 시간적 여유가 없이 긴급히 거주지 국가로 출국해야 할 필요가 있는 사람

4) 해외 입양자

5) 그 밖에 외교부장관이 여행증명서를 발급할 필요가 있다고 인정하는 사람

② 출입국 수속 절차

가. **출국 시 절차** : 탑승수속(Check in) → C → I → Q → 탑승

1) 탑승수속은 항공사 카운터에서 승객의 항공권, 여행구비 서류에 대한 확인 절차와 수하물의 위탁수속 절차를 밟는다.

2) 수하물은 보안검사를 거쳐 보낼 수 있는데 일반적으로 1등석(F-Class)은 30kg(항공사에 따라 40kg), 2등석(Y-Class)은 20kg을 보낼 수 있다.

3) Baggage Pooling : 2인 이상의 단체승객이 동일편 · 동일 목적지로 여행할 경우 무료수하물 허용량은 각 개인의 무료수하물 전체의 합과 같다.

4) Customs(세관) – Immigration(출입국 사열) – Quarantine(검역)

나. **입국 시 절차** : Q → I → C

③ 운송제한 승객

가. UM(비동반 소아)

나. Strecher 환자

다. 임산부

라. 맹인

마. 중독환자

바. 죄수

08

항공업무

1 전산예약 시스템(CRS : Computer Reservation System)

① KLM-KL(네덜란드항공)

가. 1921년 항공예약제도 최초 실시

나. Inflight service(기내서비스) 최초 실시

② AAL-AA(아메리칸항공)

가. 1964년 IBM과 합작으로 최초 전산예약제도 실시(SABRE)

나. 보너스 마일리지제도 최초 실시(FFP)

③ Appollo : 유나이티드항공(UA)

PARS : 노스웨스트(NW)

System One : 콘티넨탈 항공(Co)

AXESS : 일본항공(JL)

INFINI : 전일본공수(NH)

AMADEUS : 에어프랑스(AF), 루프트한자(LH)

GALILEO : 스위스항공(SR), 영국항공(BA), 네덜란드항공(KL)

TOPAS : 대한항공(KE)

ABACUS : 아시아나항공(OZ) 등이 전산예약 시스템 명칭이다.

④ 예약코드 종류

가. Action code(**요청코드**) : 예약을 요청할 때 사용되는 코드로서 대부분 최초 예약 시 사용하는 코드이다.

나. Advice code(**응답코드**) : 예약을 요청하였을 때 이에 대한 응답을 코드화한 것이다.

다. Status code(**상태코드**) : 현재의 예약상태를 나타내주는 코드이다.

⑤ 주요 국제도시 · 국제공항 코드

도시	코드	도시	코드	도시	코드
시카고	CHI	라스베가스	LAS	마드리드	MAD
런던	LON	파리	PAR	비엔나	VIE
홍콩	HKG	오키나와	OKA	로스앤젤레스	LAX

도시	코드	도시	코드	도시	코드
나리타	NRT	후쿠오카	FUK	오사카	KIX
나고야	NGO	히로시마	HIJ	북경	BJS
상해	SHA	하얼빈	HRB	대련	DLC
청도	TAO	광저우	CAN	타이베이	TPE
방콕	BKK	마닐라	MNL	싱가포르	SIN
자카르타	CGK	호치민	SGN	뉴델리	DEL
뉴욕	JFK	샌프란시스코	SFO	프랑크푸르트	FRA
로마	FCO	취리히	ZRH	밴쿠버	YVR
토론토	YYZ	(캐나다에 있는 도시는 첫 자가 Y로 시작된다.)			

⑥ 국내공항 코드 (☆는 국제공항)

도시	코드	도시	코드	도시	코드
☆인천	ICN	☆김포	GMP	☆제주	CJU
☆부산(김해)	PUS	☆대구	TAE	광주	KWJ
사천	HIN	☆청주	CJJ	여수	RSU
원주	WJU	군산	KUV	포항	KPO
울산	USN	☆양양	YNY	☆무안	MWX

⑦ 주요항공사 코드

가. 항공사 코드는 해당 항공사의 신청에 의해 IATA에서 지정하는데 2자 또는 3자의 문자와 숫자로 구성되고 3자로 구성되는 경우에는 모두 알파벳으로 구성되고 2자로 구성되는 경우 1자는 숫자 다른 1자는 알파벳으로 혼합 사용할 수 있고 2자만으로도 구성할 수 있다.

나. 주요 항공사 현황

항공사	ICAO코드	IATA코드	항공사	ICAO코드	IATA코드
S7항공	SBI	S7	유피에스항공	UPS	5X
가루다인도네시아항공	GIA	GA	이란항공	IRA	IR
네덜란드항공	KLM	KL	이스라엘항공	ELY	LY
노스웨스트항공	NWA	NW	일본항공	JAL	JL
대한항공	KAL	KE	장성항공	GWL	IJ
델타항공	DAL	DL	제이드카고	JAE	JI
루프트한자항공	DLH	LH	중국국제항공	CCA	CA

항공사	ICAO코드	IATA코드	항공사	ICAO코드	IATA코드
말레이시아항공	MAS	MH	중국남방항공	CSN	CZ
몽골항공	LOM	MG	중국동방항공	CES	MU
베트남항공	HVN	VN	중국우정항공	CYZ	8Y
블라디보스톡항공	VLK	XF	중국해남항공	CHH	HU
사할린항공	SHU	HZ	중화항공	CAL	CI
산동항공	CDG	SC	카고룩스항공	CLX	CV
상하이항공	CSM	FM	카타르항공	QTR	QR
세부퍼시픽항공	CEB	5J	캐세이퍼시픽항공	CPA	CX
심천항공	CSZ	ZH	타이항공	THA	TG
싱가포르항공	SIA	SQ	터키항공	THY	TK
서던항공	SOO	9S	트레이드윈즈항공	TDX	WI
아시아나항공	AAR	OZ	폴라에어카고	POL	PO
아에로플로트항공	AFL	SU	프로그래스 멀티항공	PMT	U4
아틀라스항공	GTI	5Y	필리핀항공	PAL	PR
에미레이트항공	UAE	EK	체코항공	CSA	OK
에바항공	EVA	BR	아메리카항공	AAL	AA
에어 마카오	AMU	NX	안셋항공	AAA	AN
에어 아스타나	KZR	KC	유니항공	UNI	B7
에어 인디아	AIC	AI	뉴질랜드항공	ANZ	NZ
에어 캐나다	ACA	AC	알리따리아항공	AZA	AZ
에어 파라다이스	PRZ	AD	영국항공	BAW	BA
에어 프랑스	AFR	AF	컨티넨탈항공	COA	CO
에어 홍콩	AHK	LD	일본에어시스템	JAS	JD
오리엔트타이항공	OEA	OX	고려항공	KOR	JS
우즈베키스탄항공	UZB	HY	콴타스항공	QFA	QF
유나이티드항공	UAL	UA	스위스항공	SWR	SR
피치항공(일본LCC)	APJ	MM	에어아시아(LCC)	AXM	AK
진에어(LCC)	JNA	LJ	이스타항공(LCC)	ESR	ZE
에어부산(LCC)	ABL	BX	티웨이항공(LCC)	TWB	TW
에어서울(LCC)	ASV	RS	제주항공(LCC)	JJA	7C

※ LCC는 저가항공사임.

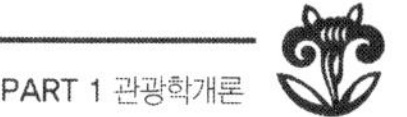

⑧ 여객 정기항공 시간표

가. OAG : Official Airline Guide의 약자로 미국에서 매월 발행하는 정기항공 시간표인데 목적지 중심으로 구성되어 있는 것이 특징이다.

나. ABC : ABC world Airway Guide의 약자로 영국에서 매월 발행하는 민간 정기항공 시간표인데 출발지 중심으로 구성되어 있는 것이 특징이다.

다. PNR(Passenger Name Record) : 예약의 기록으로서 예약고객에 대한 각종 정보를 컴퓨터 내에 기록된 것이다.

2 항공동맹

① 스타 얼라이언스(Star Alliance) : 1997년 설립된 최초의 항공동맹이며, 아시아나항공이 가입되어 있다.

② 스카이팀(Sky Team) : 2000년에 설립된 항공동맹이며, 대한항공이 참여 · 설립하였다.

③ 원월드(One World) : 1998년 설립되었으며, 아메리카항공, 영국항공 등이 참여하였다.

④ 유-플라이 얼라이언스(U-Fly Alliance) : 2016년 설립된 세계최초의 저가항공사 간의 항공동맹이며, 이스타항공이 가입되어 있다.

⑤ 벨류 얼라이언스(Value Alliance) : 2016년 아시아 태평양지역 8개 저가항공사가 설립하였으며, 제주항공이 참여하였다.

⑥ 바닐라 얼라이언스(Vanilla Alliance) : 2015년에 아프리카지역 5개 항공사가 설립하였다.

3 국내 소형항공사

① 코리아 익스프레스에어 : KW, KEA

② 에어 필립 : 3P, APV

③ 에어 포항 : AB, KAB

09

항공운송사업

1 여객항공권의 종류

① 일반항공권(MIT : Manually Issued Ticket)

② 전산항공권(TAT : Transitional Automated Ticket)

③ 은행결재항공권(BSP : Bank Settlement plan Ticket)

④ 지역결재항공권(ASP : Area Settlement plan Ticket)

2 항공권의 구성

① 심사표(Audit coupon) : 항공권의 첫 번째 항공표로서 수입관리부 보고용

② 발행자표(Agent coupon) : 항공권을 발행한 장소에서 보관용으로 사용하는 항공표

③ 탑승표(Flight coupon) : 여객이 여행할 때 사용하는 항공표로서 공항에서 탑승 시 회수해서 수입관리부에 보고용으로 사용된다.

④ 여객표(Passenger coupon) : 여객이 탑승표와 함께 소지하는 항공표로서 여행종료 시 까지 여행객이 휴대용으로 사용된다.

3 지불증(MCO : Miscellaneous Charges Order)

① 항공사에서 항공여행과 관련하여 발생되는 제반 경비에 사용할 수 있도록 항공사나 대리점이 발행하는 운송증표이다.

② MCO의 유효기간은 발행일로부터 1년이다.

③ MCO는 송금목적으로 사용될 수 없다.

④ MCO는 발행항공사나 MCO에 지정된 항공사 또는 이서받은 항공사만이 사용가능하다.

⑤ MCO의 환불은 최초 발행사만 할 수 있다.

4 선불제(PTA : Prepaid Ticket Advice)

: 선불제란 타 지역에 거주하고 있는 여행자를 위하여 항공운임을 사전에 지불하고 타 지역에 거주하고 있는 여행자에게 항공권을 발급하여 주는 제도를 말한다.

5 항공 운임의 종류

① 정상운임(Normal Fares) : 일등운임과 이등운임으로 구분되어 있으며, 연중 유효한 운임이다.

② 특별운임(Special Fares)

가. 할인운임(Discount Fares) : 연령이나 신분에 따라 적용되는 운임

나. 판촉운임(Promotional Fares) : 항공사의 판매촉진을 위해 만들어진 운임

③ 공시운임(Published Fares) : Tariff 상에 설정된 운임으로 두 지점간의 최단운임이며, 다른 운임에 비해 우선적용 원칙이 있다.

④ 직행운임(Direct Fares) : 어느 두 구간 사이의 최단운임으로 공시운임과 거의 같은 의미를 갖게 되는 경우가 많으나 여행의 방향에 따라 직행운임은 상이할 수 있다.

⑤ 여정운임(Through Fares) : 출발지와 목적지 간의 전체운임으로 실제 경유되는 모든 여정을 고려하여 계산된 운임이다.

6 거리제도(Mileage System)

① 최대허용거리(MPM)

② 발권구간거리(TPM)

③ 초과거리 할증(EMS)

7 항공운송 사업의 구성요소

① 교통기관으로서 항공기

② 공항

③ 항공노선

8 항공수송 경제성 3요소

① 생산성

② 운송수입(운임)

③ 수송원가(소요경비)

9 항공기의 생산성

① 항공기의 속도(Speed)

② 탑재력(Pay Load)

③ 가동율(Utilization)

10 항공기 가동율에 영향을 주는 요소

① 노선거리의 장 · 단

② 구간속도

③ 정비소요시간

④ 지상조업시간

11 항공운송 사업의 특성

① 고속성

② 안전성

③ 서비스성

④ 정시성

⑤ 쾌적성

⑥ 노선개설의 용이성

⑦ 경제성

⑧ 공공성

⑨ 자본집약성

⑩ 국제성

⑪ 계절성

12 GTR(Government Transportation Request : 정부항공운송 의뢰제도)

① **정의 :** 국가가 자국산업 보호정책의 일환으로 국가예산으로 집행되는 제반 항공운송 관련사항을 자국적 항공사에 직접 의뢰하는 제도

② 도입배경

가. 국가예산 절감

나. 외화유출 방지

다. 자국적기 보호육성과 국적항공사 서비스 혁신

③ **운송의뢰 대상 :** 입법 · 사법 · 행정부소속 공무원과 정부투자, 재투자 임직원

13 항공기구의 발전

① 시카고회의(Chicago Convention) : 1944년 9월

가. 국제민간항공조약 제정

나. 국제민간항공기구(ICAO) 설치

다. Cabotage 적용 (타국 항공기가 국내에 들어와서 국내 두 구간에 상업운행을 할 수 없다는 금지규정)

라. 하늘의 자유 확립

1) 제1자유 : 타국 영공을 무착륙 통과할 수 있는 자유

2) 제2자유 : 기술적 이유로 중간기착지에 착륙할 수 있는 자유

3) 제3자유 : 자국에서 타국으로 운송할 수 있는 자유

4) 제4자유 : 타국에서 자국으로 운송할 수 있는 자유

5) 제5자유 : 상업목적으로 중간기착지에 착륙하였다가 여객이나 화물 · 우편물 등을 제3국으로 수송할 수 있는 자유(항공이원권 : Beyond Right)

② 국제항공 운송협회(IATA : International Air Transport Association)

가. 쿠바의 하바나에서 1945년에 설립

나. 본부 : 캐나다 몬트리올

다. 기능

1) 국제항공 운송에 관한 조건 및 규정, 항공권 등 표준화

2) 항공권 판매 대리점 및 수수료 규제

3) 항공사 코드, 공항 코드 등 각종 표준방식 설정

4) 항공운임의 은행정산방식 채택(BSP 제도)

③ 버뮤다 협정 : 1946년 영국과 미국이 체결한 양국협정으로 2개국 항공협정의 효시가 되었다.

④ 국제민간항공기구(ICAO : International Civil Aviation Organization)

가. 시카고 조약을 기초로 1947년 설립된 UN산하 전문기구

나. 본부는 캐나다 몬트리올에 있고 우리나라는 1952년에 가입

⑤ 신버뮤다 협정 : 1977년 영국과 미국의 새로운 항공협정

⑥ 항공규제 완화법(Deregulation)

가. 1978년 카터 대통령 재임 시 미국 민간항공국이 발표한 규제완화 입법조치를 말한다.

나. 규제완화 내용

1) 미연방 항공국 해체

2) 새로운 노선 진입규제 해제

3) 기존노선 탈퇴의 자유

4) 서비스 규정 폐지

5) 항공운임의 자유로운 책정

⑦ 동양 항공회사 협회(OAA : Orient Airline Association)

가. 1966년 설립된 동양 항공회사연구소가 1970년 OAA 개칭

나. 본부 : 필리핀 마닐라

10

국제회의

1 국제회의 산업

① BTMICE(Business Tourism, Meeting, Incentive Tour, Convention, Exhibition)

: 국제회의, 상용관광, 포상관광, 전시회 등과 관련된 유망산업을 말한다.

② CEMI(Convention, Exhibition, Meeting Industry)

: 국제회의 산업을 말한다.

2 국제회의 기준

① 국제협회연합(UIA : Union of International Association)

: 국제기구가 주최하거나 후원하는 회의로 참가자 수가 50명 이상이거나 국내단체 또는 국제기구의 국내지부가 주최하는 회의가운데 참가국 수가 5개국 이상, 회의 참가자 수가 300명 이상(외국인이 40% 이상), 회의기간은 3일 이상인 회의

② 세계국제회의전문협회(ICCA : International Congress and Convention Association)

: 국제협회에 의해 최소한 50명 이상 참가하고, 3개국 이상을 돌아가며 정기적으로 개최하는 회의

③ 아시아컨벤션뷰로협회(AACVB : Asian Association of Convention and Visitor Bureaus)

: 전체 참가자 중 외국인이 10% 이상이고, 방문객이 1박 이상 상업적 숙박시설을 이용해야 한다.

④ 한국관광공사(KTO)

: 참가국 수가 3개국 이상이며, 외국인 참가자 수가 10명 이상인 국제회의

3 국제회의 유치의 긍정적 효과

① **경제적 측면** : 외화획득, 고용증대, 세수의 증대, 각 산업의 발전에 기여

② **사회 · 문화적 측면** : 국제친선 도모, 사회기반시설 확충, 시민의식 향상, 지역문화 발전

③ **정치적 측면** : 개최국의 지위 향상, 평화통일 및 외교정책 구현, 민간외교, 국가홍보

④ **관광적 측면** : 대량외래객 유치, 체재기간 연장효과, 지역이미지 개선, 관광시설 활용, 외래객의 지역적 편중현상과 비수기 불황타개책으로 이용

4 국제회의 유치의 부정적 효과

① **경제적 측면** : 물가상승, 개최지의 부동산 투기의 대상

② **사회 · 문화적 측면** : 개최지 고유문화 훼손, 사치와 소비풍조 악화, 지역문화 자원의 상업화 현상, 행사기간 중 교통 혼잡, 공해 유발 등

③ **정치적 측면** : 개최국이 정치에 이용될 수 있고, 과다한 재정적 부담과 희생 감수

④ **관광적 측면** : 관광지역 주민의 소외 및 불이익 발생, 관광지 주변의 교통 혼잡, 소음 · 공해 발생, 관광지의 상업화로 물가 상승

5 우리나라의 국제회의시설

① 코엑스(COEX) : 서울특별시
② 벡스코(BEXCO) : 부산광역시
③ 대전국제컨벤션센터(DCC) : 대전광역시
④ 송도컨벤시아(Songdo Convensia) : 인천광역시
⑤ 킨텍스(KINTEX) : 경기도 고양시 일산구
⑥ 김대중컨벤션센터(Kimdaejung Convention Center) : 광주광역시
⑦ 창원컨벤션센터(CECO) : 경상남도 창원시
⑧ 엑스코(EXCO)대구 : 대구광역시
⑨ 제주국제컨벤션센터(ICC JEJU) : 제주특별자치도
⑩ 경주화백컨벤션센터(HICO) : 경북 경주시
⑪ 평창알펜시아컨벤션센터
⑫ 양재aT센터(aT센터) : 서울특별시
⑬ 세텍(SETEC) : 서울특별시
⑭ 군산새만금컨벤션센터(GSCO) : 전북 군산시
⑮ 구미코(GUMICO) : 경북 구미시

6 국제회의도시

① **2005년 지정** : 서울특별시, 부산광역시, 대구광역시, 제주특별자치도

② **2007년 지정** : 광주광역시

③ **2009년 지정** : 대전광역시, 경남 창원시

④ **2010년 지정** : 인천광역시

⑤ **2014년 12월 지정** : 경주시, 고양시, 평창군

7 국제회의 관련용어

① PCO(Professional Congress Organization) : 국제회의 기획업(국제회의 전문용역업)

② PEO(Professional Exhibition Organization) : 국제회의 전시전문가

③ CVB(Convention & Visitor Bureau) : 국제회의 전담조직(문화체육관광부장관이 국제회의 지원 업무를 전담조직에 위탁한다.)

8 컨벤션 센터의 유형

① 텔레포트형　② 테크노파크형　③ 리조트형

9 협회 회의의 특징(기업회의와 비교)

① 회의 참가자 수가 많다.

② 회원의 자발적인 참가이므로 비용을 본인이 부담한다.

③ 리조트나 유명관광지가 회의장소가 된다.

④ 회의는 정기적으로 개최된다.

⑤ 대부분 2～5년 전에 계획된다.

⑥ 체재기간이 3～5일이다.

⑦ 회의시마다 목적지가 바뀐다.

⑧ 주요 회의에서는 전시회를 동반한다.

10 회의의 종류

① 회의(Meeting) : 모든 종류의 회의를 총칭하는 포괄적인 용어

② 컨벤션(Convention) : 회의분야에서 가장 일반적으로 쓰이는 용어

③ 컨퍼런스(Conference) : 컨벤션과 거의 같은 의미를 가진 용어로서 토론회가 많이 열린다.

④ 콩그레스(Congress) : 컨벤션과 거의 같은 의미를 가진 용어로서 유럽지역에서 빈번히 사용된다.

⑤ 포럼(Forum) : 제시된 한 가지 주제에 대해 상반된 견해를 가진 동일분야 전문가들의 공개토론회

⑥ 심포지엄(Symposium) : 제시된 안건에 대해 전문가들이 다수의 청중 앞에서 벌이는 공개토론회

⑦ 패널토의(Panel Discussion) : 청중이 모인 가운데 2~8명의 연사가 사회자의 주도하에 서로 다른분야에서의 전문가적 견해를 발표하는 공개토론회이다.

⑧ 강연(Lecture) : 한 사람의 전문가가 일정한 형식에 따라 강연하는 것

⑨ 세미나(Seminar) : 주로 교육적인 목적을 띤 회의로서 30명 이하의 참가자가 참가자 중 한 사람의 주도하에 특정 분야에 대해 각자의 지식이나 경험을 발표 · 토의한다.

⑩ 워크숍(Workshop) : 총회의 일부로 조직되는 훈련목적의 회의로서 참가자들이 특정문제나 과제에 관해 새로운 지식 · 기술 · 통찰 방법 등을 서로 교환한다.

⑪ 전시회(Exhibition) : Exposition, Trade Show, Trade Fair라고도 하는 대규모 전시회

⑫ 원격회의(Teleconferencing) : 국제 간 또는 대륙 간 통신시설을 이용하여 회의를 개최한다.

11

기타 관광사업

1 카지노

① 이태리어로 casa(작은집)에서 유래. 도박, 음악, 댄스 등 여러 오락 활동을 즐길 수 있는 귀족들의 별장의 뜻

② 긍정적 효과

가. 고액의 외화획득 효과

나. 자연관광자원의 한계성 극복

다. 조세수입 증대

라. 호텔수입 증대

마. 고용창출 효과

바. 상품계발이 용이

사. 전천후 영업이 가능하고 연중고객 유치

③ 부정적 효과

가. 투기와 사행심 조장으로 경제파탄 위험

나. 범죄율의 상승

다. 부정 · 부패에 이용

라. 지하경제 위험

④ 우리나라 카지노의 역사

가. 카지노 사업은 사행사업이라 하여 경찰청에서 관리하였으나 1994년부터 '관광진흥법'이 개정되면서 관광산업으로 전환되어 문화체육관광부장관이 허가권과 지도 · 감독권을 가지게 되었다. (제주도에서는 제주특별자치도지사가 허가권자이다.)

나. 1967년 최초로 인천 올림프스호텔 카지노가 개관하였고, 외국인 전용 카지노는 서울 3개소, 부산 2개소, 인천 1개소, 강원 1개소, 대구 1개소, 제주 8개소 등 16개 업체가 운영 중이고 내국인 출입 카지노는 강원랜드 1개소이다.

2 주제공원(Thema Park)

① 테마파크란 특정테마를 중심으로 구성되고 주제의 상호연관적 이용이 가능하도록 연출 · 운영되는 모든

계층의 사람들을 위한 창조적 휴식공간이다.

② 테마파크의 특징

가. 비일상성

나. 통일성

다. 배타성

라. 종합성

마. 테마성

③ 테마파크의 경영적 특성

가. 입지선정에 제약이 적다.

나. 인건비 비중이 높다.

다. 자본집약적 산업이다.

라. 지역경제에 미치는 영향이 크다.

마. 입장객 수위예측이 어렵다.

바. 식음료 판매에 대한 부가가치가 크다.

사. 특정한 주제를 가진다.

3 크루즈 관광(Cruise Ship Tour)

① 크루즈 관광은 위락추구 여행자를 위하여 선내에 객실, 식당, 스포츠시설 및 레크리에이션 시설 등 각종 시설을 갖추고 수준높은 서비스를 제공하면서 순수 관광활동을 목적으로 역사도시, 항구도시, 휴양지, 자연경관이 뛰어난 곳을 운항하는 호화유람선관광을 말한다.

② 일반적인 해상교통으로서 여객선은 여객의 수송을 목적으로 하고, 카페리는 차량과 사람을 싣고 주요 항구 간을 수송화하기 위하여 정기적으로 운행하는 것을 특징으로 한다.

③ 크루즈는 일반여객선과 다른 아래와 같은 특징이 있다.

가. 운항목적이 지역 간의 화물이나 여객수송이 아니라 순수관광이 목적이다.

나. 관광자원이 풍부하거나 역사가 있는 유명 항구도시나 유명관광지 주변의 항구만을 운항한다.

다. 크루즈 안에는 식음료, 숙박, 레크리에이션, 스포츠시설 등 다양한 관광객 이용시설이 설치되어 있다.

라. 시설이 호화스럽고 서비스가 최고 수준이다.

마. 여객선의 규모가 매우 크다.

바. 비교적 시간적 · 경제적 여유가 있는 관광객층이 많이 이용한다.

4 기념품판매업

기념품은 국내에서 생산되거나 조달할 수 있는 원자재를 써서 만든 제품으로서 국민적 특성을 지닌 상품을 말하는데 그 요건은,

① 국민적 색채(National Color)가 풍부하게 담겨 있어야 한다.

② 간편하여 휴대하기가 편리할 것

③ 견고하면서 실용성이 있어야 한다.

④ 영구히 보관될 수 있는 물건이라야 한다.

⑤ 가격이 합리적이며 적절해야 한다.

5 외식산업

외식 산업(Eating out Industry)은 인간이 외식 수요를 충족시키기 위하여 가정 이외의 장소에서 요리나 음료수를 제공하고 대가를 받아들이는 영업으로서, 이를 'Food Service Industry'라 한다. 이러한 외식 산업은 손님에게 요리 · 음료를 제공하고 부수되는 인적 서비스와 실내 분위기를 제공하는데 목적이 있다.

6 교육 및 문화시설

미술관 · 박물관 · 식물원 · 동물원 · 민속자료관 등을 교육문화시설이라고 하는데, 시설이 대형화할수록 관광자원으로서 강력한 유인력을 가지며 최근에는 박물관과 민속자료관 등이 야외에 건설되어 관광자원으로서 뿐만 아니라 교육문화시설로서의 가치도 충분히 발휘되고 있다.

7 면세점

소비를 목적으로 한국에 수입되는 외국산 상품에 부과되는 관세와 자국에서 생산되어 유통되고 있는 상품에 부과되는 제 세금을 일정한 지역을 지정하여 자격을 갖춘 특정인에게 면세로 판매하는 점포로서 세금부과 후 환급하는 사후면세점과 면세된 상태에서 판매하는 사전면세점이 있다.

면세점은 상품을 저렴하게 판매함으로서 판매촉진과 외화획득, 외화유출을 방지할 수 있어 국제수지 개선에 기여하며 국가경제에 크게 이바지한다. 1959년 프랑스에서 처음 시작하였고, 한국은 1964년 관광공사에서 한남체인 운영을 하기 시작하였다.

12

관광마케팅

1 마케팅 개념의 발전과정

① 생산지향시기(Production-Orientation Stage) : 약 1900년 ~ 1930년

② 판매지향시기(Sales-Orientation Stage) : 1930년 ~ 1950년

③ 마케팅지향시기(Marketing-Orientation Stage) : 1950년대 이후

④ 사회적마케팅 개념시기(Social Marketing Concept Stage) : 1970년대 이후

2 마케팅믹스(Marketing Mix)

① 매카시(E. J. McCarthy)의 4P

가. 제품(Product)

나. 장소(Place)

다. 가격(Price)

라. 판매촉진(Promotion)

② 하워드(J. A. Howard)

가. 통제가능요소 : 6각형(기업의 내적환경)

나. 통제불가능요소 : 5각형(기업의 외적환경)

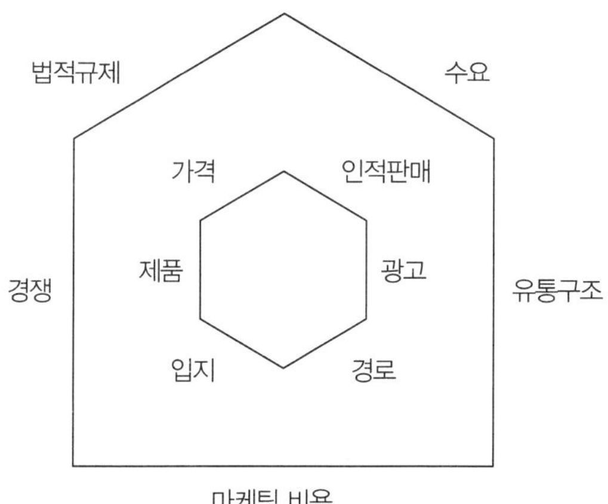

③ 마케팅믹스 전략의 기본원리

가. 집중의 원리

나. 선제의 원리

다. 연계의 원리

3 시장세분화(Marketing Segmentation)

① 시장세분화 기준

가. 지리적 세분화(Geographic Segmentation)

: 기후, 도시의 규모, 인구밀도, 지역 등 지리적 · 행정구역 단위에 따라 세분화 하는 것

나. 인구통계적 세분화(Demographic Segmentation)

: 연령별, 성별, 소득 가족수, 직업, 종교 등으로 시장을 나누는 것

다. 심리형태별 세분화(Psychographic Segmentation)

: 라이프스타일, 개성, 생활방식, 사회적 계층, 개인의 가치, 태도, 관심 등 심리적 내부욕구를 기준으로 나누는 것

라. 행동분석적 세분화(Behavioral Segmentation)

: 제품에 대한 태도, 여행 빈도, 상품충성도, 구매횟수, 이용률, 추구하는 편익, 사용량 등으로 나누는 것

② 시장세분화에 따른 표적시장에 대한 전략

가. 무차별 마케팅 : 시장을 하나의 동질적 총체로 봄

나. 차별화 마케팅 : 시장을 두 개 혹은 그 이상의 시장으로 나누어 마케팅 프로그램 적용

다. 집중화 마케팅 : 기업의 재무능력 혹은 조직을 분산시키지 않고 한 시장에 집중시키는 마케팅 방법

③ 시장세분화의 요건

가. 측정가능성(Measurability)

나. 접근가능성(Accessibility)

다. 실효성(Substantiality)

라. 실천가능성(Actionability)

④ 마케팅 프로세스(Marketing Process)

: 목표를 설정 → 표적시장의 명확화 → 마케팅믹스의 구축 → 조직화 → 평가적 분석의 순서로 진행된다.

4 관광마케팅

① 관광마케팅의 특성

가. 무형성

나. 유형력화

다. 지각(Perception)의 위험

라. 동시성

마. 소멸성

바. 계절성

사. 비가격 경쟁

아. 유사제품과 연구개발

자. 한계효용체감의 법칙의 부적용

차. 상징성

카. 질적통제와 표준화

타. 고부하 · 저부하 환경

파. 가치공학

② 관광시장 포지셔닝(Positioning)

: 관광사업에 의해 제공되는 관광상품과 관광서비스에 대한 이미지를 경쟁상품과 차별화시켜 관광객의 마음속에 유리한 위치를 차지하기 위한 활동이다.

③ 붐(B. H. Boom)과 비트너(M. J. Bitner)의 서비스마케팅 7P's(기존의 4P's에 3P's 추가)

가. 참가자(Participant Personnel)

나. 시설 · 환경(Physical Facility)

다. 작업진행 관리(Process Management)

④ 모리슨(A. M. Morrison)의 서비스 마케팅믹스 8P's(기존의 4P's에 4P's 추가)

가. 패키징(Packaging)

나. 프로그래밍(Programming)

다. 종사원(Person)

라. 제휴(Partnership)

⑤ 관광마케팅의 STP전략

가. S : Segmentation(시장세분화)

나. T : Target(표적시장)

다. P : Positioning(포지셔닝)

⑥ 관광마케팅의 SWOT 분석방법

가. S : Strength(강점)

나. W : Weakness(약점)

다. O : Opportunity(기회)

라. T : Threat(위협)

⑦ 관광상품 수명주기(TSLC : Tourism Service Life Cycle)

: 도입기 → 성장기 → 성숙기 → 쇠퇴기

⑧ 버틀러(Buttler)의 관광목적지 수명주기(TDLC : Tourism Destination Life Cycle)

가. 탐험(Exploration)

나. 개입단계(Involvement)

다. 발전단계(Development)

라. 강화단계(Consolidation)

마. 정체단계(Stagnation)

바. 쇠퇴단계(Decline)

5 관광의 해외선전

① 해외선전의 방법

가. 광고(Advertising) : 광고주, 유료

나. 퍼블리시티(Publicity) : 간접광고, 광고주가 없고 무료

다. PR(Public Relation) : 대중과의 관계, 즉 영화나 슬라이드 등을 이용하여 산업박람회나 전시장에서 관광에 관한 정보를 소개하는 방법

② 해외광고의 AIDCA

가. A : Attention(주의)

나. I : Interest(흥미)

다. D : Desire(욕망)

라. C : Confidence(확신), Memory(기억)

마. A : Action(행동)

③ 해외선전의 기능

가. 고지기능 나. 설득기능

다. 반복기능 라. 창조기능

13

국민관광과 국제관광

1 Social Tourism의 발전

① 제2차 세계대전 후 스위스 여행금고(Schweizer Reise Kasse)에서 유래되었고, 복지관광 · 국민관광이라고도 한다.

② OECD의 구체적인 조치

가. 유급휴가제도 실시 : 노동시간 단축

나. 여행구매력 증강 방안

다. 여행비의 절감 : Package Tour의 개발

라. 여행계절 연장 : 시차휴가제 실시(Staggering Holiday)

③ IUOTO의 주창에 의해 UN이 1967년을 국제관광의 해로 지정했고, "Tourism is passport to peace."라는 표어 사용

④ UNWTO는 매년 9월 27일을 세계관광의 날로 제정

⑤ 1980년 UNWTO 제1차 세계관광대회의 마닐라선언 : 국민들에게 최소한의 휴식과 여행의 권리

⑥ 1982년 UNWTO 제2차 세계관광대회의 아카폴코선언 : 휴식 · 휴가 및 유급휴가의 권리 강조

⑦ UNWTO 선정 10대 미래의 관광형태

: 해양관광 · 스포츠관광 · 모험관광 · 생태관광 · 문화관광 · 도시관광 · 농촌관광 · 크루즈 · 테마파크 · 국제회의

2 우리나라의 관광진흥사업

① 국내관광 이미지 제고 : 내나라 사랑여행, 내나라 먼저보기, 구석구석 캠페인 등

② 중저가 관광호텔 체인화 지원사업(베니키아 – BENIKEA) : 한국관광공사에서 추진하고 있다.

③ 문화관광해설사 제도 운영 : 2001년 한국방문의 해와 2002년 한 · 일 월드컵 공동개최 등 대규모 국가행사를 맞이하여 도입되었다.

④ 외국인관광객 음식서비스 개선사업 : "외국어 메뉴판 만들기" 사이트 구축

⑤ 관광통합 이용권(Korea Pass) : 2010년 출시된 코리아패스는 국내외 관광객들의 여행편의를 위해 개발한 관광특화카드로 선불카드, 신용카드, 체크카드 등으로 구성되었다.

⑥ **복지관광** : 취약계층을 위한 초청관광 프로그램은 1980년부터 실시되어 왔으며, 「관광진흥개발기금법」에 복지관광 활성화를 위한 근거를 마련하고 2005년부터 본격 실시되고 있다.

⑦ **관광불편 신고센터 운영** : 관광안내전화 1330을 통해 연중무휴 접수

⑧ **남북관광교류** : 1998년부터 해로를 이용한 금강산관광이 시작되었고, 2003년 9월 1일부터 육로관광이 개시되었으나, 2008년 금강산관광객 피격사망사건이 발생하면서 중단되었다.

⑨ **미래고부가가치 3대산업** : 의료관광, 컨벤션, 크루즈

⑩ **출입국 심사제도 선진화 지속적 추진** : 2008년부터 인천국제공항에서 자동출입국 심사서비스(SES) 시작

⑪ **관광경찰제도 도입 운영** : 2013년 10월 16일 출범

⑫ **한국관광 품질인증제** : 2018년 6월 관광진흥법 개정을 통해 도입

⑬ **관광두레사업** : 2013년 7월에 착수한 관광두레사업은 지역 주민이 주도적으로 지역을 방문하는 관광객을 대상으로 숙박 · 식음료 · 여행 알선 · 운송 · 오락과 휴양 등의 관광사업을 경영하는 관광사업체를 성공 창업하고 자립 발전하도록 지원하는 사업이다.

3 국제관광

① 국제관광객 통계기준

가. 거주지 표준주의

나. 소비화폐 표준주의

다. 생활양식 표준주의

라. 국적 표준주의

마. 국경 표준주의

바. 숙박시설 표준주의

사. 총체적 숙박시설 표준주의

② **국제기관** : 국적 표준주의와 소비화폐 표준주의를 기준으로 한다.

③ **우리나라** : 법무부, 외교부 등 주로 내 · 외국인을 법적으로 규율하고 있는 정부기관에서는 국적 표준주의를 취하고, 경제부처는 소비화폐 표준주의 입장이며, 문화체육관광부와 관광업계는 국적 표준주의 · 거주지 표준주의 · 소비화폐 표준주의를 동시에 취하고 있다.

④ 국제관광수지의 집계 방식

가. 개별 설문조사 방식
나. 추정산출 방식
다. 외국환 집계 방식
라. 국제통화기금(IMF) 방식

4 국제관광기구

① UNWTO(UN World Tourism Organization) : 세계관광기구. 스페인 마드리드에 본부가 있으며, 우리나라는 1957년에 가입하였다. 1925년 설립된 IUOTO가 1975년 UNWTO로 바뀌었다.

② 지역관광 개발을 위한 기구

가. PATA(Pacific Asia Travel Association) : 아시아 태평양지역 관광협회. 미국 샌프란시스코에 경영본부가 있고, 태국 방콕에 운영본부가 있다. 1963년에 우리나라 정부가 가입하였다.

나. ATMA(Asia Travel Marketing Association) : 아시아 관광마케팅협회. EATA가 변경된 것이다. 일본 동경에 본부를 두고 있으며, 1966년에 창립되었다.

다. ASEANTA(ASEAN Tourism Association) : 동남아 연합국가 관광협회로서 1967년 결성되었다.

③ 관광관련업체 전반을 수용하는 기구

가. ASTA(American Society of Travel Agents) : 미국여행업협회. 1931년에 설립되었으며, 미국 버지니아 주 알렉산드리아에 본부가 있다. 1973년에 한국관광공사가 가입되었다. 세계 최대의 여행업협회이다.

나. UFTAA(Universal Federation of Travel Agents Association) : 여행업자협회 세계연맹. 본부는 프랑스 파리에 있고, 정기간행물 "Courier"지를 발간하고 있다. 한국은 관광협회가 1975년에 가입하였다.

다. WATA(World Association of Travel Agents) : 세계여행업자협회. 1949년에 설립되어 스위스 제네바에 본부가 있다. "Master Key"라는 연보를 발간하고 있다.

라. ISTA(International Sightseeing & Tours Association) : 국제관광유람협회

④ 숙박업체에 의해 설립된 기구

가. IHA(International Hotel Association) : 국제호텔협회. 1964년에 설립되었고, 프랑스 파리에 본부가 있다.

나. IYHF(International Youth Hostel Federation) : 국제유스호스텔연맹. 1932년에 설립되었으며, 영국에 본부가 있다.

⑤ 국제회의 관련기구

가. ICCA(International Congress & Conven tion Association) : 국제 국제회의협회. 1963년에 설립되었으며, 네덜란드 암스테르담에 본부가 있다.

나. UIA(Union of International Association) : 국제협회연합. 1910년에 설립되었으며, 본부는 벨기에에 있다.

다. IACVB(International Association of Convention & Visitors Bureau) : 국제컨벤션뷰로협회. 1914년 설립되었으며, 본부는 미국 일리노이즈 주에 있다.

라. AACVB(Asian Association of Convention & Visitors Bureau) : 아시아컨벤션뷰로협회. 1983년에 설립되었으며, 마카오에 본부가 있다.

⑥ WTTC

WTTC(World Travel and Tourism Council)는 관광분야에서 가장 유망한 100여 개 업계 리더들이 회원으로 가입되어 있는 대표적인 관광관련 민간기구이다. 1990년에 설립되었으며 영국 런던에 본부를 두고 있다. 주요 활동은 관광 잠재력이 큰 지역에 대한 관광자문 제공 및 협력사업 전개, 'Tourism For Tomorrow Awards' 주관, 세계관광정상회의(Global Travel and Tourism Council) 개최 등이다. 특히 매년 5월 개최되는 관광정상회의는 개최국의 대통령, 국무총리를 비롯한 각국의 관광장관, 호텔 및 항공사 CEO 등이 대거 참석하여 관광현안을 논의하는 권위 있는 회의로 정평이 나있다. 세계 관광산업과 관련된 모든 이슈를 다루며 고용인원 2.4억 명, 세계 GDP의 9.2%를 차지하는 관광산업에 대한 인식을 높이기 위한 활동을 하고 있다. 한편, 2013년 WTTC 아시아 지역총회가 9월 10일부터 12일까지 서울에서 개최되었다.

2장

관광학개론 통계 및 용어 정리

01

관광통계

1 우리나라 통계

① 2019년 Inbound 실적(2020년 3월 6일 발표)

- 외래객 17,502,756명 (2018년 대비 14% 증가), 약 215$, 1인당 소비액 1,229$
- 중국(6,023,021명) – 일본(3,271,706명) – 대만(1,260,493명) – 미국(1,044,038명) – 홍콩(694,934명)

② 2019년 Outbound 실적

- 해외여행객 28,714,247명 (2018년 대비 0.1% 증가), 약 288억$, 1인당 소비액 1,005$
- 2018년 한국인 출국 국가 순위 : 일본(7,538,952명) – 중국(4,193,500명) – 베트남(3,435,406명) – 미국(2,210,597명) – 태국(1,796,615명)

③ 2019년 외래관광객의 입국목적

- 관광(14,432,275명, 82.5%) – 기타(2,442,165명, 14%) – 유학/연수(375,661명, 2.1%)
- 남자 : 6,768,303명(38.6%), 여자 : 9,695,300명(55.4%), 승무원 : 1,039,073명(6.0%)
- 20대 여자와 20대(25%)가 가장 많이 옴
- 아시아 국가 출신이 14,590,478명으로 83.4% 차지

2 세계관광통계(2018년 잠정통계)

① 외래관광객 유치순위 : 프랑스 〉 스페인 〉 미국 〉 중국 〉 이탈리아

② 관광수입 순위 : 미국 〉 스페인 〉 프랑스 〉 태국 〉 영국

3 2018년 관광불편 신고현황

① 2018년 총 1,263건 : 쇼핑(363건), 택시(155건), 숙박(155건), 공항 및 항공(124건), 철도 및 선박(97건)

② 외국인(1,095건) : 쇼핑(360건), 택시(149건), 공항 및 항공(120건), 숙박(111건), 철도 및 선박(95건)

③ 내국인(168건) : 여행사(50건), 숙박(44건), 음식점(14건), 공항 및 항공(7건), 버스(6건), 택시(6건)

4 관광안내전화

① 관광불편신고 : 1330

② 관광통역안내자동서비스 : 1330

③ BBB통역 : 1588-5644

5 한국관광공사의 해외마케팅 주제

: "Korea Something More"

6 한국관광공사의 외래관광객 2,000만명 유치를 위한 관광브랜드

: "Imagine your Korea"

7 대한민국의 새로운 국가브랜드

: "Creative Korea"

8 여행경보제도

① 여행유의 – 남색경보 ② 여행자제 – 황색경보

③ 철수경고 – 적색경보 ④ 여행금지 – 흑색경보

9 2018년 외래관광객 실태 (약 16,469명 대상)

① 외래관광객의 여행형태

: 개별여행(79.9%) – 단체여행(12.4%) – Airtel(7.7%)

② 주요 쇼핑품목

: 향수/화장품(61.8%) – 식료품(55.5%) – 의류(43.8%) – 신발류(15.5%) – 인삼/한약재

③ 한국여행에 대한 항목별 만족도

: 치안(91.3%) – 쇼핑(89.8%) – 모바일/인터넷(87.9%) – 출입국 절차(87.7%) – 언어소통(60.5%)

④ 외래객 한국여행 중 가장 많이 방문하는 권역

: 서울권(79.4%) – 경상권(17.5%) – 경기권(14.9%) – 강원권(9.7%) – 제주권(8.5%)

⑤ 한국여행 중 방문지역

: 서울(79.4%) – 경기(14.9%) – 부산(14.7%) – 강원(9.7%) – 제주(8.5%)

⑥ 한국여행 중 좋았던 관광지

: 명동(58.3%) – 동대문시장(28.1%) – 신촌/홍대(16.8%) – 종로/청계 – 강남역

⑦ 한국여행 시 가장 좋았던 활동

: 식도락관광(29.3%) – 쇼핑하기가 좋다(22.2%) – 자연경관 감상(11.8%) – 업무 수행

⑧ 방한기간 중 주요 참여활동

: 쇼핑(92.5%) – 식도락관광(71.3%) – 자연경관 감상 – 고궁/역사유적지 방문 – 박물관 · 전시관

⑨ 한국여행 중 1인 평균 지출경비

: 1,342.4$(2017년 1,481.6$), 1일 평균 254.8$ 지출

⑩ 방한 횟수

: 1회(42.2%) – 2회(18.1%) – 3회(10.6%) – 4회 이상(29.1%)

⑪ 한국여행정보 입수경로

: 친지, 친구, 동료(51.0%) – 글로벌 인터넷(47.6%) – 자국 인터넷(41.3%) – 여행사 관련 사이트(20.5%)

⑫ 체제기간

: 5일(20.2%) – 4일(19.0%) – 3일(18.3%) – 평균 7.2일

⑬ 한국 방문 선택 시 고려 요인

: 쇼핑(63.8%) – 음식(57.9%) – 자연풍경 감상(36.2%) – 친구, 친지 방문(20.4%) – 역사, 문화 유적

⑭ 주요 쇼핑 장소

: 명동(50.5%) – 공항면세점(32.5%) – 시내면세점(29.8%) – 동대문시장(22.3%) – 백화점

⑮ 1인 평균지출 경비가 많은 국가 순서

: 몽골(2,069.6$) – 중국(1,887.4$) – 중동(1,776.6$) – 인도(1,548.2$) – 일본(791.1$)

10 관광산업경쟁력 지수 국가별순위 (2019년)

: 스페인 – 1위, 프랑스 – 2위, 독일 – 3위, 일본 – 4위, 미국 – 5위의 순이고, 한국은 16위. 관광산업경쟁력지수(TTCI)는 세계경제포럼에서 2009년부터 매년 3월초 전 세계 130여개 국가에 대한 관광산업경쟁력지수(The Travel & Tourism Competitiveness Index)를 발표하는 것으로 평가지표는 총 4개 분야 14개 항목이며, 문헌조사 및 전문가패널, 설문조사로 평가한다.

11 관광산업경쟁력 지수의 세부지표

: ① 관광환경 ② 관광조건, 관광정책 ③ 인프라 ④ 자연과 문화 관광자원

12 올해의 관광도시

① 2018년 : 인천 강화, 충남 공주시

② 2019년 : 전남 강진군, 경기 안산시, 울산 중구

02

관광용어

• 3명 관광자원

명인(문익점, 곽재우, 성철스님), 명품(서귀포 칠십리축제, 합천 황토한우, 거창 사이버농원), 명소(서귀포 자연휴양지, 해인사, 합천 영상테마파크)

• 감정노동

자신의 진짜 감정과는 상관없이 감정규칙에 따라 고객을 대하는 서비스

• 게스트 차지(Guest Charge)

고객의 청구서에 기재된 모든 청구액, 즉 구매 중 서비스, 전화, 밸릿 서비스(valet service)요금 등을 가리킨다.

• 관광위성계정(TSA)

Tourism Satellite Accountment의 약자로 관광 전 단계부터 관광 후에 이르기까지 관광객에 의해 이루어지는 현금 및 자본의 지출활동에 대한 정보를 제공하여 개인, 기업, 정부 그리고 대외부분 등 경제주체의 관광과 연계된 경제활동을 체계적으로 정리한 표

• 그린스타트운동

녹색성장을 통한 저탄소 사회구현을 위해 일상생활에서 온실가스를 줄이기 위해 실천하는 범국민운동

• 도망객(Skipper)

호텔 숙박요금을 지불하지 않고 도망하는 고객을 말한다.

• 룸 서비스(Room Service)

호텔 객실에 손님의 요청으로 음료, 식사 등을 보내주는 담당계 또는 호텔의 객실에서 하는 식사서비스로 보통 메뉴요금보다 10% ~ 15% 정도 높은 요금으로 되어 있다.

• 밸릿 서비스(Valet Service)

호텔의 세탁소(laundry)나 주차장(parking lot)에서 고객을 위해 서비스하는 것을 말한다.

• **비욘드 라이트(Beyond Right)**

이원권, 항공협정 상 상대국에서 다시 타국으로 운송하는 권리를 말한다.

• **비행 최저접속 소요시간(MCT : Minimum Connecting Time)**

항공기의 접속탑승 시 바꾸어 탑승하는데(국내선에서 타의 국내선으로, 국내선에서 국제선으로, 국제선에서 국내선으로, 국제선에서 타의 국제선으로 등) 필요로 하는 최소한의 승단 소요시간을 말한다.

• **상용고객 우대제도(FFP : Frequent Flyer Program)**

항공사의 서비스를 자주 이용하는 고객이 타 항공사로 수요를 이전하는 것을 방지하기 위해 그에 대한 특별보너스 제도를 도입하여 자신의 서비스를 이용하도록 하는 제도이다.

• **스톡 카드(Stock Card)**

룸 랙 포켓(room rack pocket)을 나타내는 유색 코드로 명명되어, 룸 랙이 길어 랙 운용이 불편할 때 룸 클럭(room clerk)이 사용하는 보조장치로 일명 ducat라고 부르기도 한다.

• **스톱오버(stopover)**

여객이 항공사의 사전승인을 얻어 출발지와 도달지 간의 1지점에서 상당기간(국내선 – 4시간 ; 국제선 – 24시간 이상)동안 의도적으로 여행을 중지하는 여행의 계획적 중단을 뜻한다. 'break of journey'라고도 한다.

• **슬로시티(Slow city)**

'유유자적한 도시, 풍요로운 마을'이라는 뜻의 이탈리아어로 치타슬로(cittaslow)의 영어식 표현이다. 1986년 패스트푸드(즉석식)에 반대해 시작된 슬로푸드(여유식) 운동의 정신을 삶으로 확대한 개념으로 전통과 자연생태를 슬기롭게 보전하면서 느림의 미학을 기반으로 인류의 지속적인 발전과 진화를 추구해 나가는 도시라는 뜻이다. 이 운동은 이탈리아의 소도시 그레베 인 키안티(Greve in Chiantti)의 시장 파올로 사투르니니가 창안하여 슬로푸드 운동을 펼치던 1999년 10월 포시타노를 비롯한 4개의 작은 도시 시장들과 모여 슬로시티를 선언하면서 시작됐다. 이후 유럽 곳곳에 확산되기 시작하였고, 2013년 6월말 현재 세계 27개국 174여개의 도시가 가입되어 있다.

현재 슬로시티 가입조건은 인구가 5만 명 이하이고, 도시와 주변 환경을 고려한 환경정책 실시, 유기농 식품의 생산과 소비, 정통 음식과 문화 보존 등의 조건을 충족해야 한다. 구체적 사항으로 친환경적 에너지 개발, 차량통행 제한 및 자전거 이용, 나무 심기, 패스트푸드 추방 등의 실천이 있다. 아시

아에서는 최초로 2007년 12월에 전남의 4개 지역인 담양군 창평면 상지천 마을, 장흥군 유치면, 완도군 청산도, 신안군 증도와 2009년 1월 경남 하동군 악양면(차 재배지로서 세계 최초), 9월에 충남 예산군 대흥면, 2010년 전주 한옥마을, 남양주 조안면, 2011년 경북 상주와 청송 등 10곳이 슬로시티로 지정되었고, 2012년 강원도 영월군 김삿갓면과 충북 제천시 수산면 박달제가, 2017년 5월 충남 태안군 소안면, 경북 영양군 석보면, 2018년 경남 진해시, 충남 서천군, 2019년 목포가 지정되어 2019년 말 기준 16개 지역이 지정되었다. (장흥 탈락)

• 어린이 침대(Crib)

어린이를 위한 유아용 침대로 고객의 요청에 따라 추가되며, baby bed라고도 한다.

• 어미니티(Amenity)

서비스의 일환으로 추가요금의 지불 없이 투숙 고객의 안락함과 편리함을 위해 객실에 비치하거나 고객에게 제공되는 품목으로 호텔에서의 Amenity란 고객에 대한 일반적이고 기본적인 서비스 외에 '부가적인 서비스의 제공'을 의미한다.

• 워크 어 게스트(Walk a Guest)

예약을 한 어떤 고객 중 그 호텔에 투숙이 불가능하여 무료로 타 호텔에 투숙이 주선되는 고객을 말한다.

• 워크 인 게스트(Walk in Guest)

사전에 예약을 하지 않고 당일에 직접 호텔에 와서 투숙하는 손님

• 이그제큐티브 룸(Executive Room)

소규모 모임이나 취침도 할 수 있도록 설계된 다목적 호텔 객실을 말한다.

• 이 티 디(출발예정시각 : E. T. D ; Estimated Time of Departure)

time table에 표시되어 있는 출발시각은 모두 ETD에 의하여 기록된다. 또 time table의 도착시간은 ETA(Estimated Time of Arrival)에 의거한다. 여기에 대해, 실제의 출발시각을 ATD(Actual Time of Departure)라고 하며, 실제의 도착시간은 ATA(Actual Time of Arrival)라고 한다.

• 이 티 에이(E. T. A : Estimated Time of Arrival)

항공기의 도착 예정시간

• 이티오(ETO : Estimated Time Over)

통과 예정시간을 말한다.

• 이피션시 유니트(Efficiency Unit)

부엌이 있는 객실로서, 객실 내에서 조리를 할 수 있도록 시설을 갖춘 호텔 또는 모텔의 객실을 말한다.

• 인터라인 페어(Interline Fare)

2개 이상의 항공회사 노선의 운송에 적용되는 운임으로 일정한 금액으로 공시된 요금을 말한다.

• 인플라이트(Inflight)

비행 중의 또는 비행기 내의 시설을 뜻하며, 구체적으로는 기내서비스, 기내식사, 기내영화 상영을 말한다.

• 좌석이용률(Load Factor)

하중배수를 말하기도 한다.

• 주니어 스위트(Junior Suite)

응접실과 침실을 구분하는 칸막이가 있는 큰 객실을 말한다.

• 책임여행

관광객이 여행하는 곳의 환경과 문화를 존중하고 보호할 책임의식을 갖는 여행(공정여행, 봉사여행, 착한여행)

• 카바나룸(Cabana Room)

보통호텔의 주된 건물로부터 분리되어 수영장이나 해수욕장 내에 위치한 호텔의 객실을 말하며, 침대가 있기도 하고 없기도 하며, 그와 같은 목적이나 특별행사를 위해 사용되는 임시구조물도 이에 포함된다.

• 코드 셰어(Code Share)

운항편명 공동사용을 말하는데 제휴항공사는 상호 항공사 간에 노선을 공동 사용하므로 연계수송을 효율화시키는 효과를 누릴 수 있다.

• **코키지 차지(Corkage Charge)**

호텔 식당에 있어서 그 식당의 술을 구매치 않고 고객이 가지고 온 술을 마실 때에 마개 뽑는 봉사료(삯)를 말한다.

• **클러스터**

동질의 문화자원이 넓게 분포되어 관광지화 될 수 있는 범위를 말한다. 지방자치단체의 결합을 통해 가능하다.

• **턴다운 서비스(Turndown Service)**

이브닝 서비스(evening service)로 침대 덮개(spread)를 벗기고 고객의 취침을 위해 준비하거나 객실을 정리한 뒤, 사용한 비품과 린넨을 교체시키는 것을 말한다.

• **페리 차지(Ferry Charge)**

전세비행일 때 전세편의 운항 개시 지점이나 종착지로부터 기지까지 공수하는 경우에 징수되는 요금.

• **피 브이 에스(PVS)**

여권(passport), 사증(visa), 주사(shot)의 약어로서 도항서류를 말한다.

• **한스타일**

우리문화의 원류로써 대표성과 상징성을 띠며 생활화 · 산업화 · 세계화가 가능한 한글 · 한식 · 한복 · 한지 · 한옥 · 한국음악(국악) 등의 전통문화를 브랜드화 하는 것을 말함. 선정기준은 일상성 · 상징성 · 산업화 가능성 · 정착화 필요성 등이다.

• **호스피탤러티 스위트(Hospitality Suite)**

'호텔의 특별실'. 호텔객실 종류의 하나로, 적어도 목욕탕이 있는 침실(bed room with bath)과 parlor(거실 겸 응접실)가 있어 회의나 무역박람회가 개최될 때 참가자들에게 사교의 기회를 넓히기 위한 칵테일을 제공할 수 있는 객실

• **AAB**

Agency Administration Board의 약자. 대리점 관리위원회, IATA의 traffic conference에 설치되어 있는 기관으로, 대리점의 신설, 증설 등의 결정을 행한다. AIB는 그 하부기관

• Berth Charge

침대요금. berth는 열차나 선박의 침대

• Bulk Fare

좌석 일괄계약포괄 운임. 싸지만 Commission이 없고, 운임의 조기납입, 인원변경 등의 어려움이 있는 운임

• CIQ

Customs(세관), Immigration(출입국관리), Quarantine(검역)을 요약해서 한 단어로 한 것으로 출입국 수속 또는 출입국관계, 감독관청을 의미한다.

• Cultural Center(모형문화센터)

관광지의 전통문화 보전과 보호, 주민생활의 침해방지, 관광객의 편의를 위해 관광지를 방문한 관광객과 관광지 주민과의 생활공간을 의도적으로 분리하기 위하여 진짜와 비슷하게 복원, 연출된 공간을 만든 것을 말한다. 용인민속촌, 제주도 해양민속촌, 하와이 폴리네시안 문화센터 등이 있다.

• Dark Tourism

휴양과 관광을 위한 일반여행과 달리 재난과 참상지를 보며 반성과 교훈을 얻는 여행을 일컫는 말로 아우슈비츠 수용소, 킬링필드, 히로시마와 나가사키, 숭례문 등이 이 여행의 대표적인 사례이다.

• Duplex Room

1층은 응접실, 2층은 침실인 복층객실

• Endorsement

이서, 확인. 항공권의 endorsement란 어떤 탑승예정구간에 대해서 ticket 상의 예정 carrier를 여객 본인의 의사 또는 그 carrier의 사정에 의해서 타 carrier로 변경할 시에 그 예정 carrier가 행하는 이서이다.

• Eternal Triangle(영원한 트라이앵글)

환경을 둘러싼 관광업체, 지역사회, 공공당국 간의 관계변천에 관하여 영국의 데이본과 콘월에서 지역 사례연구를 한 쇼(Shaw. G.)와 윌리엄스(Williams. A.)가 만들어낸 용어이다. '관광 – 개발 – 환

경' 이 3자의 상호관계는 복잡하며, 시간과 더불어 끊임없이 변화한다는 의미를 포함하고 있다.

• Fictional Tourism(허구관광)

인터넷 등의 사이버공간 안에서나 종교적 의례, 샤머니즘이나 약물 사용 등을 통해 실제로 이동하지 않고 의사(擬死)적인 상태에서의 이동을 통한 관광체험활동을 가리킨다.

• Flat Rate

균일요금. 단체가 호텔에 숙박하는 경우, 요금이 다른 객실을 사용하는 경우도 있지만 그것을 균일화한 특별요금

• Heritage Tourism

역사적 유산을 지니고 있는 문화유산에 한하지 않고 자연유산까지 포함하여 인류의 유산을 답사하는 관광이다. 유네스코의 세계유산, 국가의 천연기념물이나 국보, 각종 자치단체의 사적 등을 그 대상으로 한다.

• Hub Airport(허브 공항)

차바퀴의 구조를 본 따 이름을 붙인 것으로, 중심축에 해당하는 공항에서 각각의 도시를 향하여 지선처럼 노선이 전개되는 항공 네트워크에 있어서 중심이 되는 '거점공항'을 말한다.

• MOT(Moment of Truth)

투우사가 소의 급소를 찌르는 순간을 의미하는데 서비스 품질을 관리하는데 사용하는 용어이다. 즉, 고객이 조직의 어떤 일면과 접촉하는 접점에서 서비스를 제공하는 조직 및 품질에 대해 어떤 인상을 받는 순간이나 사상을 의미한다.

• NATIONAL TRUST운동

국민이 자발적으로 현금이나 기부금으로 보존할 가치가 있는 자연과 문화유산을 사들이는 운동이며 영국에서 시작되었다.

• Neo Tourism

사회적 패러다임 변화에 따른 기존의 관광개발의 폐해와 한계를 극복하기 위한 새로운 관광개발이념으로서 지속가능한 개발을 통해 자연환경의 보전과 생태적 이념, 인간중심의 삶의 질 추구를 위한 개발전략을 말한다.

• **Off the Beaten Type(오지탐험여행)**

'밟아 다져진 길에서 벗어나라'라는 직역과 같이 남극방문, 히말라야 트레킹, 호주 내륙의 아웃백 탐방, 열대우림 탐방, 실크로드 순례 등 개발되지 않은 오지로의 여행을 말한다. 그러나 탐험대와는 달라서 여행회사가 특수한 행선지로 가는 여행으로 기획하는 경우에는 모험욕구를 충족시켜 주는 동시에 여행자의 안전 확보와 환경의 보전이 불가결한 것이다.

• **Plant Tour**

(미국에서) 산업관광 또는 공장견학으로 Technical tour 또는 Industrial Tourism이라고도 한다.

• **Post-Convention Tour**

회의 후 여행. 회의의 주최자 등이 미리 계획을 세워놓고 실시하는 관광

• **Skeleton Type(스켈튼 형)**

'골격'이라는 단어의 의미처럼 항공편과 호텔만 예약되어 있을 뿐, 식사나 구체적인 관광활동 등은 아직 수배되어 있지 않은 여행형태로서 air & hotel type이라고도 부른다. 겉으로 보기에 값싼 여행을 할 수 있다는 점에서 여행사의 프로모션 상품으로 자주 이용되며, 자유활동의 시간이 많은 만큼 여행을 많이 해본 사람들이 선호는 상품이다.

• **Theme Park(테마파크)**

통일된 테마를 바탕으로 오락, 레크리에이션, 놀이 등의 목적을 갖는 시설들로 구성되고 연출된 유원지를 가리킨다. 오락적 · 환락적인 요소가 너무 강해진 유원지와의 차별화를 도모하기 위해 사용되기 시작하였다. 에버랜드, 롯데월드, 서울랜드 등이 우리나라의 대표적인 테마파크에 속한다.

• **Through Check in(스루 체크인)**

2개 구간 이상을 탑승하는 경우, 최초 출발지의 공항에서 환승편까지 포함하여 최종 목적지까지의 탑승수속을 하는 것으로서 복수의 탑승권이 발행된다. 직항편을 이용할 수 없는 항공 이용자에 대한 탑승수속의 간소화가 도모되어 편리성과 접속면에 있어 안심할 수 있다. 항공회사로서도 환승시간의 단축, 지상비의 절감에 효과가 있다.

• **Unit Products(유니트 상품)**

여행사 간에 거래되는 상품이다. 항공기, 호텔, 시내관광, 트랜스퍼 등 여행의 주요 구성 요소들이 이

미 구비되어 있어서 이를 구입한 여행사는 고객의 요구에 맞추어 식사나 옵션 여행을 추가로 수배하여 그 상품이 완성되도록 한다. 매입력이 약한 중소여행사에게는 상품기획 조성력을 보완시켜 주는 역할도 한다. 다만 이 경우 여행 주최의 책임 소재가 불명확하게 된다는 문제점이 있다.

• **Unit Rate System(단일요금제도)**

우리나라에서 실시되고 있는 호텔의 객실요금 정책으로 객실 당 투숙객 수에 따라 가격이 결정되는 것이 아니라 객실 1실에 투숙객이 1인이든 2인이든 관계없이 동일 요금을 고객에게 부과하는 제도이다. 즉 일률적으로 객실 당 가격이 적용되어 운영되는 것이다.

• **U-Tourpia**

유비쿼터스와 여행을 결합한 것으로 한 · 영 · 중 · 일 등 4개국어로 지역의 관광 · 숙박 · 음식정보 및 전자지도 서비스 등이 통합적으로 온라인이나 모바일 등을 통해 제공되는 여행정보시스템이다.

2006년 통영시와 보령시, 2007년 부산광역시 · 공주시, 2008년 인천광역시 · 대구광역시, 2009년 전라남도 · 경주, 2010년 충북이 문화체육관광부로부터 대상지역으로 선정되었다.

3장

관광학개론 기출 및 예상문제

Test 01

01 관광주체와 관광객체를 연결시키는 관광매체가 아닌 것은?

① 박물관 ② 관광호텔
③ 관광버스 ④ 여행사

02 지속가능한 관광과 거리가 먼 것은?

① 녹색관광 ② 생태관광
③ 대중관광 ④ 문화유산관광

03 아우슈비츠수용소, 킬링필드, 서대문형무소 등 참사현장을 방문하여 자기반성과 교훈을 얻는 여행은?

① Blue Tourism ② Dark Tourism
③ Purple Tourism ④ Red Tourism

04 1845년 영국에서 시작한 제도로 가장 효과적이고 훈련이 잘된 자원봉사자로 이루어진 박물관 가이드 명칭은?

① Vetturino ② Docent
③ Cicerone ④ Bear Leader

05 세계관광기구(UNWTO)의 본부가 있는 곳은?

① 스위스 제네바 ② 미국 뉴욕
③ 벨기에 브뤼셀 ④ 스페인 마드리드

06 1931년에 설립되어 미국 버지니아주 알렉산드리아에 본부를 두고 140여개 국에 회원을 확보하고 있는 여행협회는?

① IATA ② EATA
③ ICCA ④ ASTA

07 한국관광공사 2017년도 외래관광객 실태조사 결과, 방한외래객의 서울 방문 비율이 78.8%로 가장 높았다. 서울 내 방문 비율이 높은 지역 순으로 올바르게 나열된 것은?

① 명동 – 고궁 – 코엑스 – 동대문시장 ② 명동 – 남대문시장 – 동대문시장 – 이태원
③ 명동 – 동대문시장 – 고궁 – 남산/서울타워 ④ 고궁 – 명동 – 동대문시장 – 인사동

08 우리나라 관광제도의 역사로서 옳지 않은 것은?

① 최초의 관광여권 발급은 60세 이상만 가능했다.
② 초기에 관광여권 발급 시 일정기간동안 200만원을 예치하는 관광예치금제를 실시했다.
③ 1983년 최초 관광목적여권을 발급했다.
④ 1989년 해외여행 자유화시대가 시작됐다.

09 2018년을 기준으로 전 세계 국가 중 외국인 관광객이 많이 방문한 국가의 순서로 옳게 나열한 것은?

① 프랑스 〉 스페인 〉 미국 〉 중국
② 프랑스 〉 스페인 〉 이탈리아 〉 중국
③ 미국 〉 프랑스 〉 중국 〉 이탈리아
④ 미국 〉 프랑스 〉 이탈리아 〉 중국

10 제3차 관광개발기본계획(2012년~2021년)의 권역별 개발방향에 관한 설명으로 옳지 않은 것은?

① 호남관광권 – 생태 · 웰빙관광 및 동계 스포츠의 메카
② 대구 · 경북관광권 – 역사관광거점
③ 수도관광권 – 동북아 관광허브
④ 제주관광권 – 자연유산관광 및 MICE산업의 중심

11 호텔객실의 정비, 미니바(mini bar)관리, turn-down 서비스 등을 주로 담당하는 부서의 명칭은?

① 프론트 오피스
② 컨시어즈
③ 하우스키핑
④ 룸서비스

12 Social Tourism 정책의 일환으로 신체장애자와 노인들을 위한 제도가 가장 잘 발달된 국가는?

① 일본
② 벨기에
③ 미국
④ 스위스

13 다음에서 콘도미니엄(condominium) 운영방식이 아닌 것은?

① 기간제 이용소유권
② 휴가권개념 이용제도
③ 임대제 이용소유권
④ 공간은행을 통한 이용제도

14 UNWTO(세계관광기구)가 발표한 최근 관광동향구분 중 3E에 속하지 않는 것은?

① Entertainment
② Education
③ Exposition
④ Excitement

15 다음 중 위탁경영 방식의 호텔이 아닌 것은?

① 힐튼호텔 ② 인터컨티넨탈호텔
③ 리츠호텔 ④ 롯데호텔

16 UN환경계획(UNEP)이 제시한 지속가능한 개발의 일반원칙과 거리가 먼 것은?

① 세대 간 또는 현 세대 구성원간의 형평성 촉구
② 환경자산의 가치측정과 수용능력에 대한 연구
③ 인간을 중심으로 지속가능한 개발이 논의 되어야 한다.
④ 경제성장과 환경 보전의 추구

17 한국과 중국 간의 관광교류 현황 중 사실과 맞지 않는 것은?

① 1994년 한국 – 중국 여행 자유화
② 1996년 중국 단체 관광객의 제주도 무사증입국 허용
③ 2006년 한국 – 중국 항공운항 자유화
④ 2004년 Korean Wave 개최(베이징)

18 국제회의산업 육성에 관한 법령상의 국제회의 도시로 지정된 곳이 아닌 것은?

① 인천광역시 ② 경남 창원시
③ 제주특별자치도 ④ 전북 전주시

19 관광욕구는 다음 중 어느 것으로 표현될 수 있는가?

① 자기실현 욕구 ② 존경의 욕구
③ 생리적 욕구 ④ 사회적 욕구

20 여행용어 중 "PLP"의 설명으로 알맞은 것은?

① credit card의 일종 ② 운임 후불제도
③ tour operator에 의한 tour ④ 토마스 쿡이 개발한 저렴한 여행

21 다음 중 한국인에 의한 최초의 항공회사가 설립된 년도는?

① 1899년 ② 1948년
③ 1936년 ④ 1912년

22 샬레(chalet)란 다음 중 어떤 숙박시설을 설명하는 것인가?

① 본래 스위스의 농가집으로 열대지방의 숙박시설의 한 형태이다.
② 열대지방의 건축형태의 일종으로 주로 목조 2층 건물이다.
③ 일반적으로 별장이라 부르고 있다.
④ 전형적인 프랑스의 시골 숙박시설이다.

23 UNESCO지정 인류무형구전 및 무형유산걸작이 아닌 것은?

① 판소리 ② 영산재
③ 처용가 ④ 줄타기

24 다음 중 마케팅믹스 가격전략의 목적과 관계가 없는 것은?

① 이윤의 극대화 ② 상품정보의 전달
③ 시장점유율 확대유지 ④ 목표수익률 확보

25 주로 교육적인 목적을 띤 회의로서 30명 이하의 참가자가 참가자 중 한 사람의 주도하에 특정분야에 대해 각자의 지식이나 경험을 발표하고 토의하는 회의형태는?

① 포럼(Forum) ② 심포지엄(Symposium)
③ 세미나(Seminar) ④ 워크숍(Workshop)

정답 및 해설

ANSWER

01 ①	02 ③	03 ②	04 ②	05 ④	06 ④	07 ③	08 ①	09 ①	10 ①
11 ③	12 ③	13 ③	14 ③	15 ④	16 ③	17 ②	18 ④	19 ①	20 ②
21 ③	22 ①	23 ③	24 ②	25 ③					

01. ① 관광의 객체

02. ③ 지속가능한 관광은 대안관광의 종류이다.

03. ② Black Tourism이라고도 한다.

04. ① Grand Tour시대에 이탈리아에서 마차를 몰고 관광객을 안내하는 전문가이드
③ 이탈리아어의 관광안내원
④ 여행보호인

07. ③ 명동 – 동대문시장 – 고궁 – 남산/서울타워 – 남대문시장 순이다.

08. ① 50세 이상이다.

09. ① 방문국가 순서는 본래 프랑스 〉 스페인 〉 미국 〉 중국 〉 이탈리아이다.

10. ① 호남관광권 – 문화관광 중추지역, 강원관광권 – 생태 · 웰빙관광 및 동계 스포츠의 메카

11. ① Front of House 소속
② 현관 · 객실 접객부서
④ Back of House 소속

15. ④ 롯데호텔은 일반체인 호텔(Regular chain Hotel)이다.

16. ③ 지속 가능한 개발에 필요한 법제와 기구의 정비를 제시했다.

17. ② 1998년부터이다.

18. ④ 서울특별시 · 광주광역시 · 부산광역시 · 대구광역시 · 대전광역시 · 경주시 · 고양시 · 평창군 등이 지정되었다.

19. ① 고차단계인 5단계이다.

20. ② Pay later plan 의 약자다.

21. ③ 신용욱에 의해 조선항공회사(KNC)가 설립되었다.

22. ② 방갈로(Bungalow)
③ 빌라(Villa)
④ 로지(Lodge)

23. ③ 처용무

24. ② 판매촉진(promotion)이다.

Test 02

01 다음 중 스탠리 플로그(Stanley plog)의 성격 구분과 거리가 먼 것은?

① 안전지향형 ② 이상지향형
③ 새로움지향형 ④ 중간지향형

02 관광지나 관광단지 등 개발하는 형태 중 가장 이상적인 형태로서 국가 등 공공기관과 민간 개발자가 결합하여 개발하는 방식은?

① 제 1Sector ② 제 2Sector
③ 제 3Sector ④ 제 4Sector

03 매년 9월 27일을 세계관광의 날로 지정한 기구는?

① UNWTO ② UN
③ OECD ④ KTO

04 다음 중 관광상품의 가격 결정 방법이 아닌 것은?

① 원가중심 결정전략 ② 수요자중심 결정전략
③ 경쟁중심 결정전략 ④ 판매중심 결정전략

05 여행코스의 유형 가운데 비교적 많은 경비와 시간을 필요로 하는 코스의 유형은?

① 스푼형 ② 템버린형
③ 안전핀형 ④ 피스톤형

06 다음 중 현대 관광의 변화하고 있는 특징과 관계없는 것은?

① 정적인 관광에서 동적인 관광으로 변화되는 추세다.
② 대량관광형태에서 대안관광으로 변하고 있다.
③ 적극적이고 자아실현 수단이 되고 있다.
④ 관광형태가 복잡함에서 단순함으로 바뀌어 가고 있다.

07 다음 중 관광에 있어서 공공분야의 역할과 참여에 관한 내용과 거리가 먼 것은?

① 관광객을 위한 다양한 관광사업을 경영하기 위해서
② 국제 관광 수지 개선을 위해서
③ 자국의 환경적인 요소의 파괴 및 변화를 방지하기 위해서
④ 관광객의 출 · 입국 절차 등을 개선하기 위해서

08 다음 중 회의분야에서 가장 일반적으로 쓰이는 용어로서 정보전달을 주목적으로 하는 정기집회에 많이 사용되며, 전시회를 수반하는 경우가 많은 회의의 종류는?

① Congress
② Convention
③ Meeting
④ Conference

09 다음 중 항공사의 전산예약시스템(C.R.S.)과 관계없는 명칭은?

① AMADEUS
② SABRE
③ STAR ALLIANCE
④ TOPAS

10 호텔의 분류 중 숙박기간에 의한 분류가 아닌 것은?

① Conventional Hotel
② Permanent Hotel
③ Residential Hotel
④ Transient Hotel

11 다음 중 숙박업의 역사적 발전 과정으로 올바른 것은?

① Inn시대 – Grand Hotel 시대 – New Age 호텔시대 – Commercial Hotel 시대
② Grand Hotel 시대 – Inn시대 – Commercial Hotel 시대 – New Age 호텔시대
③ Inn시대 – Grand Hotel 시대 – Commercial Hotel 시대 – New Age 호텔시대
④ Grand Hotel 시대 – Inn시대 – New Age 호텔시대 – Commercial Hotel 시대

12 다음 호텔서비스 중 룸메이드(Room Maid)가 제공하는 서비스는?

① Room Service
② Turn down Service
③ Turn away Service
④ Morning Call Service

13 국제관광통계를 작성하는 방법 중 출입국 통계를 작성하는데 가장 유리하고 많이 이용되는 방법은?

① 소비화폐 표준주의
② 거주지 표준주의
③ 생활양식 표준주의
④ 국적 표준주의

14 한국을 방문한 외래 관광객이 100만명을 돌파한 해는 언제인가?

① 1975년　② 1978년
③ 1988년　④ 2008년

15 다음의 설명에 대한 여행의 종류와 관계있는 것은?

여행사의 기획에 의하여 여정, 여행조건, 여행비용 등을 미리 정하고 희망자를 모집하는 여행

① 주최여행　② 공최여행
③ 청부여행　④ 포괄여행

16 다음 중 도시코드의 연결이 잘못된 것은?

① 암스테르담 – AMS　② 마닐라 – MNL
③ 상해 – SHA　④ 취리히 – ZHR

17 다음은 관광사업의 효과를 국내적 측면 효과와 국제적 측면 효과로 나눈 것이다. 국제적 측면에서의 효과가 아닌 것은?

① 국민교양 향상에 대한 효과　② 국제친선 증진에 대한 효과
③ 국제수지 개선에 대한 효과　④ 국민소득 증대에 대한 효과

18 세계에서 최초로 호텔에 로비를 구비하고 지배인 제도를 실시한 호텔은?

① Ritz Hotel　② Statler Hotel
③ Tremont House　④ City Hotel

19 해외여행 출발 시 Escort가 첨승치 아니하고 각 관광지에서만 현지 가이드가 나와서 관광안내 서비스를 하는 것을 무엇이라 하나?

① F.I.T　② I.I.T
③ F.C.T　④ I.C.T

20 Split charter란 무엇인가?

① 왕복 연속하여 대절하는 것　② 정기편 1대를 전부 대절하는 것
③ 임시편을 대절하는 것　④ 분할 대절하는 것

21 관광일정, 항공사, 좌석 등의 권한을 타 항공사로 변경 시 권한을 위임하는 행위를 무엇이라고 하는가?

① Endorsement ② Cabotage
③ Stop over ④ Baggage Pooling

22 Blocking Room이란?

① 고장난 객실 ② 예약된 객실
③ 청소를 요하는 객실 ④ 고객이 이용중인 객실

23 제주도를 입국사증 면제지역으로 지정한 년도는?

① 1975년 ② 1978년
③ 1980년 ④ 1998년

24 다음은 여행과 관련된 용어를 설명한 것이다. 맞는 것은?

> 짧은 여행을 의미하는 상용 또는 유람여행 등 목적 · 기간 · 수단에 관계없이 하는 일반적인 여행을 포함하며 교통수단 및 이용횟수를 단위로 한 성격이 강한 여행이다.

① Tour ② Trip
③ Travel ④ Journey

25 3차 관광개발기본계획에 의한 7대 광역관광권이 아닌 것은?

① 중부관광권 ② 충청관광권
③ 호남관광권 ④ 부산 · 울산 · 경남 관광권

정답 및 해설

ANSWER

01 ②	02 ③	03 ①	04 ④	05 ②	06 ④	07 ①	08 ②	09 ③	10 ①
11 ③	12 ②	13 ④	14 ②	15 ①	16 ④	17 ④	18 ③	19 ②	20 ④
21 ①	22 ②	23 ③	24 ②	25 ①					

02. ① 국가 · 정부 등 공공기관이 개발의 주체다.
② 민간개발자가 주체인 경우다.
④ 공공기관 + 지역주민이 주체인 경우

03. ① 1970년 멕시코 특별총회의 헌장채택일이다.

05. ② 관광사업자가 가장 선호하는 형이다.

06. ④ 단순함에서 복잡함이다.

07. ① 민간 부문의 참여 목적이다.

09. ③ 항공동맹체이다.
① AFR(에어프랑스)와 DLH(루프트한자)가 공동 운영하는 C.R.S.이다.
② AAL(미국항공)의 C.R.S.이다.
④ KAL(대한항공)의 C.R.S.이다.

10. ① 숙박 목적에 의한 분류

12. ② 오후 시간에 침대를 다시 한 번 정돈해주는 서비스다.

15. ① 여행사가 주최하는 여행

16. ④ ZRH

17. ④ 국내적 효과이다.

19. ② 포괄 개인여행이다.
① 외국 개인 여행
③ 외국 첨승 여행
④ 포괄 첨승 여행

21. ① 이서라고 한다.
② 외국 항공기가 국내의 두 구간을 상업 운행 할 수 없다는 금지 조항
③ 도중체류
④ 2인 이상이 같은 항공기로 같은 목적지까지 갈 때 보낼 수 있는 수하물은 두 사람의 허용량과 같다.

23. ① 관광사업을 국가 전략사업으로 지정한 해
② 외래객 100만명을 유치한 해
④ 중국 관광객이 우리나라를 관광목적으로 오기 시작한 해

25. ① 5대 관광권에 속하고 강원관광권, 수도관광권, 제주관광권, 대 · 경관광권이 추가 된다.

Test 03

01 1953년 마케팅 믹스(Marketing Mix)를 "기업이 목표 시장에서 원하는 세일즈 목표를 달성하기 위하여 사용하는 제어 가능한 마케팅 변수의 믹스"라고 정의한 사람은?

① 매카시(E.J McCarthy)
② 보덴(Neil Borden)
③ 하워드(J.A. Howard)
④ 붐(B.H. Boom)

02 우리나라의 관광의 어원과 관계없는 것은?

① 관광 6년
② 관광상국
③ 관광집
④ 관광환

03 관광과 위락과의 관계를 설명한 것이다. 잘못 설명된 것은?

① 위락은 공간적 이용대상의 선택 범위가 광역적이다.
② 관광은 시간이 중 · 장기적이다.
③ 위락은 시설의 질이 비교적 낮은 수준이다.
④ 관광은 경제 행위의 대상이고 자유 · 내적만족 · 개인목적이 우선이다.

04 다음 중 세계관광기구에서 정한 관광객의 정의 중 관광객으로 볼 수 있는 자는?

① 계약유무를 떠나 취직 또는 영업을 하기위해 내방하는 자
② 국경지대에 거주하면서 인접국에 수시로 입국하는 자
③ 24시간을 경과할지라도 일국에 체재하지 않고 통과하는 여행자
④ 상용목적으로 여행하는 자

05 다음은 관광 승수를 산출하는 공식이다. (　　)에 적당한 것은?

$$M(\text{승수}) = \frac{1}{1-(\quad)}$$

① 한계저축성향
② 가처분소득
③ 한계소비성향
④ 국제관광수입

06 다음 중 1994년에 최초로 지정된 관광특구가 아닌 것은?

① 대전 유성
② 제주
③ 경북 경주
④ 서울 이태원

07 근대 유럽의 관광 발전과 거리가 먼 것은?

① 신대륙발견 등으로 여행 증가 및 원거리 무역활동의 확대
② 복지관광정책의 채택으로 관광의 대중화 현상
③ 봉건제도의 붕괴로 인한 여행자유화 및 종교개혁
④ 문예부흥기를 맞이하여 저명한 문호 · 사상가 · 시인 등이 잇달아 여행하였고 그들의 기행문이 관광여행의 자극제가 되었다.

08 다음 관광의 매체와 관련하여 거리가 먼 것은?

① 시설적 매체
② 시간적 매체
③ 공간적 매체
④ 기능적 매체

09 호텔 현관에 있어서 Uniformed Service man과 관련없는 종사원은?

① Lobby boy
② Paging boy
③ Bus boy
④ Bell boy

10 다음 중 유럽에서의 관광 발전단계를 올바르게 전개한 것은?

① Tourism의 시대 - Tour의 시대 - Mass Tourism의 시대 - Social Tourism의 시대
② Mass Tourism의 시대 - Social Tourism의 시대 - Tour의 시대 - Tourism의 시대
③ Tourism의 시대 - Social Tourism의 시대 - Mass Tourism의 시대 - Tour의 시대
④ Tour의 시대 - Tourism의 시대 - Social Tourism의 시대 - Mass Tourism의 시대

11 다음 중 정식 식사 코스에서 생선요리에 적합한 와인은 어느 것인가?

① Red wine
② White wine
③ Sherry
④ Port wine

12 호텔의 비생산적인 공공장소(public space)로 대표적인 공간은?

① Lobby
② Front office
③ Lounge
④ Room

13 다음 중 정성적 예측방법을 이용한 수요예측 방법 내용과 거리가 먼 것은?

① 관광수요를 결정 요인이 불안전 하거나 시계열이 존재하지 않거나 신뢰성이 낮을 때 이용된다.
② 필요한 정보가 부족하여 예측자의 주관적인 경험을 바탕으로 미래의 가상형태를 결정하는 방법이다.
③ 양적 예측방법이다.
④ 주로 장기미래 수요 예측에 이용된다.

14 관광행동을 결정하는 요인 중 심리적 내적요인과 거리가 먼 것은?

① 태도 ② 준거집단
③ 성격 ④ 동기

15 관광자원개발 계획의 이념과 거리가 먼 것은?

① 공익성 ② 지역성
③ 영업성 ④ 형평성

16 다음은 우리나라 관광사업의 역사를 나열한 것이다. 순서로 맞는 것은?

㉠ 교통부의 관광과가 관광국으로 승격 ㉡ 관광사업진흥법 제정 · 공포 ㉢ 한국과 자유중국 항공협정 체결 ㉣ 최초의 외국인관광단(RAS) 내한

① ㉣ – ㉢ – ㉡ – ㉠ ② ㉡ – ㉠ – ㉢ – ㉣
③ ㉢ – ㉡ – ㉠ – ㉣ ④ ㉢ – ㉣ – ㉡ – ㉠

17 다음 중 관광사업에 대한 설명이 잘못된 것은?

① 관광사업을 통한 관광수입은 한 나라의 국제수지 개선, 경제 성장 등 국제 · 국내 경제 발전에 공헌하게 된다.
② 관광사업은 국제관광 왕래를 통하여 국위선양과 국제친선에 기여한다.
③ 관광사업이란 관광현상에 대처하여 관광의 효용성과 관광사업이 가져올 사회적 · 문화적 · 경제적 효과를 합목적으로 촉진하기 위한 조직적인 인간활동이다.
④ 관광사업이란 관광객의 다양한 관광행동에 대한 재화나 서비스를 비롯한 각종 편의를 제공함으로서 영리를 추구하는 사적기업만을 말한다.

18 매년 동절기에 한국을 방문하는 외국인관광객이라면 전국 주요 쇼핑센터와 호텔 · 레스토랑 · 문화공연장 등에서 동시에 할인을 즐길 수 있는 외국인 대상의 쇼핑관광축제를 무엇이라 하는가?

① 코리아 그랜드 세일 ② 코리아 빅 세일
③ 코리아 할인 세일 ④ 한국 관광세일

19 다음 중 우리나라에서 카지노가 없는 지역은?

① 인천광역시 ② 경기도
③ 대구광역시 ④ 강원도

20 다음 중 국제회의가 주는 정치적 효과라고 볼 수 없는 것은?

① 개최국의 국제적 지위 향상 및 대외 이미지 부각
② 평화통일 및 외교정책 구현
③ 사회기반 시설의 확충과 국제친선 도모
④ 국가 홍보 효과

21 다음 중 여행시장의 변화에 대하여 잘못 설명한 것은?

① 인터넷 여행시장의 급성장
② 개별 여행시장의 확대
③ 소비자 욕구의 다양화 · 전문화 · 세분화 현상
④ 획일적인 패키지 판매방식의 확대

22 Self Service 식당을 이용하는 고객의 이점이라고 할 수 없는 것은?

① 인건비를 절약할 수 있다.
② 신속한 서비스가 가능하다.
③ 무차별 서비스가 가능하다.
④ 음식 가격이 저렴하다.

23 시장세분화의 변수 내용 중 제품에 대한 태도 · 여행빈도 · 상표충성도 · 구매횟수 · 이용률 · 추구하는 편익 · 사용량 등이 포함된 시장세분화의 기준은?

① 지리적 세분화
② 심리형태별 세분화
③ 인구통계적 세분화
④ 행동분석적 세분화

24 다음 중 국제협회연합(UIA)의 국제회의 기준과 관계없는 것은?

① 참가국 5개국 이상이다.
② 회의기간이 3일 이상이다.
③ 참가자 중 외국인이 100명 이상이다.
④ 전체 참가자수가 300명 이상이다.

25 다음 중 UNWTO의 권장안에 따른 관광객 통계 기준에서 관광객으로 포함될 수 없는 자는?

① 국경 거주자
② 비거주자
③ 승무원
④ 해외 교포

정답 및 해설

ANSWER

01 ②	02 ④	03 ①	04 ④	05 ③	06 ④	07 ②	08 ①	09 ③	10 ④
11 ②	12 ①	13 ③	14 ②	15 ③	16 ①	17 ④	18 ①	19 ②	20 ③
21 ④	22 ①	23 ④	24 ③	25 ①					

02. ④ 일본의 어원이다.

03. ① 관광이 광역적이고 위락은 거주지로부터 이용대상의 시간적, 공간적 범위가 제약받는다.

06. ④ 1997년에 지정되었다.

07. ② 현대관광의 특징이다.

09. ③ 식음료 소속이다.

10. ④ Social Tourism과 Mass Tourism은 공존한다.

11. ① 육류에 적합하다.
③ 식욕 촉진 Wine이다.
④ 포르투갈의 대표적인 적포도주다.

13. ③ 질적 예측방법이다.

14. ② 외적(사회 · 문화적) 요인이다.

15. ③ 그밖에 민주성, 효율성, 문화성 등이 추가된다.

16. ㉠ 1963년
㉡ 1961년
㉢ 1952년
㉣ 1948년

17. ④ 공적 사업자와 사적 사업자로 나눈다.

18. ① 매년 2월 말에 실시하였는데, 2014년부터 12월에 실시할 예정이다.

20. ③ 사회적 효과이다.

21. ④ 특정 관심분야 및 차별화된 기획여행이 확대될 것이다.

22. ① 경영자의 이점 이라고 볼 수 있다.

24. ③ 참가자 중 외국인이 40%이다.

Test 04

01 여행자의 입국 목적이 항공기 접속사정 등으로 인하여 단기간의 체류를 하고자 할 때, 일정한 조건만 갖추고 있으면 정식 비자발급 없이도 일정기간 체류할 수 있는 제도를 무엇이라 하는가?

① Stop over ② Twov
③ Transit ④ MCT

02 근대 호텔산업의 원조라 불리는 호텔은?

① Tremont House ② Hilton Hotel
③ Ritz Hotel ④ Statler Hotel

03 다음은 관광객체에 대한 설명이다. 올바른 것은?

① 관광객체는 관광사업을 말한다.
② 관광객체의 가치는 시대에 따라 변화된다.
③ 관광객체는 관광수요 시장을 형성한다.
④ 관광객체는 이동성이 특징이다.

04 다음 중 머슬로우의 욕구 5단계설의 순서가 올바른 것은?

① 생리적 욕구 – 사회적 욕구 – 안전욕구 – 존경욕구 – 자기실현 욕구
② 생리적 욕구 – 안전욕구 – 존경욕구 – 사회적 욕구 – 자기실현 욕구
③ 생리적 욕구 – 안전욕구 – 사회적 욕구 – 자기실현 욕구 – 존경욕구
④ 생리적 욕구 – 안전욕구 – 사회적 욕구 – 존경욕구 – 자기실현 욕구

05 관광수요예측 방법 중 분임토의 형식이나 위원회 토의 방법을 무엇이라 하는가?

① 델파이 방법 ② 집행부 의견수렴법
③ 전문가 패널 ④ 회귀분석법

06 다음 중 관광객 의사결정 유형의 종류와 관계없는 것은?

① 일상적 의사결정 ② 광역적 의사결정
③ 거시적 의사결정 ④ 충동적 의사결정

07 다음 중 관광의 역사 가운데 80년대에 행해진 것이 아닌 것은?

① 해외여행 완전자유화 ② 제53차 ASTA총회 개최
③ 야간통행금지 해제 ④ 국가 전략산업으로 지정

08 IATA의 설명이 아닌 것은?

① 국제항공운송협회로서 1945년에 설립되었다.
② 각국의 항공사가 가입되어 회원이 된다.
③ 본부는 캐나다 몬트리올에 있다.
④ 시카고 조약에 의해 설립되었다.

09 다음 중 관광의 효용과 가장 거리가 먼 것은?

① 고용기회의 증대 ② 외국기업의 투자 증대
③ 국민소득 증대 ④ 조세수입 증대

10 다음 중 성수기와 비수기의 중간시즌을 뜻하는 용어는?

① Off season ② Bottom season
③ On season ④ Shoulder season

11 다음 중 Overriding Commission이란?

① 여행자가 여행업자에게 지불하는 여행 수수료
② 총대리점이나 포괄여행 등 특수한 판매노력을 필요로 하는 것에 대하여 통상의 대리점 수수료에 가산하여 지불되는 추가수수료
③ 사고가 발생하거나 여행자에게 손해가 발생한 경우 피해자에게 지급되는 수수료
④ 판매촉진을 위한 경품 또는 무료 제공품

12 다음 중 여행사 수배업무의 기본원칙과 거리가 먼 것은?

① 정확한 수배 ② 단순한 수배
③ 신속한 수배 ④ 확인의 이행

13 다음 중 우리나라 주제공원의 문제점이 아닌 것은?

① 이용객들이 기다리는 시간이 너무 길다.
② 막대한 비용의 주제공원 설치비와 인력으로 인해 입장료나 탑승시설의 이용료가 비싸다.
③ 시설물에 대한 고객들의 접근이 용이하다.
④ 외국의 주제공원과 비슷하여 차별성이 거의 없다.

14 다음 중 호텔 내의 서비스 중 식사와 관련된 서비스는?

① Laundry Service ② Bellman Service
③ Room Service ④ Valet Service

15 다음 중 wine의 용도 연결이 잘못된 것은?

① 식사 전 – Sherry ② 생선요리 – White wine
③ 육류요리 – Red wine ④ 식사 후 – Vermouth

16 다음은 외식산업의 특징이다. 거리가 먼 사항은 어느 것인가?

① 노동집약적이다. ② 생산 · 소비 동시완결형이다.
③ 다양한 유통경로사업이다. ④ 입지의존도가 높다.

17 미국에서 민간항공의 규제를 완화시킨 Deregulation을 주창한 년도는?

① 1970년 ② 1975년
③ 1978년 ④ 1980년

18 우리나라의 국민관광지 선정기준에서 거리가 먼 것은?

① 자연경관이 수려하고 인접관광자원이 풍부하여 관광객이 많이 이용하고 있거나 이용할 것으로 예상되는 지역
② 교통수단의 이용이 가능하고 이용객의 접근이 용이한 지역
③ 관광정책상 국민관광지로 개발하는 것이 필요하다고 판단되는 지역
④ 이미 지정된 관광지 중에서 특히 서민대중이나 근로청소년이 많이 이용할 것으로 예상되는 지역

19 American Express Company에 대한 설명으로 옳지 않은 것은?

① 세계 최초로 여행자 수표를 발행하였다.
② 여행자 수표제도의 전신인 Circular note를 발행하였다.
③ 1850년에 설립되어 초기에는 운송업과 우편업무를 하다가 금융업과 여행업으로 사업을 확장하였다.
④ 여행비용 분할지불제도의 한 형태인 Credit Tour를 실시하였다.

20 다음 중 여행업자 측면에서 개인여행 및 단체여행을 실시할 때의 장 · 단점에 관한 설명으로 적당하지 않은 것은?

① 개인여행을 실시할 때에는 계절에 따른 변동영향이 적기 때문에 고정된 수익을 올릴 수 있다.
② 단체여행을 실시할 때에는 계절에 따른 영향으로 인하여 수익이 일정치 않다.
③ 개인여행을 실시할 때는 수익률이 높고 업무가 복잡하다.
④ 단체여행을 실시할 때는 수익률이 높고 반복되는 업무로 인하여 업무가 비교적 용이하다.

21 1964년 American Airline에서 최초로 항공전산 예약시스템을 개발해서 항공권을 발권하기 시작하였는데 이 때 사용한 항공전산 예약시스템의 이름은 무엇인가?

① GALILEO ② ABACUS
③ AMADEUS ④ SABRE

22 다음은 여행업의 성격에 관한 설명이다. 관계가 먼 것은?

① 소비자의 정확한 욕구 파악이 어렵다.
② 제품수명 주기가 짧다.
③ 독자적 상품 조성과 부가가치 증대가 용이하다.
④ 상품의 차별화가 곤란하다.

23 거주지에서 목적지까지 직행하여 목적지관광 및 주변관광지를 돌아보고 출발할 때와는 다른 코스로 거주지로 돌아오는 여행의 형태는?

① 스푼형 ② 안전핀형
③ 피스톤형 ④ 템버린형

24 다음 중 Skimming Price Policy란?

① 초기 고가 정책 ② 단일가격 정책
③ 초기 저가 정책 ④ 염가주의 정책

25 국가의 관광목표를 현실적 · 국제적으로 실현하기 위하여 통일적으로 수행하는 계속적 형성 활동을 무엇이라 하는가?

① 관광정책 ② 관광개발
③ 관광경영 ④ 관광행정

정답 및 해설

ANSWER

01 ②	02 ①	03 ②	04 ④	05 ③	06 ③	07 ④	08 ④	09 ②	10 ④
11 ②	12 ②	13 ③	14 ③	15 ④	16 ③	17 ③	18 ④	19 ②	20 ③
21 ④	22 ③	23 ②	24 ①	25 ④					

01. ① 도중체류
③ 통과
④ 최소 연결 소요시간

05. ① 질적예측방법으로서 앙케이트 수검법
② 질적예측방법으로서 오랜 경험이 있는 실무진들에 의한 미래수요예측방법
④ 양적예측방법으로서 인과관계분석법이라고도 한다.

07. ① 1989년
② 1983년
③ 1982년
④ 1975년

08. ④ 시카고 조약을 기초로 설립된 것은 ICAO이다.

10. ① 비수기
② 비수기
③ 성수기
④ 준성수기

12. ② 그밖에 적절성, 경제성 등이 포함된다.

13. ③ 접근이 용이하지 않다.

15. ④ Vermouth는 식사 전 Wine이다.

16. ③ 유통경로 부재사업이다.

17. ③ 카터 대통령 재임 시이다.

19. ② Circular note 사용은 Thomas cook 여행사이다.

20. ③ 수익률이 낮다.

21. ① 스위스항공(SR), 영국항공(BA), 네덜란드항공(KL) 등이 공동으로 개발하여 운용하는 C.R.S.이다.
② 아시아나항공(OZ)의 C.R.S.이다.
③ 에어프랑스(SF), 루프트한자(LH) 등이 공동으로 개발하여 운용하는 C.R.S.이다.

22. ③ 부가가치 증대가 어렵다.

24. ③은 Penetration Price Policy 이다.

Test 05

01 다음 중 우리나라의 관광역사 가운데 발전순서가 올바른 것은?

㉠ 교통부 육운국 관광과 설치 ㉡ 관광산업을 국가전략산업으로 지정 ㉢ 최초의 외국인 전문가에 의해 관광지를 진단한 Kauffmann report 발표 ㉣ 해외여행 자유화

① ㉠ – ㉡ – ㉣ – ㉢
② ㉠ – ㉢ – ㉡ – ㉣
③ ㉢ – ㉠ – ㉣ – ㉡
④ ㉠ – ㉡ – ㉢ – ㉣

02 다음 중 근대관광과 관련된 특징이 아닌 것은?

① 여행자수표 사용
② 교양 관광시대 발생
③ Social Tourism
④ 여행업 시작

03 다음 중 로마시대의 관광동기와 관계없는 것은?

① 체육
② 종교
③ 식도락
④ 예술관광

04 시장세분화의 기준 중 연령별, 성별, 소득, 가족 수 등이 포함되는 시장세분화의 기준은?

① 지리적 세분화
② 인구통계적 세분화
③ 심리형태별 세분화
④ 행동분석적 세분화

05 관광의 효과 중 사회적으로 부정적인 영향은 무엇인가?

① 관광지의 일시적인 실업의 발생
② 주거 · 교육 · 기반시설의 투자에 따른 비용의 발생
③ 경제의 종속화 우려와 이에 따른 위험 발생
④ 관광지 주민과 관광객과의 이질감 발생

06 다음 중 여행업에 관한 설명 중 잘못된 것은?

① 여행업은 관광진흥법에 의해 일반여행업, 국외여행업, 국내여행업으로 분류한다.
② 여행자를 위해 운송 · 숙박시설 등의 예약을 하며, 그 밖에 여행에 관한 각종 서비스를 제공하여 일정한 대가를 수수하는 업무를 말한다.
③ 여행업자는 일반여행 대중과 관광의 하부구조를 구성하는 교통수단이나 숙박업 등의 중간에서 매개자로서의 역할을 담당한다.
④ 국외여행 업무를 하는 일반여행업자와 국외여행업자는 여권이나 비자발급 업무를 할 수 있다.

07 여행 출발 시에는 국외여행인솔자로서 업무를 수행하고 외국의 관광지에서는 관광안내원으로서 안내 및 설명까지 하는 전문가이드를 지칭하는 용어는?

① T/G ② Through Guide
③ Local Guide ④ Tour Conductor

08 1946년 체결되었던 영 · 미 항공협정의 불합리성을 조정하기 위하여 1977년에 새롭게 영국과 미국 간에 맺은 항공 협정을 무엇이라 하는가?

① 버뮤다 협정 ② 시카고 협정
③ 신버뮤다 협정 ④ 와르샤와 협정

09 Guest Charge란?

① 고객의 청구서에 기재된 모든 청구액 ② 고객이 종사원에게 지불하는 팁
③ 고객의 객실요금 계산서 ④ 고객의 객실요금 및 식음료 요금

10 국가가 관광개발의 주체인 경우 장점이 아닌 것은?

① 도산의 위험이 적다. ② 관광개발 착수와 자금조달이 용이하다.
③ 비영리 부분의 투자가 가능하다. ④ 운영이 효율적이다.

11 하늘의 자유 중 제5자유는?

① 자국의 항공기가 타국의 영공을 무착륙으로 통과할 수 있는 자유
② 항공기의 정비나 급유 등을 목적으로 타국에 착륙할 수 있는 자유
③ 자국의 항공기가 타국에서 여객이나 화물 · 우편물을 탑재한 후 제3국으로 수송할 수 있는 자유
④ 자국에서 여객이나 화물 · 우편물 등을 탑재한 후 타국으로 수송할 수 있는 자유

12 호텔기업 경영의 특징이 아닌 것은?

① 고정자본의 투자가 과대하다. ② 비계절성
③ 인적자원에 대한 의존도가 높다. ④ 시설의 조기 노후화

13 다음 호텔용어 중 관계가 없는 것은?

① Cloak Room
② Check Room
③ Linen Room
④ Trunk Room

14 Social Tourism의 발전을 위한 관광행정에 따른 정책적 대안과 관계가 없는 것은?

① 소외계층을 위한 국가차원의 금융적 · 정책적 · 제도적 지원을 강화해 나간다.
② 국민생활 가운데 관광레크리에이션 활동을 확대할 수 있는 경제적 · 사회적 조건을 형성한다.
③ 자연보호 · 환경보전을 위한 정책을 강화해 나간다.
④ 건전한 국민관광을 위한 공공적 시설을 확충해 나간다.

15 UNWTO의 활동 내용으로 거리가 먼 것은?

① 국제여행자에 대한 관세의 철폐
② 세계관광정책 조정
③ 복지관광의 발전
④ 가맹국의 관광경제 발전 도모

16 해외여행에서 같은 비행기로 출발지점에서 다른 지점을 거처 같은 루트로 되돌아오는 여행을 무엇이라 하는가?

① Circle Trip
② Open Jaw Trip
③ One Way Trip
④ Round Trip

17 다음 중 성격이 다른 국제관광 기구는?

① ASTA
② UFTAA
③ IATA
④ WATA

18 여가와 위락과의 관계 설명 중 잘못된 것은?

① 여가는 한정적 활동범주이고, 위락은 포괄적 활동범주라고 한다.
② 여가는 비조직적이며, 위락은 조직적이다.
③ 여가는 자유시간 그 자체이고, 위락은 자유시간 내의 활동이다.
④ 여가는 개인적 목적이 우세하지만, 위락은 사회적 목적이 우세하다.

19 다음 중 우리나라 관광관련 기관이 바르게 연결된 것은?

① NTO – 문화체육관광부, NTA – 한국관광공사
② NTO – 문화체육관광부, KTA – 한국관광협회
③ KATA – 한국여행업협회, KTO – 한국관광공사
④ NTA – 문화체육관광부, NTO – 한국관광협회

20 우리나라 관광정책에 의해 한국방문의 해와 관계가 없는 해는?

① 1994년 ② 2002년
③ 2005년 ④ 2010년 ~ 2012년

21 다음 중 모형문화센터의 설명이 옳은 것은?

① 특정한 테마에 의한 비일상적 공간의 창조를 목적으로 한다.
② 보다 즐겁고 인상적이며, 감동적으로 체험할 수 있는 방식이 많다.
③ 관광객과 관광지 주민과의 생활공간을 의도적으로 분리하기 위하여 진짜와 비슷하게 복원 · 연출된 공간을 말한다.
④ 차별화된 개성을 가지고 있어야 한다.

22 다음 중 여행상품의 특징이 아닌 것은?

① 상품을 모방하기가 쉽다.
② 상품의 차별화가 곤란하다.
③ 효용면에서 개인의 차이가 크다.
④ 수요가 계절이나 요일 등에 따라 파동이 크지 않다.

23 Cruise Tour를 실시하는 관광객의 특징과 거리가 먼 것은?

① 중 · 노년층이 많다. ② 주로 청소년층과 수학여행객이 많다.
③ 부부동반의 형태가 많다 ④ 장기여행객이 많다.

24 국제회의 기준에 있어 설명이 잘못된 것은?

① 국제협회연합(UIA)의 회의기간은 3일 이상이다.
② 한국관광공사(KTO)는 참가국 수가 5개국 이상이며, 외국인 참가자 수가 10명 이상을 말한다.
③ 국제회의산업육성에 관한 법률에 의하면 국제기구 또는 국제기구에 가입한 기관 또는 법인 · 단체가 개최하는 회의는 5개국 이상의 외국인이 참가해야 한다.
④ 세계국제회의 전문협회(ICCA)는 국제회의 기준을 국제협회에 의해 최소한 50명 이상 참가하고, 3개국 이상을 돌아가며 정기적으로 개최하는 회의이다.

25 다음 중 관광사업에서 서비스가 중요한데 서비스의 특징과 거리가 먼 것은 무엇인가?

① 서비스의 무형성 ② 인적서비스의 의존성
③ 서비스의 동시성 ④ 서비스의 연속성

ANSWER

01 ②	02 ③	03 ①	04 ②	05 ④	06 ④	07 ②	08 ③	09 ①	10 ④
11 ③	12 ②	13 ③	14 ③	15 ①	16 ④	17 ③	18 ①	19 ③	20 ②
21 ③	22 ④	23 ②	24 ②	25 ④					

01. ㉠ 1954년
㉡ 1975년
㉢ 1966년
㉣ 1989년

02. ③ 현대관광의 특징이다.

03. ① 고대 그리스의 관광동기

06. ④ 여권발급은 본인이 직접 신청해야 한다.

07. ① Tour Guide의 약자
③ 현지 Guide를 말한다.
④ TC라고도 하는 국외여행 인솔자를 말한다.

10. ④ 비효율적이다.

11. ① 제1자유
② 제2자유
④ 제3자유

12. ② 계절성이다.

13. ①, ②, ④는 호텔 내의 보관소를 말한다.

14. ③ 자연보호, 환경보전을 위한 정책을 강화하면 국민관광지가 상대적으로 축소된다.

15. ① 관세는 상관이 없다.

16. ① 주유여행
② 가위벌린형
③ 편도여행

17. ③ 항공관련 기구이다.

18. ① 여가는 포괄적이고, 위락은 한정적 활동범주이다.

19. ③ NTA – 국가관광행정기관(문화체육관광부), KTA – 한국관광협회, NTO – 국가관광기구, KTO – 한국관광공사

20. ② 2001년이다.

21. ①, ②, ④는 테마파크의 설명이다.

22. ④ 파동이 크다.

23. ② 경제적, 시간적 여유가 많은 층이 주로 이용한다.

24. ② 참가국 수가 3개국 이상이다.

Test 06

01 근접국가 간 상호 관광진흥개발 및 선전의 공동화를 통한 지역 관광개발을 위한 관광기구와 거리가 먼 기구는?

① ASEANTA ② ATMA
③ PATA ④ WATA

02 다음 중 항공 이원권(beyond Right)을 설명한 것 중 옳은 것은?

① 미국 국적의 항공기가 우리나라의 영공을 통과할 수 있는 것
② 미국 국적의 항공기가 우리나라에 급유를 목적으로 착륙할 수 있는 것
③ 미국 국적의 항공기가 우리나라에서 승객을 탑승시킬 수 있는 것
④ 미국 국적의 항공기가 우리나라와 동경 사이를 셔틀 운항할 수 있는 것

03 다음 철도이용권 중 관계가 없는 것은?

① Euro pass ② Amex pass
③ Eurail pass ④ 한 · 일 공동 승차권

04 다음 중 국제관광기구가 아닌 것은?

① UNESCO ② IATA
③ WATA ④ PATA

05 다음 중 주제공원(Thema park)에 대한 설명으로 거리가 먼 것은?

① 막대한 자본과 넓은 대지가 필요한 자본 집약적 산업이다.
② 전시 시설이나 탑승시설 등은 고객을 위해 자주 교체하여 변화를 주어야 한다.
③ 고도의 전문성과 운영 능력이 필요하며 인건비가 높다.
④ 주제공원은 문화공간, 여가공간, 오락공간 등으로 환영 받고 있으므로 지역 산업에 큰 영향을 미친다.

06 다음 사항 중 관계가 가장 먼 사항 하나를 고르시오?

① UNWTO ② Checky Report
③ 3.2배 ~ 4.3배 ④ PATA

07 관광기업의 손익분기점을 다음과 같이 공식으로 표현 한다면, 그 중 틀린 공식은?

① $\dfrac{\text{고정비}}{1 - \dfrac{\text{변동비}}{\text{매상고}}}$ ② $\dfrac{\text{고정비}}{\dfrac{\text{매상고} - \text{변동비}}{\text{매상고}}}$

③ $1 - \dfrac{\text{매상고} - \text{변동비}}{\text{매상고}}$ ④ $\text{고정비} \div (1 - \dfrac{\text{변동비}}{\text{매상고}})$

08 관광산업의 사회적 책임으로 가장 큰 영향을 갖고 있는 사항은 무엇인가?

① 이해집단자에 대한 책임 ② 지역 사회적 책임
③ 기업유지 발전에 대한 책임 ④ 이윤 극대화의 책임

09 관광교통 중 escalator란?

① 연속괘도 ② 무괘도
③ 종합괘도 ④ 복합괘도

10 생선요리에 가장 많이 쓰이는 소스(sauce)는?

① A - 1 sauce ② tomato sauce
③ tartar sauce ④ bechamel sauce

11 다음 ( ) 안에 들어갈 알맞은 말은?

관광자원이란 관광의욕의 대상이 되며 ( )의 목표가 되는 유형 · 무형의 일체다.

① 관광동기 ② 관광현상
③ 관광사업 ④ 관광행동

12 다음 중 관광상품이 갖는 일반적인 특성이 아닌 것은?

① 무형의 관광상품 ② 관광수요의 균형성
③ 서비스 내용의 다양성 ④ 관광상품 모방의 용이성

13 우리나라 관광발전에 기록될만한 사건들 중 해당 연도가 잘못된 것은?

① 외래관광객 100만명 돌파 - 1978년 ② 해외 관광여행 완전 자유화 - 1989년
③ 관광기본법 제정 공포 - 1975년 ④ 한국에서 최초로 PATA 총회 개최 - 1975년

14 다음 중 1인용 침대 2개를 갖춘 호텔객실의 종류는?

① 스위트 베드룸(Suite Bed Room) ② 더블 베드룸(Double Bed Room)
③ 트윈 베드룸(Twin Bed Room) ④ 트리플 베드룸(Triple Bed Room)

15 아래 사항 중 소셜 투어리즘(Social Tourism)의 이념이 아닌 것은?

① 문화성 ② 비민주성
③ 공익성 ④ 형평성

16 "관광은 모든 사람들과 모든 나라의 정부가 찬양하고 장려할 가치가 있는 기본적이면서 가장 바람직한 인간활동이다." 라는 취지의 선언문을 채택한 기구는?

① UNWTO ② PATA
③ ASTA ④ UN

17 국민관광과 국제관광의 설명으로 맞지 않는 것은 어느 것인가?

① 국민관광은 Domestic Tourism을 포함하는 개념이다.
② 국민관광은 형평성에 더 많은 관심을 갖는다.
③ 국제관광은 효율성에 더 많은 관심을 갖는다.
④ 국제관광은 체재일수를 기준으로 국민관광과 구별된다.

18 항공여행 시 급유, 스케줄 등의 사유로 경유지에 잠시 머무르는 경우, 승객은 기내 또는 면세구역에 대기했다가 같은 비행기로 24시간 이내에 출발하는 것은?

① Transit ② Trasfer
③ Stop over ④ Tariff

19 다음 중 항공운송사업의 특성에 관한 설명으로 옳지 않은 것은?

① 안전성 : 다른 교통수단에 비해 안전하지만, 세계의 각 항공사들은 안전성 확보를 경영활동에서 최고의 중요시책으로 삼고 있다.
② 수요의 고정성 : 항공운송사업은 예약기반으로 운영되는 사업으로 일정한 수요의 고정성이 확보되는 사업이다.
③ 자본 집약성 : 항공기 도입과 같은 거대한 고정자본의 투하, 감가상각, 부품의 공급, 정비에 필요한 시설 등에 막대한 자본이 필요하다.
④ 정시성 : 항공사 서비스에서 가장 중요한 품질이므로 항공사는 공표된 시간표를 준수한다.

20 다음 알콜성 음료 중 양조주(Fermented beverage)에 해당되지 않는 것은?

① 맥주
② 청주
③ 막걸리
④ 데킬라

21 다음 중 크루즈여행에 관한 설명 중 옳지 않은 것은?

① 크루즈여행은 운송보다 순수관광 목적의 성향이 강하며, 운송+호텔의 개념이다.
② 크루즈여행의 점유율은 세계에서 유럽지역이 가장 높다.
③ 대형크루즈선의 경우 넓은 내부공간과 다양한 부대시설이 갖춰졌다는 장점에도 불구하고 승 · 하선과 입 · 출국의 소요시간이 오래 걸린다.
④ 등급결정기준은 특별히 정해진 것은 없지만, 일반적으로 대중, 프리미엄, 특별, 호화로 나뉜다.

22 국제항공운송협회에서 정한 도시항공 코드로 옳지 않은 것은?

① BKK - 태국 방콕
② YVR - 캐나다 벤쿠버
③ PDX - 미국 필라델피아
④ FRA -독일 프랑크푸르트

23 관광객 구매의사 결정과정을 바르게 나열한 것은?

① 정보탐색 - 문제인식 - 대안평가 - 구매결정 - 구매 후 평가
② 문제인식 - 대안평가 - 정보탐색 - 구매결정 - 구매 후 평가
③ 문제인식 - 정보탐색 - 대안평가 - 구매결정 - 구매 후 평가
④ 정보탐색 - 대안평가 - 구매결정 - 문제인식 - 구매 후 평가

24 다음 중 Executive Room을 주로 이용하는 목적은?

① 단체여행
② 신혼여행
③ Day Use
④ 비즈니스

25 기업이나 단체에서 영업실적향상, 사기증진, 복지차원에서 실시하는 여행은?

① Charter Tour
② Optional Tour
③ Incentive Tour
④ Ready-made Tour

정답 및 해설

ANSWER

01 ④	02 ③	03 ②	04 ①	05 ②	06 ①	07 ③	08 ②	09 ①	10 ③
11 ④	12 ②	13 ④	14 ③	15 ②	16 ④	17 ④	18 ①	19 ②	20 ④
21 ②	22 ③	23 ③	24 ④	25 ③					

01. ④ 세계여행업자협회

02. ① 제1자유
② 제2자유
④ 제7자유

03. ① 프랑스 · 독일 · 이탈리아 · 스위스 · 스페인과 인접한 4지역 중 최대 2개까지 선택할 수 있는 맞춤패스
③ 유럽 28개국에서 국철 및 일부 사철을 정해진 기간동안 무제한 이용할 수 있는 정기열차 승차권
④ 한국에서 일본까지 KTX – 부관훼리 – 일본철도를 이용하여 7일간 여행할 수 있는 티켓

04. ① 유엔 교육 · 과학 · 문화기구

05. ② 전시시설이나 탑승시설 등 고정시설은 교체가 쉽지 않기 때문에 소프트웨어, 즉 공연 · 이벤트 등 볼거리를 제공하여 변화를 주어야 한다.

06. ① 미상무성과 PATA가 공동의뢰 한 관광승수 내용이다.

12. ② 불균형성

13. ④ 1965년 PATA 14차 총회가 열렸다.

14. ① 스위트룸 : 거실과 침실이 분리된 특실이다.
② 2인용 침대가 있는 2인용 객실
④ 3인용 객실

15. ② 민주성이다.

16. ④ 국제관광의 해(1967년)에 발표한 UN의 정의이다.

18. ② 교통편을 갈아타는 것
③ 도중 체류
④ 호텔요금표

19. ② 수요의 편재성이다.

20. ④ 증류주이다.

21. ② 미주지역이 가장 높다.

22. ③ PDX → 포클랜드(미국), PHL → 필라델피아(미국)

24. ④ 소규모 모임이나 취침도 할 수 있도록 설계된 다목적호텔 객실이다.

25. ① 전세여행
② 선택관광
④ 주최여행 또는 정기여행

Test 07

01 다음 중 국가별 고속철도 이름으로 옳지 않은 것은?

① 프랑스 – TGV
② 독일 – ICE
③ 오스트리아 – AVE
④ 일본 – 신칸센

02 다음 중 항공사 동맹체가 아닌 것은?

① Expedia
② One world
③ SKY Team
④ Star Alliance

03 다음 중 우리나라와 사증면제 협정 체결국가가 아닌 국가는?

① 영국
② 싱가포르
③ 호주
④ 브라질

04 외래 관광객 2천만명 시대를 위해 창의적이고 매력적인 한국관광 브랜드 이름은?

① Imagine your Korea
② Sparking Korea
③ Dynamic Korea
④ Korea be Inspired

05 다음 국가 중 세계 최대의 외래객 유치국가와 관광수입 국가의 연결이 맞는 것은?

① 미국 – 중국
② 프랑스 – 미국
③ 중국 – 스위스
④ 프랑스 – 스페인

06 다음 중 외국인 관광객들을 위해 개선해야할 사항이 아닌 것은?

① 교통문제 개선
② 출입국절차 개선
③ 복지관광 개선
④ 화장실 개선

07 다음 용어 중에서 설명이 잘못된 것은?

① TWOV – Transit without Visa
② C.I.Q – Customs, Immigration, Quarantine
③ MCT – Minimum Connecting Time
④ AL – Alitalia Air

08 다음 중 유럽의 주요 시대별 관광의 특징으로 옳지 않은 것은?

① 고대사회 – 식도락 · 요양 · 종교 목적
② 중세사회 – 교회를 중심으로 한 성지순례
③ 근대사회 – 교역상들의 숙박해결을 위해 숙박업 최초 등장
④ 현대사회 – 유급휴가제의 확산에 따른 관광의 대중화

09 다음 설명과 관련된 관광은?

> a. 싱가포르, 태국, 말레이시아, 인도 등이 주요국가다.
> b. 가격 경쟁이 원인이다.
> c. 일본, 미국, 유럽 등에서 공급이 발생한다.

① 헬스관광(Health Tourism)
② 음식관광(Food Tourism)
③ 문화관광(Cultural Tourism)
④ 메디컬관광(Medical Tourism)

10 다음 중 우리나라 최초의 국립공원과 마지막으로 지정된 국립공원의 연결이 옳은 것은?

① 지리산 – 소백산
② 설악산 – 월악산
③ 지리산 – 태백산
④ 설악산 – 무등산

11 1908년 미국 버팔로에 호텔을 건립하여 미국의 상용호텔 시대를 열게 하고, 호텔의 왕이라고 불리며 미국 호텔산업을 대중화 시킨 사람은?

① 스타틀러(Ellsworth Milton Statler)
② 힐튼(Conrad Hilton)
③ 윌슨(Kemmons Wilson)
④ 핸더슨(Ernest Henderson)

12 공항, 항구, 터미널 등의 주변에 위치하고 있는 호텔들은 다음의 호텔 분류 중 어디에 속하는가?

① Commercial Hotel
② Residential Hotel
③ Motel
④ Transient Hotel

13 관광지의 유치권에 영향을 주는 요인을 보기에서 바르게 고른 것은?

> ㄱ. 관광자원 시설의 가치, 지명도
> ㄴ. 위락시설이 지닌 성격
> ㄷ. 대도시로부터의 거리
> ㄹ. 관광자원 및 시설의 내용
> ㅁ. 주유관광지
> ㅂ. 경합관광지의 위치

① ㄱ, ㄴ, ㄷ
② ㄱ, ㄴ, ㄹ, ㅁ
③ ㄱ, ㄷ, ㄹ
④ ㄱ, ㄴ, ㄷ, ㄹ, ㅁ, ㅂ

14 관광구조의 구성요소가 가장 복합적으로 형성되어 있는 경우는?

① 도심지 상용호텔
② 자동차 여행
③ 크루즈 여행
④ 놀이공원

15 다음 중 시카고 회의에서 조약체결에 실패하자 1946년 체결된 미국과 영국 간 최초의 항공 협정은?

① 솅겐협정
② 버뮤다협정
③ 마드리드협정
④ 뮌헨협정

16 다음은 개인여행과 단체여행의 장 · 단점에 관한 것이다. 여행사 입장에서의 장 · 단점이 아닌 것은?

① 수익률이 높다.
② 수배업무는 일괄처리가 가능하다.
③ 계절의 변동이 심하다.
④ Cost가 싸진다.

17 다음에서 설명하고 있는 숙박시설의 이름은 무엇인가?

> 그 운영과 관리방식이 콘도미니엄과 비슷한 관광시설로 투숙 이외에도 각종 레크리에이션을 즐길 수 있도록 시설을 갖추고 있다. 전 객실은 개개인이 소유하고 있고, 시설은 수탁관리를 하며 내부구조는 통일되어 있다.

① Budget Motel
② Eurotel
③ 국민숙사
④ 보양관광촌

18 국외여행을 하고자 하는 국민의 여권을 발급하고 비자면제 협정체결과 관련된 업무를 수행하는 우리나라의 행정기관은?

① 법무부
② 안전행정부
③ 문화체육관광부
④ 외교부

19 공정관광(Fair Tourism)에 관한 설명으로 옳지 않은 것은?

① 책임관광, 녹색관광, 생태관광을 포함한다.
② 여행자와 여행 대상국의 국민이 평등한 관계를 맺는 여행이다.
③ 우리나라는 2007년 사회적 기업 육성법 제정으로 활성화되었다.
④ 65세 이상의 중장년층을 중심으로 하는 특별 흥미여행이다.

20 Buttler의 관광지 수명주기모형에서 방문객이 줄어들 때 경쟁에서 이기기 위하여 혁신적인 변화를 꾀하는 시기는?

① 개발기
② 재도약기
③ 정체기
④ 답사기

21 호텔 커피숍이나 식당에서 종을 흔들며 피켓보드를 들고 고객을 찾아주는 서비스는?

① 도어맨 서비스　　② 포터 서비스
③ 컨시어지 서비스　　④ 페이징 서비스

22 외국항공사가 타국의 국내구간을 운항하는 것을 금지하는 '시카고조약'과 관련된 내용은?

① Add-on　　② Conjunction Itinerary
③ Endorsement　　④ Cabotage

23 여가시간 내에서 자신의 몸과 마음의 휴식, 휴양 또는 즐거움을 추구하기 위하여 자발적으로 이루어지는 활동이나 경험으로 적극적인 활동의 개념이 강한 것은?

① 놀이　　② 여가
③ 레크리에이션　　④ 유람

24 항공사의 2자리 코드와 3자리 코드의 연결이 바르게 연결된 것은?

① AAL – AB　　② AFR – AA
③ CPA – CX　　④ BAW – BR

25 다음 중 Mass Tourism에 대한 설명이 잘못된 것은?

① 대중관광은 자연발생적으로 이루어 졌다.
② 대중관광의 기원은 구석기 시대로 본다.
③ 대중관광의 대상은 남녀노소 전 계층이다.
④ 대중관광은 타의적 관광이라 한다.

정답 및 해설

ANSWER

01 ③	02 ①	03 ③	04 ①	05 ②	06 ③	07 ④	08 ③	09 ④	10 ③
11 ①	12 ④	13 ④	14 ③	15 ②	16 ④	17 ②	18 ④	19 ④	20 ②
21 ④	22 ④	23 ③	24 ③	25 ④					

01. ③ 오스트리아 → 레일젯(Railjet), 스페인 → AVE, 그밖에 이탈리아 → ETR, 러시아 → Sapsan, 중국 → CRH, 한국 → KTX, 영국 · 프랑스 · 벨기에가 공동 운영하는 Euro Star 등이 있다.

02. ① 여행사 인터넷 주소이다.
② 아메리카항공, 영국항공, 캐나다항공, 캐세이패시픽 등이 가입
③ 대한항공, 델타항공, 에어프랑스, 네덜란드항공, 알리탈리아 등이 가입
④ 아시아나, 타이항공, 루프한자, 싱가폴항공, 유나이티드항공 등이 가입

03. ③ 우리나라 입국 시 지정에 의해 비자가 면제된다.

04. ②, ④는 외래객 1,000만명 시대의 관광브랜드이다.

06. ③ 국민관광의 개선책이다.

07. ④ 알리탈리아항공 – AZ, AZA

08. ③ 고대에 카라반서리(Caravansary)가 등장했다.

09. ④ 의료관광

12. ① 상용호텔
② 레지덴셜호텔
③ 자동차이용객호텔

17. ② Europe Hotel의 약자이다.

22. ① 부가액
② 연결 일정
③ 이서

24. ① 아메리카항공 AAL – AA
② 에어프랑스 AFR – AF
④ 영국항공 BAW – BA

25. ④ 자의적 관광이다.

Test 08

01 다음 항공사 중 저가항공사가 아닌 것은?

① Air ASIA
② Jet Star airways
③ Virgin America 항공
④ ANA항공

02 Social Tourism의 이념이라고 볼 수 없는 것은?

① 개인의 자아실현
② 사회적 형평성 실현
③ 관광진흥을 통한 경제발전
④ 관광환경의 질 개선

03 다음 중 여행상품 측면에서 여행사 기능으로 적당치 않은 것은?

① 마케팅 기능
② 여행관리 기능
③ 상품조성 기능
④ 상품판매 기능

04 관광마케팅의 특성과 거리가 먼 것은?

① 계절성
② 지각의 위험
③ 가격경쟁
④ 소멸성

05 여정 작성 상 고객으로부터 반드시 미리 알아두어야 할 필요한 기초조건 중 거리가 먼 것은?

① 여행일수
② 여행목적
③ 여행교통편
④ 여행비용

06 다음 중 city code 연결이 잘못된 것은?

① 토론토 – YYZ
② 방콕 – BKK
③ 비엔나 – VIE
④ 파리 – PAL

07 프랑스, 독일, 이탈리아, 스위스, 스페인 등 5개국과 인접한 4개지역 중 최대 2개 지역권까지 선택할 수 있는 맞춤 패스를 무엇이라고 하는가?

① Britral pass
② Eurail pass
③ Euro pass
④ Euro star

08 다음 중 여행소매업자(Retailer)에 대한 설명이 올바른 것은?

① 여행상품의 판매는 간접판매 하는 것을 원칙으로 한다.
② 여행의 지상수배 부분만 전문으로 한다.
③ 여행상품을 판매하면 판매 매출에 상응하는 일정율의 수수료를 받는다.
④ 여행상품 개발에 주도적인 역할을 한다.

09 2017년 외래 관광객이 한국방문 시 가장 좋았던 활동은 무엇인가?

① 쇼핑　　② 식도락관광
③ 업무수행　　④ 자연경관 감상

10 관광의 구성요소 중 관광객체로 옳은 것은?

① 관광자원　　② 여행사
③ 관광자　　④ 관광행정

11 다음 국제회의 유치의 효과 중 경제적 측면에서의 효과라고 볼 수 없는 것은?

① 외화획득으로 국제수지 개선에 이바지한다.
② 사회기반 시설의 확충과 정비를 하게 된다.
③ 세수의 증대로 지역경제 활성화에 득이된다.
④ 최신 정보 · 기술 입수로 각 산업의 발전에 기여한다.

12 여행상품 유통과정에서 여행상품 소재를 공급하는 시설제공업자를 무엇이라 하는가?

① Wholesaler　　② Principal
③ Retailer　　④ Tourist

13 다음 중 호텔 프론트 오피스 시스템은?

① Opera　　② Amadeus
③ Galileo　　④ Sabre

14 다음 중 관광상품의 특징과 거리가 먼 것은?

① 관광상품은 서비스를 기본으로 하는 무형의 상품이다.
② 관광상품은 모방성이 용이하기 때문에 차별화가 곤란하다.
③ 관광상품은 생산과 소비가 동시에 이루어지는 특징이 있다.
④ 관광상품은 교환이 가능하다.

15 다음 중 카지노 영업이 허가된 나라가 아닌 것은?

① 필리핀 ② 일본
③ 프랑스 ④ 영국

16 다음 관광사업 매체 중 공간적인 매체인 것은?

① 교통수단 ② 숙박시설
③ 여행업 ④ 관광객 이용시설

17 항공회사 등이 관광기관, 여행업자 등을 초청해서 루트나 관광지 등을 시찰시키는 여행은?

① Familiarization Tour ② Incentive Tour
③ Interline Tour ④ Package Tour

18 다음 중 호텔 1박 1식 제도는?

① European Plan ② American Plan
③ Continental Plan ④ Bermuda Plan

19 여객이 항공사의 사전승인을 얻어 출발지와 도착지 간의 중간지점에서 여행을 일시적으로 중단하는 것은?

① MCT ② Transit
③ Transfer ④ Stop over

20 다음은 용어에 대한 설명이다. 바르지 못한 것은?

① Tariff – 팸플릿 공표요금
② Walking in Guest – 예약하고 안온 손님
③ Go Show Guest – 빈방을 기다리는 손님
④ Flat Rate – 균일요금

21 다음은 여행, 관광용어에 대한 설명이다. 바르지 못한 것은?

① Tour : 주유여행으로서 Travel에 비해 고가이면서 Travel보다 단기적이며, Trip보다 장기적이다.
② Travel : 비교적 장거리 또는 외국여행으로 주로 의도적인 구경이며, 소액의 경비로 실시하는 것이 특징이다.
③ Journey : 의도적, 자기후생적인 의미를 포함하는 육상여행을 뜻한다.
④ Trip : 짧은 여행을 의미하는데, 상용 또는 유람여행 등 일반적인 여행을 포함한다.

22 호텔에서 고객에 대한 관광안내, 여행안내, 차표예약 등의 여러 가지 서비스를 하는 사람은?

① Door man
② Bell man
③ Concierge
④ Tour Guide

23 다음 중 여행상품의 특징이 아닌 것은?

① 생산, 소비 동시 완결형이다.
② 모방하기 쉬운 상품이다.
③ 인적의존성이 낮다.
④ 상품의 차별화가 곤란하다.

24 항공사에서 예약을 요청하였을 때 이에 대한 응답코드는?

① Action Code
② Advice Code
③ Status Code
④ Reservation Code

25 다음은 국제회의의 분류 중 무엇에 관한 설명인가?

> 한 주제에 대해 상반된 견해를 가진 동일 분야의 전문가들이 사회자의 주도하에 청중 앞에서 벌이는 공개토론회로 청중이 자유롭게 질의에 참여할 수 있으며, 사회자가 의견을 종합하는 것

① 컨퍼런스(Conference)
② 콩그레스(Congress)
③ 포럼(Forum)
④ 세미나(Seminar)

정답 및 해설

ANSWER

01 ④	02 ③	03 ②	04 ③	05 ③	06 ④	07 ③	08 ③	09 ①	10 ①
11 ②	12 ②	13 ①	14 ④	15 ②	16 ①	17 ①	18 ③	19 ④	20 ②
21 ③	22 ③	23 ③	24 ②	25 ③					

01. ① 말레이시아 저가항공사(LCC)
② 호주의 저가항공사(LCC)
③ 미국의 저가항공사(그밖에 Air Tran, Jet Blue spirit, Southwest 등이 있다.)

03. ② 여행사 관리측면이다.

04. ③ 비가격 경쟁이다.

06. ④ PAR

09. ① 한국 방문 선택 시 고려요인이나, 방한기간 중 주요 참여활동도 쇼핑이 가장 많다.

10. ② 매체
③ 주체
④ 매체

11. ② 사회적 효과이다.

12. ① 도매업자
③ 소매업자
④ 관광객

13. ②, ③, ④는 항공전산예약시스템 명칭이다.

14. ④ 생산과 소비가 동시에 이루어지기 때문에 교환이 불가능하다.

16. ②, ④ 시간적 매체, ③ 기능적 매체

17. ① Fam Tour라고도 한다.
② 포상여행
③ 항공사가 가맹대리점 직원을 대상으로 실시하는 여행
④ 주최여행

18. ① 객실 요금만 받는 제도
② 1박 3식제도
④ 미국식 조식이 포함되는 1박 1식제도

19. ④ 도중체류이다.

20. ② 예약없이 오는 손님이다. 예약만 하고 안 온 손님은 'No Show Guest'라고 한다.

21. ③ 의무적이며 비자기후생적인 여행을 말한다.

22. ③ 유럽에서 전통이 있는 호텔에 근무하는 특수조직이다.

23. ③ 인적의존도가 높다.

24. ① 최초 예약 시 사용하는 코드이다.
③ 현재의 예약상태를 나타내주는 코드이다.

Test 09

01 지리적인 이점으로 항공의 접근성과 시설 등의 부분에서 좋은 평가를 받고 국제회의를 가장 많이 개최하는 국가는?

① 프랑스 ② 일본
③ 미국 ④ 싱가포르

02 상품수명주기에 따른 마케팅 전략 중 다음의 설명에 맞는 마케팅 단계는?

판매가 급속히 증대되며 수익 수준이 개선되어 경쟁자의 진입이 많아지는 단계

① 도입기 ② 성숙기
③ 성장기 ④ 쇠퇴기

03 다음 중 술의 종류와 원료의 연결이 잘못된 것은?

① 브랜디(Brandy) – 포도 ② 위스키(Whisky) – 보리
③ 럼(Rum) – 사탕수수 ④ 데킬라(Tequila) – 옥수수

04 A point-to-point Sale이란?

① 오직 Ticket 비용만 포함하는 것
② 한 지점에서 다른 지점까지의 여행경비를 말한다.
③ 여행안내원의 Ticket을 말한다.
④ 한 도시에서 다른 도시로 여행할 때 기본요금을 말한다.

05 호텔이나 항공사 등에서 객실이나 좌석이 없을 때 대기했다가 객실이나 좌석이 생기면 이용하기 위해 기다리는 손님을 무엇이라 하는가?

① Skipper ② No Show Guest
③ Walking in Guest ④ Go Show Guest

06 다음 중 공항(도시)코드가 일치하지 않는 것은?

① CJU – 제주 ② PUS – 부산
③ KAG – 강릉 ④ GIP – 김포

07 다음 중 여행사가 항공 · 숙박 · 음식점 등을 사전에 대량으로 예약하여 여행조건, 여행일정 및 요금을 책정하여 여행객을 모집하는 여행을 무엇이라 하나?

① Incentive Tour
② Convention Tour
③ Familiarization Tour
④ Package Tour

08 UN산하 정부 간 협력관광기구는?

① ASTA
② IATA
③ UNWTO
④ ICCA

09 국민복지, 여행바우처와 관련된 설명 중 틀린 것은?

① 고용보험기금 지원
② 한국관광협회중앙회에서 주관
③ 외국인 근로자 포함
④ 여행경비 40% 지원

10 다음에서 말하는 국제관광기구는?

- 1963년 정부 정회원 가입
- 1965년, 1979년, 1994년, 2004년 우리나라에서 총회 개최

① IHA
② PATA
③ IATA
④ APEC

11 관광사업은 여러 가지 업종이 모여서 하나의 통합된 사업활동을 이룸으로서 관광사업을 성립시키고 있다. 이것을 관광사업의 무슨 특성이라고 하는가?

① 복합성
② 입지의존성
③ 경립성
④ 공익성

12 세계 3대 축제에 해당하지 않는 것은?

① 일본 – 삿포로 축제
② 브라질 – 리우카니발 축제
③ 독일 – 옥토버 축제
④ 프랑스 – 몽마르뜨 축제

13 다음 호텔숙박 용어 중 잘못된 것은?

① Studio Room : 휴양지 호텔 객실
② Double Room : 2인용 객실
③ Executive Room : 소규모 모임도 할 수 있는 다목적 객실
④ Suite Room : 호화객실

14 세계의 카지노 산업이 변하고 있다. 다음 중 그 동향으로 옳지 않은 것은?

① 카지노의 합법화와 확산화 추세
② 카지노의 대형화와 복합 단지화 추세
③ 카지노의 레저산업화 주세
④ 카지노의 경쟁약화에 따른 수익성 증가

15 국제회의 기준에 잘못된 것은?

① UIA : 참가국 수 5개국 이상, 회의 참가자 수 300명 이상, 회의기간 3일 이상
② ICCA : 국제협회에 의해 최소한 50명 이상 참가하고, 3개국 이상 정기적으로 돌아가며 개최하는 회의
③ 국제회의산업육성에 관한 법률에서 국제기구에 가입하지 않은 기관, 법인, 단체가 개최하는 회의 : 회의 참가자 중 외국인이 150명 이상이고, 3일 이상 진행되는 회의일 것
④ KTO : 참가국 수 3개국 이상이며, 외국인 참가자수 10명 이상인 국제회의

16 관광객의 교양이나 자기개발을 주목적으로 하는 관광으로 그랜드 투어나 수학여행을 포함하는 관광형태는?

① Black Tourism ② Education Tourism
③ Special interest Tourism ④ Silver Tourism

17 관광객의 관광과 관련해서 불편사항이 있으면 신고할 수 있는 전화번호는?

① 1330 ② 1588-5644
③ 735-0101 ④ 112

18 매카시(E. J. McCarthy)의 마케팅 믹스 내용과 거리가 먼 것은?

① plan ② place
③ promotion ④ product

19 다음 중 최초로 항공예약 업무를 실시한 항공사는?

① NWA ② KLM
③ AAL ④ SWR

20 관광마케팅에서 관광상품과 관광서비스에 대한 이미지를 경쟁상품과 차별적으로 인식시켜 관광객의 마음속에 유리한 위치를 차지하기 위한 활동은?

① 포지셔닝(Positioning)
② 시장 세분화(Market segmentation)
③ 마케팅 전략(Marketing strategy)
④ 표적시장 선정(Target marketing)

21 다음은 무엇에 관한 설명인가?

호텔 임원의 숙소로 사용되거나 호텔 사무실이 부족하여 객실을 공용 사무실로 사용할 경우에 사용하는 용어

① Part day use room
② House use room
③ Complimentary use room
④ Single use room

22 힐튼호텔에서 개발한 위탁운영호텔(Management contract hotel)의 설명으로 옳지 않은 것은?

① 소유와 경영이 분리된 전문경영의 형태
② 소유주가 자본에 대한 투자
③ 소유주가 위탁운영회사에 경영수수료(management fee)를 지불
④ 위탁운영회사가 경영 손실 발생 시 배상

23 식음료 경영에서 EATS의 연결이 잘못된 것은?

① E – Entertainment
② A – Atmosphere
③ T – Taste
④ S – Service

24 외국인 관광객이 9인 이하로서 여행하는 개별자유여행객을 뜻하는 용어는?

① FCT
② FIT
③ FOC
④ ICT

25 2018년 우리나라 해외관광객이 가장 많이 방문한 국가 순서는?

① 중국 〉 일본 〉 미국
② 일본 〉 중국 〉 미국
③ 중국 〉 태국 〉 일본
④ 일본 〉 중국 〉 태국

정답 및 해설

ANSWER

01 ④	02 ③	03 ④	04 ①	05 ④	06 ④	07 ④	08 ③	09 ①	10 ②
11 ①	12 ④	13 ①	14 ④	15 ③	16 ②	17 ①	18 ①	19 ②	20 ①
21 ②	22 ④	23 ④	24 ②	25 ②					

01. ④ 2011년, 2012년, 2013년 연속 국제회의를 가장 많이 개최하였다.

03. ④ 용설란으로 만든다.

05. ① 호텔 등에서 Check out 과정을 안 거치고 가는 손님(도망객)
② 예약하고 안 온 손님
③ 예약없이 오는 손님

06. ④ GMP이다.

07. ① 포상여행 ② 국제회의관광 ③ 시찰초대여행

09. ① 관광진흥개발기금법의 지원을 받는다.

10. ① 국제호텔협회
② 아시아 · 태평양지역 관광협회
③ 국제항공운송협회
④ 아시아 · 태평양 경제협력체

13. ① Studio Bed가 있는 객실이다.

14. ④ 수익성이 약화되고 있다.

15. ③ 2일 이상이다.

16. ① Dark Tourism이라고도 한다.
③ 특별테마여행
④ 노인관광

17. ① 관광통역안내 자동서비스와 같이 이용할 수 있다.
② BBB통역

18. ① Price

19. ② 1921년에 실시하였다.

21. ① 분할이용(대실)
③ 무료객실
④ 2인용 객실을 1인이 사용할 경우의 용어이다.

22. ④ 재무적인 책임을 지지 않는다.

23. ④ Sanitation(위생)

24. ① 외국첨승여행
③ Free of Charge의 약자로 무료요금이다.
④ 포괄첨승여행

Test 10

01 제3차 관광개발 기본계획에서 6개의 초광역 관광벨트를 설정하였다. 관계없는 것은?

① 서해안 관광벨트　　② 한반도 평화생태 관광벨트
③ 4대강 문화 관광벨트　　④ 백두대간 생태문화 관광벨트

02 복 · 융합 관광에 대한 설명이 잘못된 것은?

① 복 · 융합은 산업내지 경제활동이 서로 섞여 융화되고 수렴되는 현상이다.
② 5차 산업이라 한다.
③ 다른 기술이나 제품을 합치는 것이 아니라 더 큰 가치를 창출해 내는 것이다.
④ 의료관광, 생태관광, 헬스투어리즘, 쇼핑 관광 등을 말한다.

03 다음 중 컨벤션센터의 유형이 아닌 것은?

① 텔레포트형　　② 테크노파크형
③ 리조트형　　④ 도시형

04 다음 중 시장세분화(Marketing Segmentation)의 기준이 아닌 것은?

① 지리적 세분화　　② 인구통계적 세분화
③ 권역별 세분화　　④ 행동분석적 세분화

05 다음 중 Motel의 이용에서 적당치 않은 것은?

① Tip이 없다.　　② 예약이 필요하다.
③ 저렴하다.　　④ 주차가 편리하다.

06 관광사업 불연속성을 위한 해결방안이 아닌 것은?

① 요금분할 판매　　② 할인제
③ 예약제　　④ 개인고객 수요촉진

07 관광동기 중 견문욕구는 어느 동기에 속하는가?

① 정신적 동기　　② 심정적 동기
③ 문화적 동기　　④ 교화적 동기

08 다음 중 (   )에 가장 적당한 말을 골라라.

> "관광권은 관광객의 관광 동기 충족을 보다 용이하게 하기 위해 합리적으로 적정화한 지역으로 일정지역을 단위로 한 관광권은 관광자원의 (   ) 및 고유성을 형성하여야 된다."

① 다양성 ② 동질성
③ 연계성 ④ 합법성

09 마케팅 분류 중 조성기능에 속하지 않는 것은?

① 운송 ② 표준화
③ 시장금융 ④ 시장정보

10 다음에서 도시코드와 항공사코드의 연결이 잘못된 것은?

① PAR – AF ② NRT – JL
③ ICN – KE ④ TPE – TG

11 다음 중 무형문화재 제1호는?

① 통영 오광대 ② 양주 별산대놀이
③ 종묘제례악 ④ 봉산탈춤

12 지리산을 국립공원으로 지정한 연도는?

① 1969년 ② 1967년
③ 1968년 ④ 1970년

13 일정수수료를 지불하면서 여행사로 하여금 일부 업무를 대행하게 하는 호텔이나 항공사 등을 지칭하는 용어는 다음 중 어느 것인가?

① Courier ② Principle
③ Principals ④ Agent

14 안내원이 관광객에게 Optional Tour를 판매할 때 고려해야 할 사항 중 적절하지 않은 것은?

① 관광객들의 지불능력에 대한 판단
② Tour Conductor의 양해
③ 관광객에게의 판매제안 시점 및 장소
④ 일정 중 자유시간의 크기

15 브랜디(Brandy)의 숙성시간 표시 중 가장 오래된 것은?

① XO ② VSOP
③ VSO ④ Extra Napoleon

16 다음 설명 중 옳지 않은 것은?

① 관광산업과 관광사업 또는 관광기업은 동의어로 사용된다.
② 관광사업은 영리사업과 비영리사업으로 나눌 수 있다.
③ 관광산업의 개념은 일반산업의 체계 및 범위와 그 뜻이 같다.
④ 관광사업 중 공익적인 활동은 관광행정이라 총칭할 수 있다.

17 다음 중 세계 최대의 리조트 호텔(Resort Hotel)로 유명한 것은?

① Holiday Inn ② Hilton Chain
③ Club Mediteranean ④ Howard Johnson Chain

18 대한항공의 전산System을 무엇이라 하는가?

① KALCOS ② TOPAS
③ DCS ④ KOS

19 다음 중 관광의 구성요소가 바르게 연결된 것은?

① 관광매체 – 향토음식 · 국민성
② 관광객체 – 관광객 · 관광수요
③ 관광주체 – 자연자원 · 문화적자원
④ 관광매체 – 숙박업 · 여행업

20 관광과 유사한 개념으로 사용되는 용어가 아닌 것은?

① 여가 ② 놀이
③ 이민 ④ 레크리에이션

21 다음 중 국제관광의 경제적 효과에 해당되지 않는 것은?

① 고용창출 ② 인구구조 변화
③ 국민소득 증대 ④ 국제수지 개선

22 식당에서 요리를 타원형 쟁반(Tray)이나 큰 플래터(Platter)에 담아 고객에게 보여준 후 서빙포크와 스푼으로 덜어 고객의 작은 접시에 직접 제공하는 서비스 방식은?

① Russian service ② French service
③ American service ④ English service

23 다음 중 관광자원 개발을 위한 정부의 정책사업이 아닌 것은?

① 관광지 개발 ② 관광특구 개발
③ 관광레저형 기업도시 개발 ④ 관광생태지구 개발

24 국민관광진흥을 위해 문화체육관광부에서 추진한 정책으로 옳은 것은?

① 베니키아(BENIKEA)는 특2급 일반호텔을 체인화 하기 위한 사업이다.
② 굿스테이(Goodstay)는 생태형 숙박시설의 보급을 위해 환경부에서 인증하는 제도이다.
③ 문화관광해설사 제도는 1988년 서울올림픽부터 도입되어 지금까지 운영되고 있다.
④ 저소득층의 여행지원을 위해 2005년도부터 여행 바우처 사업을 추진하고 있다.

25 다음 중 우리나라의 저가항공사가 아닌 것은?

① 이스타항공 ② 피치항공
③ 티웨이항공 ④ 진에어

정답 및 해설

ANSWER

01 ③	02 ②	03 ④	04 ③	05 ②	06 ④	07 ①	08 ②	09 ①	10 ④
11 ③	12 ②	13 ③	14 ①	15 ④	16 ③	17 ③	18 ①	19 ④	20 ③
21 ②	22 ①	23 ④	24 ④	25 ②					

01. ③ 강변생태문화 관광벨트, 동해안 관광벨트, 남해안 관광벨트

02. ② 0.5차 산업이라 한다.

05. ② 예약이 불필요하다.

07. ① 지식욕구, 환락욕구 등
② 사향심(思鄕心), 교유심(交遊心), 신앙심 등
③ 문화적 행사 참가
④ 수학여행, 고고학적 여행 등

09. ① 공급기능이다.

10. ④ TPE – 타이페이, TG – 태국항공

12. ② 1967년 12월 29일 최초로 지정되었다.

13. ① 프랑스어로 여행안내원
② 원리 · 원칙의 뜻
④ 대리인의 뜻

15. ① Extra Old (40년 ~ 50년)
② Very Special Old Pale (25년 ~ 30년)
③ Very Special Old (15년 ~ 20년)
④ 70년 ~ 86년

18. ② 대한항공의 전산예약시스템이다.
③ 대한항공의 공항에서의 Check in과 탑재관리 전산시스템이다.

21. ② 사회적 효과이다.

23. ④ 생태계 보전지역은 자연환경 보전법에 의거 지정한다.

24. ① 중저가 관광호텔 체인화사업이다.
② 우수숙박시설 보급을 위해 문화체육관광부장관 또는 지방자치단체가 지정하도록 되어 있다.(한국관광공사가 문화체육관광부장관의 위탁을 받아 인증한 숙박시설을 굿스테이라고 한다.)
③ 2001년부터 도입되었다.

25. ② 일본의 저가항공(LCC)이다.

Test 11

01 여행 알선업의 경영관리에서 지상 경비에 포함되지 않은 항목은?

① 호텔 숙박비 ② 공항 통관비
③ 전세 버스비 ④ 관광 안내비

02 다음 Tour의 종류 중 상관관계가 적은 것은?

① Post-Convention Tour ② Technical Tour
③ Industrial Tour ④ Plant Tour

03 콘도미니엄의 단위를 무엇이라 하는가?

① Unit ② Room
③ 단지 ④ 구역

04 인간의 의사결정과 관광행동의 단계와 거리가 먼 것은?

① Stimuli ② Motivation
③ Attitude ④ Challenge

05 다음 해상국립 공원 중 면적이 가장 넓은 곳은?

① 한려해상 ② 서산해안
③ 다도해 해상 ④ 제주도

06 양주도수를 우리나라 도수로 바꿀 때는 어떻게 계산하는가?

① 0.2 ② 0.3
③ 0.5 ④ 1

07 Fish Fork는 Meat Fork의 어느 쪽에 놓는가?

① 오른쪽에 놓는다. ② 왼쪽에 놓는다.
③ 상관이 없다. ④ Fork의 구별이 없다.

08 경복궁이나 창덕궁은 다음 중 어디에 해당되는가?

① 국보 ② 보물
③ 사적 ④ 민속자원

09 다음 중 우리나라와 사증(VISA)면제 협정이 체결된 나라는?

① 호주 ② 미국
③ 대만 ④ 이란

10 다음 중 항공사 코드가 맞지 않는 것은?

① 대한항공 – KE ② 아시아나 – AZ
③ 타이 – TG ④ 일본 – JL

11 호텔용어의 설명이 잘못된 것은?

① Banquet – 연회장
② Delicatessen – 제과점
③ Laundry – 세탁실
④ Minibar – 레스토랑에서 술을 마실 수 있는 작은 공간

12 다음 중 ( ) 안에 들어갈 내용은?

( )는 관광객의 소비지출이 관광대상국가 또는 지역에 소득 또는 고용을 누증적으로 창출시키는 배수를 말한다.

① 직접효과 ② 유발효과
③ 승수효과 ④ 간접효과

13 관광특구에 대한 설명이 잘못된 것은?

① 문화체육관광부장관이 지정한다.
② 관광특구는 1990년 중반부터 지정하기 시작하였다.
③ 외래관광객이 최근 1년간 10만명 이상 온 지역을 대상으로 지정한다.
④ 서울은 이태원, 종로 · 청계천, 명동 · 남대문 · 북창지역, 동대문 패션타운, 잠실, 강남마이스 관광특구 등 6곳이 지정되었다.

14 다음 중 MICE에 해당하지 않는 것은?

① M – Meeting
② I – Incentive Tour
③ C – Casino
④ E – Exhibition

15 관광사업의 특징으로 옳지 않은 것은?

① 다른 사업에 비해 외화가득율이 높다.
② 지역주민의 고용의 안정을 꾀할 수 있다.
③ 특정 지역의 발전에 기여한다.
④ 조세수입의 증대에 기여한다.

16 다음 중 최근의 우리나라 인바운드(Inbound)관광 진흥과 관련된 정책이라고 볼 수 없는 것은?

① 카지노 활성화 사업
② 공연관광 활성화 사업
③ 크루즈관광 활성화 사업
④ 의료관광 활성화 사업

17 우리나라의 관광현황에 관한 설명으로 옳은 것은?

① 관광수입은 2000년 이후 매년 증가하고 있다.
② 2012년 우리 국민의 해외여행자 수가 처음으로 1천만명을 넘었다.
③ 2013년 우리나라를 가장 많이 방문한 외국인 관광객은 중국인이다.
④ 2011년 우리나라를 방문한 외국인 관광객 수가 처음으로 1천만명을 넘었다.

18 다음 중 투숙객이 객실에 수하물을 두고 여행하는 경우나, 예약하고 도착이 늦어질 경우에 부과하는 객실요금은?

① 초과이용요금(Late check out charge)
② 홀드룸챠지(Hold room charge)
③ 야간객실요금(Midnight charge)
④ 분할요금(Part day charge)

19 우리나라 관광정책에 관한 설명으로 옳은 것은?

① 1970년대 관광산업이 국가 전략산업으로 지정되고, 관광기본법이 제정되면서 정부가 국민관광의 육성 발전에 적극 대처하게 되었다.
② 1980년대 외국인 관광객을 유치하기 위한 외국인 전용 관광시설 지구를 조성하기 위하여 대규모 국제관광단지의 개발방식을 채택하였다.
③ 1990년대 금강산 육로관광이 실시되면서 남북 간의 관광교류가 시작되었다.
④ 2000년대 내국인이 카지노에 입장할 수 있는 법적 근거가 마련되었으며, 강원랜드를 설립하여 내국인도 카지노를 이용할 수 있게 되었다.

20 (   ) 안에 들어갈 용어로 옳은 것은?

> 외래관광객에 의한 관광산업의 수입은 (   )이 일반산업과 비교하여 일반적으로 높게 나타나며, 계산방법은 [국제관광수입 – (국제관광홍보비 + 면세품 구입가격)] / 국제관광수입 x 100 이다.

① 수입유발율　　② 외화가득율
③ 수출유발율　　④ 순이익비율

21 다음 중 테마파크의 특성으로 옳은 것은?

① 테마성, 일상성　　② 역동성, 비통일성
③ 테마성, 통일성　　④ 역동성, 일상성

22 관광관련 주요 행정기관의 기능으로 옳지 않은 것은?

① 문화체육관광부 – 관광정책 수립 및 홍보, 관광진흥개발기금 관리
② 기획재정부 – 외국환 및 관광관련 정부출연금 관리
③ 외교부 – 여권발급, 비자면제 협정 체결
④ 안전행정부 – 여행자 출입국 관리

23 공항에서 여행객이 여행을 하기 위한 출국 절차 순서로 옳은 것은?

> ㄱ. 수하물 보안검사　　ㄴ. CIQ 검사
> ㄷ. 탑승수속　　ㄹ. 탑승

① ㄱ – ㄴ – ㄷ – ㄹ　　② ㄱ – ㄷ – ㄴ – ㄹ
③ ㄷ – ㄱ – ㄴ – ㄹ　　④ ㄷ – ㄴ – ㄱ – ㄹ

24 다음 중 관광사업의 특성에 해당되지 않는 것은?

① 계절성　　② 서비스 의존성
③ 입지 의존성　　④ 장기성

25 다음 중 도시 코드와 항공사 코드의 연결이 옳지 않은 것은?

① 마닐라 – MNL, 필리핀항공 – PR
② 로스앤젤레스 – LAX, 델타항공 – DL
③ 부산 – PUS, 아시아나항공 – OZ
④ 홍콩 – HKN, 캐세이패시픽항공 – CJ

정답 및 해설

ANSWER

01 ②	02 ①	03 ①	04 ④	05 ③	06 ③	07 ②	08 ③	09 ④	10 ②
11 ④	12 ③	13 ①	14 ③	15 ②	16 ①	17 ③	18 ②	19 ①	20 ②
21 ③	22 ④	23 ③	24 ④	25 ④					

01. ② 공항 통관비는 사적경비이다.

02. ① 회의 후 관광이다.

04. ④ Behavior(행동)이다.

06. ③ 양주 도수에 0.5를 곱하면 우리나라 알콜도수가 나온다.

07. ② 접시를 중심으로 왼쪽은 Fork, 오른쪽은 Knife를 놓는다.

09. ①, ②, ③의 국민은 지정에 의해 우리나라에 비자없이 90일 동안 입국할 수 있다.

10. ② OZ

11. ④ 객실 내에 비치하는 소형 냉장고를 말한다.

13. ① 시 · 도지사가 지정한다.

14. ③ Convention

15. ② 비수기와 서비스업의 특성 때문에 고용이 불안정하다.

16. ① MICE산업 등이 포함된다.

17. ① 2005년, 2006년에는 감소했다.
② 우리나라 국민의 해외여행자는 2005년에 1000만명이 넘었다.
④ 우리나라를 방문한 외국인 방문객 수는 2012년에 1000만명이 넘었다.

19. ① 1975년 국가 전략산업 지정, 1975년 12월 31일 관광기본법 제정
② 1973년부터 경주 보문관광단지를 개발하기 시작하였다.
③ 1998년부터 금강산 해로관광, 2003년부터 육로관광이 개시되었다.
④ 1995년에 「폐광지역 개발지원에 관한 특별법」 제정, 1998년에 강원랜드(주)가 출범되었다.

21. ③ 테마성, 종합성, 통일성, 배타성, 비일상성 등이다.

22. ④ 국민안전, 정부운영, 지방자치업무 등을 하는 기관이다.

25. ④ 홍콩 – HKG, 캐세이패시픽항공 – CX

Test 12

01 다음 중 관광자원의 분류가 옳지 않게 짝지어진 것은?

① 자연적 자원 – 온천, 해안, 동굴 등
② 문화적 자원 – 무형문화재, 유형문화재, 민속자료 등
③ 사회적 자원 – 풍속, 예절 등
④ 인적 자원 – 안내가이드, 여행업자 등

02 다음의 인터넷 주소와 관련 있는 업종은?

Expedia.com, Priceline.com, Zuji.com, Orbitz.com

① 숙박업 ② 여행업
③ 항공업 ④ 식당업

03 전채음식(Appetizer)의 프랑스어는?

① Hors D'oeuvre ② Poisson
③ Entrée ④ Potage

04 Computer Reservation System(CRS)이 의미하는 가장 알맞은 것은?

① 전 세계 항공사에서 공통적으로 사용하는 항공예약시스템이다.
② 호텔 숙박을 관리하는 프로그램이다.
③ 관광객의 수요 예측을 위해 활용한다.
④ 국가에서 운용하는 전산예약망이다.

05 다음 중 Youth Hostel을 설명한 것 중 옳지 않은 것은?

① 청소년층이 많이 이용한다.
② 남녀의 구별이 매우 엄격하다.
③ 영국에서 시작되었다.
④ 호텔에 비해 가격이 저렴하다.

06 다음 중 객실의 설명이 옳지 않은 것은?

① Studio Room – 응접실과 회의실이 다른 방에 준비된 비즈니스 룸이다.
② Triple Room – Twin Room에 1개의 Bed를 추가한 룸이다.
③ Suite Room – 침실과 응접실이 따로 구분되어 있는 호화로운 룸이다.
④ Twin Room – 2인용 객실

07 T/C를 최초로 사용한 연도는?

① 1850년　② 1891년
③ 1912년　④ 1945년

08 다음 중 경영 계약시스템(Management Contract System)의 내용과 거리가 먼 것은 어느 것인가?

① 경영계약에서는 경영자가 경영결과에 대해 재무적 책임을 진다.
② 경영자와 소유자 사이에 의사소통의 문제가 발생될 수 있다.
③ 소유자가 경영의사 결정에 관한 통제력을 상실할 수 있다.
④ 체인업무(Chain Work)가 경영계약 체결 업체의 개별적인 차이점을 융통성 있게 허락하지 않는다.

09 다음 중 Berth Charge란 어떤 것을 의미하는가?

① 대인요금　② 침대요금
③ 급행요금　④ 소인요금

10 머슬로우(A. H. Maslow)의 욕구단계설에서 가장 높은 욕구는 무엇을 말하는가?

① 안전의 욕구　② 소속과 애정의 욕구
③ 자기실현의 욕구　④ 존경의 욕구

11 다음 중 '유급휴가제' 선언과 관계가 깊은 것은?

① 아카폴코 선언　② UN 선언
③ 마닐라 선언　④ UNWTO 선언

12 Room Rack이란?

① 예약방식　② 예약상황표
③ 객실상황표　④ 방의 형태

13 유스호스텔과 관련이 없는 것은?

① Table Service
② Self Service
③ 회원제
④ 예약제

14 다음 중 IATA가 중심이 되어 운임의 공시 및 운임 계산상 사용하는 기술적인 단위는?

① UKL
② USD
③ FKS
④ NUC

15 한국관광공사가 운영하는 내 · 외국인 관광객들에게 국내여행에 대한 다양한 정보를 안내해 주는 우리나라 관광안내 대표 전화번호는?

① 1330
② 1331
③ 1332
④ 1333

16 UNWTO(세계관광기구)에서 관광객을 통계적 목적으로 분류할 때 관광객으로 분류되는 것은?

① 이주자
② 통과승객
③ 비거주자
④ 망명자

17 다음 중 관광정책의 특성이 아닌 것은?

① 형평성
② 미래지향성
③ 영리추구성
④ 규범성

18 항공사의 Time Table에서 항공기의 통과예정시간을 의미하는 것은?

① ETD
② ETO
③ ATD
④ ETA

19 우리나라의 관세규정에 관한 설명으로 옳지 않은 것은?

① 현재 내국인의 구매한도는 5,000달러이다.
② 내국인의 반입물품 면세한도는 600달러 이하이다.
③ 외국인에게는 600달러의 반입물품 면세한도가 적용되지 않는다.
④ 내국인의 주류 면세한도는 1인당 1병으로 제한된다.

20 이(異)문화 존속 및 교류를 지향하는 종족생활체험관광이라고 하는 것은?

① Eco-Tourism
② Ethnic Tourism
③ Social Tourism
④ Soft Tourism

21 다음 중 여행업 경영의 특성으로 옳지 않은 것은?

① 고정자본의 투자가 적은 사업이다.
② 사무실의 위치의존도가 크다.
③ 계절적 의존도가 낮은 사업이다.
④ 경기변동에 민감한 사업이다.

22 우리나라 문화체육관광부의 주요 업무가 아닌 것은?

① 관광진흥 장기발전계획 및 연차별 계획의 수립
② 관광관련 법규의 연구 및 정비
③ 외래관광객의 비자 발급
④ 관광복지 증진에 관한 사항

23 국민관광상품권의 후원기관과 주관기관의 연결이 옳은 것은?

① 문화체육관광부 – 한국관광공사
② 한국관광공사 – 문화체육관광부
③ 문화체육관광부 – 한국관광협회중앙회
④ 문화체육관광부 – 한국외식업중앙회

24 다음 중 미국여행업협회는 무엇인가?

① ASTA ② ATMA
③ PATA ④ ASEANTA

25 우리나라 관광진흥 전략의 기본목표로 옳지 않은 것은?

① 고부가가치 관광산업의 육성
② 상위계층의 복지관광 지원 확대
③ 지속가능한 녹색관광 육성
④ IT시대에 부응하는 통합 마케팅 구축

정답 및 해설

ANSWER

01 ④	02 ②	03 ①	04 ①	05 ③	06 ①	07 ②	08 ①	09 ②	10 ③
11 ①	12 ③	13 ①	14 ④	15 ①	16 ③	17 ③	18 ②	19 ③	20 ②
21 ③	22 ③	23 ③	24 ①	25 ②					

01. ④ 산업적 자원이 추가되서 4대 자원이라 한다.

03. ② Fish의 프랑스어
③ Main dish의 프랑스어
④ Soup의 프랑스어

05. ③ 독일에서 시작되었다.

06. ① Studio Bed(낮에는 쇼파, 밤에는 침대로 변형시킬 수 있는 침대)가 있는 객실

07. ① 프랑스 최초의 호텔인 Grand Hotel이 건립된 해
③ 일본 교통공사(JTB) 한국지사 설립
④ 일본 교통공사가 조선여행사로 개칭

08. ① 재무적인 책임을 안 진다.

10. ③ 생리적 욕구 – 안전 및 안정욕구 – 사회적 욕구 – 지위 및 존경욕구 – 자기실현 욕구

11. ① 1982년에 휴식 · 휴가 및 유급휴가의 권리를 강조했다.

14. ④ FCU가 1989년부터 NUC로 바뀌었다.

18. ① 출발예정시간
③ 실제 출발시간
④ 도착예정시간

19. ③ 외국인에게도 적용된다.

20. ① 생태관광
③ 복지관광, 국민관광
④ 연성관광

22. ③ 비자발급은 법무부장관의 업무이다.

24. ② 아시아관광마케팅협회
③ 태평양 · 아시아지역 관광협회
④ 아세안국가 관광협회

25. ② 취약계층의 복지관광 지원 확대

Test 13

01 다음 설명에서 제시된 관광객의 행동에 영향을 미치는 요인은 무엇인가?

> 어떤 개인의 행동, 구매행동 그리고 목표를 설정함에 있어 그에게 개인적 가치의 표준이나 규범을 제공하는 요소, 즉, 학교나 직장 동료, 스포츠 동호회원 등을 말한다.

① 사회계층(The ladder)　② 준거집단(Reference group)
③ 오피니언 리더(Opinion leader)　④ 촉매자(觸媒者)

02 다음 중 19세기에 대두된 관광관련 현상이 아닌 것은?

① 호화호텔(Grand)의 등장　② 여행업의 등장
③ 여객기의 등장　④ 여행자수표의 등장

03 관광의 개념적 구성요소와 거리가 먼 것은?

① 영리성　② 회귀성
③ 탈일상성　④ 이동성

04 다음 중 Cabana Room이 의미하는 것은?

① 자동차 여행자를 위한 객실
② 등산객이나 산악인을 위한 방갈로
③ 해변이나 수영장에 가까운 객실
④ 상용 여행자를 위한 도심지의 휴식 시설

05 Self Service와 관계가 먼 것은?

① Cafeteria　② Buffet
③ Table D'hote　④ Youth Hostel

06 숙박업의 사업적 특성으로 옳지 않은 것은?

① 24시간 운영　② 높은 초기투자 비율
③ 객실상품의 비저장성　④ 고정비의 비중이 작음

07 다음 중 예약을 요청할 때 사용하는 코드는?

① 요청코드(Action Code) ② 응답코드(Advice Code)
③ 상태코드(Status Code) ④ 예약코드(Reservation Code)

08 컨벤션(Convention) 유치활동의 주요 대상에 포함할 수 있는 단체와 거리가 먼 것은?

① 친선 단체 ② 학생 단체
③ 과학 단체 ④ 경영 단체

09 다음 내용 중 여행사 조직의 분권화와 가장 관계가 깊은 것은?

① 사업부 제도 ② 품의제도 도입
③ 권한과 책임의 명시 ④ 업무의 자동화

10 2018년 기준으로 세 번째로 많은 방한 외국인 관광객 수를 기록한 국가는?

① 대만 ② 일본
③ 중국 ④ 미국

11 아시아 · 태평양 지역의 관광진흥 활동과 구미 관광객 유치를 위한 마케팅 목적으로 설립된 국제기구는?

① APEC ② ICCA
③ ASTA ④ PATA

12 다음 중 의료관광 산업의 성장 요인에 포함되지 않는 것은?

① 의료기술의 발전
② 의료서비스 제도의 발전
③ 의료관광정보 접근의 어려움
④ 노령인구 증가 및 건강에 대한 관심 증대

13 호텔요금에 관한 설명으로 옳지 않은 것은?

① 공표요금은 정상요금이라고도 한다.
② 컴플리멘터리는 영업 전략상 요금을 징수하지 않는 것을 말한다.
③ 유럽식 요금제도는 객실요금에 조식과 석식 요금을 포함한다.
④ 대륙식 요금제도는 객실요금에 조식요금을 포함한다.

14 다음 중 Grand Tour의 시대를 가장 올바르게 표현한 것은?

① 산업혁명 이후 제2차 세계대전까지 교통혁명에 따른 여행 시기
② 로마시대 귀족 중심의 여행
③ 중세 이후 귀족 자녀들의 여행 전성기
④ 제2차 세계대전 이후 국민관광 시기

15 다음 중 슬로시티와 관련이 적은 것은?

① 영국에서 시작되어 이탈리아에서 활발하다.
② 1980년대 패스트푸드의 대안으로 시작되었다.
③ 우리나라에서는 담양 등 4개 지역이 2007년 아시아 최초로 지정되었다.
④ 2018년 말 현재 우리나라는 15개 지역이 지정되었다.

16 테마파크를 설명하는 것 중 가장 옳지 않은 것은?

① 특정한 주제를 가지고 오락, 위락을 위해 조성한다.
② 가상 및 환상적인 체험의 공간으로 조성될 수 있다.
③ 일상생활을 반영하여 조성하여야 한다.
④ 모든 놀이시설과 음식점, 건축양식, 전시시설 등에서 조경이나 종업원의 복장까지 통일 시켜야 한다.

17 관광마케팅에서 해외여행 시 관광의 지각위험 유형 중 옳지 않은 것은?

① 사회적 위험　　② 심리적 위험
③ 경제적 위험　　④ 소비적 위험

18 세계경제포럼(World Economic Forum)의 관광산업경쟁력지수(Travel & Tourism Competitiveness Index) 조사에 대한 설명 중 옳지 않은 것은?

① 평가지표는 4개 분야 14개 항목이다.
② 평가는 문헌조사 및 전문가패널, 설문조사로 한다.
③ 2017년 우리나라의 경쟁력은 29위로 전년도보다 한 단계 상승하였다.
④ 2017년 1위는 스페인이다.

19 관광수요의 유인요인(Pull factor)으로 옳지 않은 것은?

① 역사 유적지　　② 자연 경관
③ 문화 행사　　④ 아노미 현상

20 다음 중 소셜 투어리즘(Social Tourism)의 대상으로 옳지 않은 것은?

① 장애자 ② 여행의 소외계층
③ 근로청소년 ④ 고소득자

21 문화체육관광부 지원 하에 한국관광공사가 사업을 추진하고 있는 한국형 중 · 저가 비즈니스 호텔급 체인 브랜드는?

① 베니키아(BENIKEA) ② 굿스테이(Good Stay)
③ 이노스텔(Innostel) ④ 베스트웨스턴(Best Western)

22 우리나라 국민의 국외여행 전면 자유화 및 연령 제한이 폐지된 해는?

① 1986년 ② 1987년
③ 1988년 ④ 1989년

23 다음 중 의료관광의 성장요인으로 볼 수 없는 것은?

① 건강에 대한 관심도 증가 ② 의료서비스 제도의 발전
③ 고령인구의 감소 ④ 의료기술의 진보

24 최근 우리나라 관광산업의 환경변화에 관한 설명으로 옳지 않은 것은?

① 의료관광, 영화관광 등 산업 간 융 · 복합된 관광형태의 급성장이 예상된다.
② 우리나라를 찾는 외래관광객 중 대부분은 단체여행객으로서 그 비중이 점차 증가하고 있다.
③ 환경과 성장의 가치를 동시에 추구하는 녹색관광이 새로운 트렌드로 자리잡고 있다.
④ MICE 산업 등이 활발해지면서 비즈니스 관광시장이 부상되고 있다.

25 다음에서 제시한 관광자원 중 유사한 유형으로 연결한 것이 아닌 것은?

ㄱ. 설악산	ㄴ. 경복궁	ㄷ. 자동차 공장
ㄹ. 백화점	ㅁ. 캠프장	ㅂ. 해운대
ㅅ. 놀이공원	ㅇ. 식물원	

① ㄱ, ㅂ ② ㄴ, ㅇ
③ ㄷ, ㄹ ④ ㅁ, ㅅ

정답 및 해설

ANSWER

01 ②	02 ③	03 ①	04 ③	05 ③	06 ④	07 ①	08 ②	09 ①	10 ①
11 ④	12 ③	13 ③	14 ③	15 ①	16 ③	17 ④	18 ③	19 ④	20 ④
21 ①	22 ④	23 ③	24 ②	25 ②					

02. ③ 여객기는 1903년, 즉 20세기다.

04. ③ 해변가에 있는 Beach Hotel의 별실이다.

05. ③ 정식 식당 서비스이다.

10. ① 중국 – 일본 – 대만 – 미국 순이다.

11. ① 아시아 태평양 경제협력체
② 국제 국제회의 협회
③ 미주 여행업 협회

13. ③ 유럽식 제도는 객실요금만을 징수하는 제도이다.

14. ③ 18C 후반부터 19C 초에 유럽에서 나타난 관광현상으로 교양관광의 시대라고도 한다.

15. ① 이탈리아에서 시작되었다.

16. ③ 비일상생활을 반영하여 조성한다.

17. ④ 신체적위험, 기능적위험, 만족위험, 시간위험이 포함된다.

18. ③ 우리나라는 19위이다.

19. ④ Push 요인이다.

21. ② 한국관광공사에서 지정하는 우수숙박시설 브랜드이다.
③ 서울특별시에서 지정하는 우수숙박시설 브랜드이다.
④ 세계적인 동업자 결합방식(Referral chain)의 브랜드이다.

22. ④ 1989년 1월 1일부터이다.

24. ② 2016년에 개별관광객이 67.4%였다.

25. ② 경복궁 → 문화적 자원, 식물원 → 사회적 자원

Test 14

01 다음 중 국제통화기금(IMF)이 국가 간 여행수입과 여행비용을 계산함에 있어 여행자 분류기준에서 제외되는 것은?

① 항공기의 승무원　② 정부의 관리
③ 사업 여행자　④ 관광객

02 다음 중 관계없는 기관은?

① IATA　② ICAO
③ OAA　④ WATA

03 다음 항공운임 중 관계가 먼 것은?

① Round Fares　② Published Fares
③ Special Fares　④ Direct Fares

04 다음 중 증류주에 해당하는 것은?

① 맥주　② 청주
③ 위스키　④ 포도주

05 여행사 Inbound 부서의 업무내용이 아닌 것은?

① 수배　② 항공권 발권
③ 안내　④ 판매

06 우리나라의 관광발전단계라고 볼 수 있는 내용은?

① Inbound Tour → Outbound Tour → Domestic Tour
② Domestic Tour → Outbound Tour → Inbound Tour
③ Inbound Tour → Domestic Tour → Outbound Tour
④ Domestic Tour → Inbound Tour → Outbound Tour

07 IATA의 대리점 심사위원회 약자는?

① AAB　② AIB
③ AAC　④ IAB

08 아래 사항 중 Delphi기법을 주로 사용하는 것은?

① 과거의 경향 연구 ② 미래에 대한 예측
③ 지역개발 효과 분석 ④ 입지 선정 이론

09 다음 중 Land Arrangement를 설명한 것으로 내용과 거리가 먼 것은?

① 여행 목적지에서 그 나라를 떠날 때까지의 과정이다.
② Tour Operator에 의하여 모든 안내와 서비스가 제공된다.
③ 기획 상품의 일종인 Optional Tour와 같은 것이다.
④ 관광객이 여행 목적지에 도착하여 일어나는 일이다.

10 관광승수에 해당하지 않는 것은?

① 관광소비 1＄가 일국에 들어가서 1년에 회전하는 범위를 말한다.
② 승수는 일반적으로 3.2 ~ 4.3배이다.
③ 선진국은 5.5배까지 된다.
④ 한계 저축성향으로 산출한다.

11 '여행경제' 및 '체재경제'라고 하는 새로운 용어를 사용하여 관광학의 이론적인 발전을 도모한 학자는?

① A. J. Norval ② F. W. Ogilvie
③ P. Defert ④ A. Mariotti

12 ABC World Airway Guide는 다음 중 어느 것을 기준으로 편성한 것인가?

① 도착지를 기준으로 한 것이다.
② 출발지를 기준으로 한 것이다.
③ 두 가지를 함께 기준으로 한 것이다.
④ 각 항공회사가 편성한 항공시각표를 기준으로 한 것이다.

13 관청에서 발행하는 증명서를 제시하고 숙박했던 초기의 숙박시설은?

① 인(Inn) ② 캐러밴서리(Caravansary)
③ 맨션(Manstiones) ④ 로징(Lodging)

14 다음 관광사업의 특성 중 거리가 먼 것은?

① 경립성 ② 입지 의존성
③ 효용성 ④ 매체성

15 다음 중 관광마케팅의 STP전략에 관한 설명으로 옳지 않은 것은?

① T는 Target을 의미한다.
② S는 Segmentation을 의미한다.
③ P는 Positioning을 의미한다.
④ P는 Pricing을 의미한다.

16 Plate Service로도 불리며, 고객의 주문에 따라 주방에서 조리된 음식을 접시에 담아 나가는 서비스는?

① American Service ② Russian Service
③ French Service ④ Counter Service

17 국제회의 및 인센티브 단체 유치 · 개최지원, 국제기구와의 협력활동 등을 통해 MICE 산업을 종합적으로 지원하고 국가관광기구라고도 하는 기관은?

① 한국관광공사 ② 한국관광협회중앙회
③ 한국외국인관광시설협회 ④ 한국관광호텔업협회

18 다음 국제회의 종류 중 제시된 안건에 대해 전문가들이 연구 결과를 중심으로 다수의 청중 앞에서 벌이는 공개 토론회는?

① 포럼 ② 클리닉
③ 콩그레스 ④ 심포지엄

19 다음 중 우리나라 컨벤션센터의 이름과 소재 지역이 바르게 연결된 것은?

① BEXCO – 대전 ② CECO – 일산
③ EXCO – 대구 ④ KINTEX – 창원

20 다음에서 발포성 와인(Sparkling Wine)으로만 묶여진 것은?

ㄱ. Champagne	ㄴ. Rot Wein	ㄷ. Shiraz
ㄹ. Spumante	ㅁ. Sekt	ㅂ. Riesling

① ㄱ, ㄴ, ㄷ ② ㄱ, ㄴ, ㄹ
③ ㄱ, ㄹ, ㅁ ④ ㄱ, ㅁ, ㅂ

21 우리나라 최초의 관광법규인 관광사업진흥법이 제정된 연도는 언제인가?

① 1961년 ② 1962년
③ 1963년 ④ 1964년

22 관광마케팅 기본 개념의 시대별 변천 순서를 올바르게 나열한 것은?

ㄱ. 제품지향 개념	ㄴ. 사회적 마케팅지향 개념	ㄷ. 판매지향 개념
ㄹ. 생산지향 개념	ㅁ. 마케팅지향 개념	

① ㄱ－ㄷ－ㄹ－ㅁ－ㄴ ② ㄱ－ㄹ－ㄷ－ㄴ－ㅁ
③ ㄹ－ㄷ－ㄱ－ㄴ－ㅁ ④ ㄹ－ㄱ－ㄷ－ㅁ－ㄴ

23 관광상품 유형 중 핵심상품(Core Product)에 관한 설명으로 옳지 않은 것은?

① 고객이 상품을 구매할 때 추구하는 편익이나 효용을 의미한다.
② 보장, 보증, 배달 등을 포함한다.
③ 가장 기초적인 차원이다.
④ 고객의 욕구를 충족시켜주는 본질적 요소이다.

24 관광의 사회 · 문화적 영향으로 옳지 않은 것은?

① 여성의 지위 향상
② 지역 문화 및 교육 시설의 개선
③ 교통 체증, 혼잡 및 소음
④ 지역의 전통적 관습, 가치관의 변화

25 공항에서 고객을 영접, 영송하기 위해 파견되거나 고객의 수화물을 인수하는 서비스는?

① Porter Service ② Paging Service
③ Room Service ④ Meeting Service

정답 및 해설

ANSWER

01 ①	02 ④	03 ①	04 ③	05 ②	06 ③	07 ②	08 ②	09 ③	10 ④
11 ④	12 ②	13 ③	14 ③	15 ④	16 ①	17 ①	18 ④	19 ③	20 ③
21 ①	22 ④	23 ②	24 ③	25 ①					

02. ①, ②, ③은 항공관련 기구, ④는 여행업관련 기구이다.

03. ① 왕복운임
② 공시운임
③ 특별운임
④ 직행운임

04. ①, ②, ④는 양조주다.

05. ② Outbound업무 내용이다.

07. ① 대리점관리위원회

08. ② 질적예측방법, 정성적예측방법이라고도 하며, 장기미래수요예측방법이다.

09. ③ 선택관광을 말한다.

10. ④ 한계소비성향으로 산출한다.

11. ④ 1927년 '관광경제강의'라는 최초의 저서를 발표했다.

12. ① 도착지를 기준으로 편성한 것은 OAG이다.

13. ③ 로마시대의 숙박시설이다.

17. ① 우리나라의 NTO이다.

19. ① BEXCO – 부산
② CECO – 창원
④ KINTEX – 일산

20. ③ Champagne : 프랑스, Spumate : 이탈리아, Sekt : 독일의 발포성 와인이다.

24. ③ 부정적 영향이다.

Test 15

01 여행 시 구비서류가 아닌 것은?

① 여권　　② 비자
③ Yellow Card　　④ 병역확인서

02 호텔의 할인요금과 거리가 먼 것은?

① Complimentary Rate　　② Season off Rate
③ Commercial Rate　　④ Guide Rate

03 19세기 유럽인들의 관광열은 대단했던 것으로 전해진다. 라인 강변과 중세의 유적을 중심으로 고적관광 및 자연풍경 관광의 길잡이가 되게 한 여행안내서의 저자는 누구인가?

① J. Murray　　② T. Cook
③ P. Bernecker　　④ K. Baedecker

04 호텔의 이중예약 방지책과 관계없는 것은?

① Stock Card　　② Guest History Card
③ Block Card　　④ Resistration Card

05 AAB란?

① IATA의 대리점 관리위원회　　② IATA의 대리점 심사위원회
③ OECD의 관광개발 위원회　　④ WTO의 집행위원회

06 "Right of Travel"을 주장한 내용과 관계가 깊은 것은?

① 마닐라 선언　　② UN
③ OECD　　④ WTO

07 구미지역의 관광객을 모집하기 위한 조직은?

① ASTA　　② ATMA
③ PATA　　④ ISTA

08 Grand Tour란 무엇인가?

① 17C ~ 18C의 미국인들의 여행
② 18C 후반부터의 유럽인들의 여행
③ 15C ~ 16C의 미국 · 유럽인들의 여행
④ 19C 이후의 유럽인들의 여행

09 마지막 단계를 손님 앞에서 직접 요리하는 Service는?

① American Service ② English Service
③ French Service ④ Russian Service

10 다음 중 우리나라 호텔 건립의 순서로 맞는 것은?

① 손탁호텔 – 대불호텔 – 신의주호텔 – 조선호텔
② 신의주호텔 – 손탁호텔 – 대불호텔 – 하남호텔
③ 대불호텔 – 손탁호텔 – 신의주호텔 – 조선호텔
④ 대불호텔 – 신의주호텔 – 조선호텔 – 손탁호텔

11 생선요리에 가장 어울리는 Wine은?

① Rhine Wine ② Port Wine
③ Sherry ④ Vermouth

12 관광사업에 투자할 경우 자본수익성을 계산하는 공식은 다음과 같다. ( )에 들어갈 적합한 항목은?

총매출 – 총비용 / ( ) = 자본수익성

① 총매출액 ② 매출원가
③ 당기 순이익 ④ 총투자액

13 다음 중 호텔에서 고객의 만족도를 측정하는 수단으로 적합하지 않은 것은?

① Questionnaire ② Comment Cards
③ Proposed Index ④ Registration Cards

14 호텔 객실요금 결정 방법을 개발한 사람은?

① E. M. Statler ② Hubbart
③ Hilton ④ K. Wilson

15 관광기업 경영인이 추구해야할 기업 경영의 목표와 수단은 다음 중 어느 것인가?

① 목표의 윤리성 · 수단의 규범성
② 목표의 수단성 · 수단의 목표성
③ 목표의 규범성 · 수단의 과학성
④ 목표의 정직성 · 수단의 정확성

16 다음 중 관광자 행동에 영향을 미치는 사회 · 문화적 요인으로 옳지 않은 것은?

① 준거집단
② 역할과 가족 영향
③ 도시화 현상
④ 사회계층

17 다음 중 우리나라에서 여권법 상 발급되고 있는 여권이 아닌 것은?

① 일반여권
② 관용여권
③ 공용여권
④ 외교관여권

18 다음의 표적시장 선정전략은?

A여행사는 남성 관광객에게는 스키투어, 여성 관광객에게는 쇼핑투어를 옵션 관광상품으로 개발하려는 전략을 수립하였다.

① 고도화
② 차별화
③ 집중화
④ 단순화

19 다음 여행사 중 상품판매 특성이 다른 것은?

① 하나투어
② 모두투어
③ 한진관광
④ 넥스투어

20 호텔의 경영 형태에 관한 설명으로 옳지 않은 것은?

① 조인트 벤처(joint venture) : 주로 자본제휴를 통해 호텔을 운영하는 것으로 Sheraton호텔이 대표적이다.
② 리퍼럴 그룹(referral group) : 독립 호텔들이 상호 연합하여 운영하는 공동경영방식으로 Best Western호텔이 대표적이다.
③ 위탁경영호텔(management contract hotel) : 경영 노하우를 가진 호텔이 계약을 통해 다른 호텔을 경영하는 방식으로 Hilton 방식이라고도 한다.
④ 프랜차이즈 호텔(franchise hotel) : 경영 노하우를 소유한 가맹호텔(franchisee)들이 본부(franchisor)를 형성하여 운영하는 형태로 Hyatt호텔이 대표적이다.

21 우리나라의 전용 국제회의시설이 아닌 것은?

① KOTEX ② EXCO
③ BEXCO ④ COEX

22 우리나라 카지노 산업의 현황으로 옳지 않은 것은?

① 서울에는 외국인 전용 카지노가 3개 있다.
② 1967년 인천 올림포스호텔에 카지노가 최초로 개장되었다.
③ 외국인 출입이 가능한 카지노는 총 16개이다.
④ 강원랜드는 복합 카지노 리조트이다.

23 여행업의 변화를 기술한 것으로 거리가 먼 것은?

① 항공사 발권수수료에 대한 의존도 심화
② 인수 · 합병을 통한 여행업의 외적 성장 확대
③ 이종(異種) 경쟁업체의 등장
④ 여행사의 사회적 마케팅 대두

24 무사증체류(TWOV : Transit Without Visa)의 적용조건이 아닌 것은?

① 제3국으로 계속 여행할 수 있는 예약 확인된 항공권을 소지해야 한다.
② 제3국으로 계속 여행할 수 있는 여행서류를 구비해야 한다.
③ 상호 국가 간에 외교관계가 수립되어 있어야 한다.
④ 상호 국가 간에 사증면제 협정이 체결되어 있어야 한다.

25 여행사가 만든 패키지 여행상품의 유통과정에 포함되지 않는 것은?

① 여행사 ② 홈쇼핑 매체
③ 지상수배업자 ④ 온라인 마켓 플레이스

정답 및 해설

ANSWER

01. ④	02. ①	03. ④	04. ②	05. ①	06. ①	07. ③	08. ②	09. ③	10. ③
11. ①	12. ④	13. ④	14. ②	15. ③	16. ③	17. ③	18. ②	19. ④	20. ④
21. ①	22. ③	23. ①	24. ④	25. ③					

01. ④ PVS라고 한다.

02. ① 무료요금이다.

03. ① 여행편람 저자(1849년)

04. ② 고객이력카드이다.

05. ②는 AIB라고 한다.

06. ① 1980년 UNWTO 제1차 세계관광대회 선언이다.

07. ① 미주여행업협회
② 아시아관광마케팅협회
④ 국제관광유람협회

08. ② 교양관광의 시대라고도 한다.

09. ③ Gueridon서비스라고도 한다.

10. ③ 1888년 – 대불호텔, 1902년 – 손탁호텔, 1909년 – 하남호텔, 1912년 – 신의주호텔, 1914년 – 조선호텔

11. ① White wine
② 포르투갈산 Red wine
③ 스페인산 백포도주(Aperitif wine)
④ 이탈리아산 백포도주(Aperitif wine)

13. ④ 숙박 등록 시 작성서류이다.

16. ③ 문화와 하위문화가 추가된다.

19. ④ On line 여행사이다.

20. ④ 우리나라에서는 쉐라톤워커힐 호텔이 대표적이다.

21. ② 대구
③ 부산
④ 서울

22. ③ 17개이다.

23. ① 약화되고 있다.

24. ④ 사증면제 협정이 체결되어 있으면 비자발급을 안 받아도 된다.

25. ③ 관광 목적지에서 해외관광객들이 이용할 시설을 예약 · 확보하는 여행사이다.

Test 16

01 여행업에 있어서 부수적인 업무란?

① 관광객의 서신이나 전보와 같은 것을 관광객을 대신하여 발송하는 일
② 관광객을 위하여 숙박시설과 운송시설을 알선하는 일
③ 관광객에게 토산품과 기념품을 알선하여 구입하게 하는 일
④ 자동차, 선박, 항공기를 알선하여 편의를 제공하는 일

02 다음 중 수요의 유형이 아닌 것은?

① Induce demand
② Latent demand
③ Effective demand
④ Regular demand

03 관광객의 흡인력 저하를 가져오지 않는 가장 적당한 관광지의 넓이는?

① 반경 100m 범위
② 반경 200m 범위
③ 반경 450m 범위
④ 반경 1km 범위

04 관광지에서 성수기와 비수기의 수요수준 차이를 줄이기 위해 차별 가격제도를 도입하는 것은 (　　) 에 대한 고객의 가치인식을 전제로 이루어지는 것이다. (　　)에 가장 적당한 말은?

① 관광효과
② 가격
③ 관광가치
④ 시간

05 현재 우리나라의 관광정책상 국제관광과 국내관광을 구분하는 기준은?

① 생활양식 표준주의
② 거주지 표준주의
③ 소비화폐 표준주의
④ 국적 표준주의

06 관광수요 예측의 방법으로서 질적 접근법에 해당되지 않는 것은?

① 역사적 예측방법
② 중력모형
③ 전문가 패널
④ 델파이 방법

07 거리제도에 의해 운임을 계산하기 위한 요소가 아닌 것은?

① 최대허용거리
② 최소허용거리
③ 발권구간거리
④ 초과할증거리

08 식탁에서 고기 나이프(meat knife)와 생선 나이프(fish knife)가 서비스 접시를 중심으로 하여 바르게 놓인 것은?

① 중앙의 우측으로 meat knife, fish knife 순으로
② 중앙의 우측으로 fish knife, meat knife 순으로
③ 중앙의 좌측으로 fish knife, meat knife 순으로
④ 중앙의 좌측으로 meat knife, fish knife 순으로

09 다음 중 항공여객 운송의 좌석이용률을 나타내는 말은?

① Flight Attendant ② Occupancy Rate
③ Management ④ Load Factor

10 Chain호텔의 효시는?

① Hilton 호텔 ② Holiday Inn
③ Ritz 호텔 ④ Ramada Inn

11 여행편람을 쓴 사람은?

① J. Murray ② A. Bormann
③ K. Baedecker ④ Thomas cook

12 소비자 행동의 단순 모형을 고려할 때 다음 빈 칸에 들어갈 단계는 무엇인가?

Tension State → Thinking → (　　) → Evaluation

① Stimuli ② Response
③ Motivation ④ Feed-Back

13 외국인 관광객 유치를 위한 노력이 아닌 것은?

① 한국방문의 해 사업 ② 관광특구 조성
③ 비자발급정책 강화 ④ 국제관광 협력 증진

14 우리나라 저가항공사(LCC)의 코드가 잘못 연결된 것은?

① 진에어 – JNA ② 에어부산 – ABL
③ 이스타항공 – ESL ④ 티웨이항공 – TWB

15 관광호텔 경영의 3요소로 올바른 것은?

① 서비스화, 판매화, 과학화
② 정확, 단정, 과학화
③ 정확, 청결, 서비스
④ 신속, 정확, 단정

16 관광호텔의 기본 객실은?

① Single Room
② Double Room
③ Twin Room
④ Suite Room

17 Sirloin Steak는 쇠고기 어느 부분의 요리인가?

① 안심 부분
② 허벅지 부분
③ 허리등심 부분
④ 갈비등심 부분

18 관광소비 승수효과의 승수가 국가마다 다르게 나타나는 이유는?

① 민족문화가 다르다.
② 한계저축성향이 다르다.
③ 한계효율이 다르다.
④ 한계소비성향이 다르다.

19 House Keeping 부서에 속하지 않는 것은?

① Room Service
② House man
③ Room maid
④ Linen woman

20 국민관광 진흥을 위한 노력이 아닌 것은?

① 복지관광 지원
② 노동시간 확대
③ 관광인력 양성
④ 국내관광 수용태세 개선

21 다음 중 관광객의 의사결정이 올바르게 나열된 것은?

㉠ 관광욕구와 필요성	㉡ 관광활동
㉢ 목적지 · 형태 등 선택 · 결정	㉣ 정보수집과 평가
㉤ 만족 · 불만족 평가	

① ㉠ – ㉢ – ㉡ – ㉣ – ㉤
② ㉠ – ㉡ – ㉣ – ㉢ – ㉤
③ ㉠ – ㉡ – ㉢ – ㉣ – ㉤
④ ㉠ – ㉣ – ㉢ – ㉡ – ㉤

22 다음 중 관광의 발전요인이 아닌 것은?

① 물가의 상승 ② 교통수단의 발달
③ 여가시간의 증가 ④ 대중매체의 발달

23 다음 중 우리나라 관광의 역사가 잘못 연결된 것은?

① 1960년대 – 국제관광공사 설립
② 1970년대 – 관광기본법 제정
③ 1980년대 – 서울올림픽 개최
④ 1990년대 – 인천 아시안게임 개최

24 다음 중 외국관광객 유치를 위한 국제관광 진흥정책으로 옳지 않은 것은?

① 입국절차 강화 ② 여행시설 확충
③ 해외홍보 강화 ④ 관광상품 개발

25 관광관련 기구의 약어와 조직명이 바르게 연결된 것은?

① IATA – 경제협력개발기구
② WATA – 세계여행업자협회
③ PATA – 세계관광기구
④ ASTA – 아시아 · 태평양관광협회

정답 및 해설

ANSWER

01 ①	02 ④	03 ③	04 ②	05 ④	06 ②	07 ②	08 ①	09 ④	10 ③
11 ①	12 ③	13 ③	14 ③	15 ①	16 ③	17 ③	18 ④	19 ①	20 ②
21 ④	22 ①	23 ④	24 ①	25 ②					

01. ① 서비스차원에서 제공하는 업무이다.

02. ① 유도수요
② 잠재수요
③ 유효수요

03. ③ 만보관광을 말한다.(900m 이내 도보관광)

04. ② 비수기할인

06. ② 양적접근법이다.

07. ① MPM
③ TPM
④ EMS

09. ④ 항공운송사업에서 손익분기점이 토대가 된다.

11. ③ 1829년 여행안내서 저자이다.

14. ③ ESR이다.

15. ① Service, Sales, Science

16. ③ 2인용객실이다.

19. ① 식음료 소속이다.

23. ④ 2014년에 개최되었다.

24. ① 입국절차의 강화는 여행객들에게 불편함을 준다.

25. ① IATA – 국제항공운송협회, OECD – 경제협력개발기구
③ PATA – 아시아 · 태평양관광협회, UNWTO – 세계관광기구
④ ASTA – 미주여행업협회, PATA – 아시아 · 태평양관광협회

Test 17

01 웨이터가 주방에서 음식을 대형쟁반에 담아서 식당까지 운반하고 트레이 스탠드(Tray Stand)에 의해서 음식을 제공하는 식당 서비스의 방식은?

① American Service
② Plate Service
③ Family Service
④ English Service

02 관광마케팅 믹스 변수 조작 시 통제 불능요소에 해당되는 것은?

① NTO의 역할
② 경기동향
③ 출입국 관리
④ 선전 · 광고

03 여행증명서에 관한 내용으로 옳지 않은 것은?

① 6개월 이내의 유효기간
② 출국하는 무국적자에게 발행
③ 해외입양자에게 발행
④ 여권을 분실한 국외여행자로 여권 발급을 기다릴 시간적 여유 없이 긴급히 귀국해야 할 필요가 있는 자에게 발행

04 호텔요금 중 Complimentary Rate란?

① Off시즌에 판매촉진을 위한 할인요금
② 장기 숙박자 할인요금
③ 불평을 하는 손님에게 해주는 할인요금
④ 고객을 위한 무료 요금

05 관광마케팅은 관광객의 욕구만족을 최종적으로 실현시키기 위해 관광서비스 상품에 대하여 시간적, (　　) 효용을 창출함으로써 관광산업의 영업목표를 달성하는 수단이다. (　　) 안에 적당한 말은?

① 장소적
② 가치적
③ 경제적
④ 심리적

06 다음 중 여행사에서 가장 원하는 여행형태는 어떤 것인가?

① 템버린형
② 피스톤형
③ 안전형
④ 스푼형

07 프랜차이즈 시스템(Franchise System)으로 호텔사업에서 성공한 사람은?

① Kemnons Wilson ② Ellsworth Statler
③ Conrad. N. Hilton ④ Willard Marriott

08 다음에서 호텔회계 기능에 속하지 않는 것은?

① 보전적 기능 ② 관리적 기능
③ 재무적 기능 ④ 보고적 기능

09 해외광고의 AIDCA란?

① 흥미 – 주의 – 행동 – 기억 – 욕망 ② 주의 – 흥미 – 욕망 – 확신 – 행동
③ 주의 – 흥미 – 욕망 – 기억 – 행동 ④ 흥미 – 주의 – 욕망 – 확신 – 행동

10 항공운임에서 두 지점 간의 최단운임이며, 다른 운임에 비해 우선적용 원칙을 적용하는 운임은?

① Direct fare ② Published fare
③ Special fare ④ Normal fare

11 여가계층론은 누가 주장했나?

① F. W. Oglivie ② R. Kraus
③ T. Veblen ④ Borght

12 관광자원의 잠재력 평가 기법 중 입지인자 조사를 위한 기본조사 방법은?

① Ecological Approach ② Mapping method
③ Resource based approach ④ Mesh method

13 다음 중 관광사업의 특성으로 거리가 먼 것은?

① 영업성 ② 공익성
③ 변동성 ④ 복합성

14 최근 외래관광객이 한국을 관광할 때 가장 문제가 되는 것은?

① 안내표지판 ② 언어소통의 불편
③ 교통 혼잡 ④ 비싼 물가

15 한국 관광에서 외래객 유치촉진을 위한 방안 중 옳지 않은 것은?

① 중국비자 간편화 ② 호텔영세율 적용
③ 출입국절차 개선 ④ 보안제도 강화

16 다음 중 관광이 미치는 영향 중 옳지 않은 것은?

① 국제수지 개선 ② 범죄율 증가
③ 이직율이 타 직종에 비해 낮음 ④ 국민경제 향상

17 다음 전채요리의 설명 중 옳지 않은 것은?

① 식사 순서에서 제일 먼저 제공된다.
② 대부분 차가운 요리가 제공된다.
③ 요리양이 적다.
④ 입맛을 돋우기 위해 짠맛, 단맛의 특징이 있어야 한다.

18 민간주도형 관광개발의 문제점이 아닌 것은?

① 운영이 비효율적이다.
② 지역주민들의 의사배제 가능성이 높다.
③ 비영리적인 부분에 대한 투자가 낮다.
④ 이익의 외부유출이 높다.

19 다음 중 여행사의 Inbound 수배업무가 아닌 것은?

① 숙박시설 예약 ② 공항 미팅서비스
③ 항공권 예약 ④ 현지 관광

20 손님이 거실과 객실이 분리된 방을 원하면 호텔종사원이 추천해야 할 객실은?

① Single Room ② Twin Room
③ Suite Room ④ Studio Room

21 다음 중 외향성 관광객(allocentric)에 대한 설명 중 옳은 것은?

① 대규모 관광단지의 숙박시설을 선호한다.
② 안전하고 잘 알려진 목적지를 선호한다.
③ 기반시설이 잘 갖추어진 곳을 선호한다.
④ 새롭고 이국적인 분위기와 문화를 접할 수 있는 장소를 선호한다.

22 리조트와 관광지의 차이로 옳지 않은 것은?

① 리조트는 중 · 장기 체재형, 관광지는 단기 경유형이 많다.
② 리조트는 휴양 목적, 관광지는 방문 목적
③ 리조트는 재방문이 약하고, 관광지는 재방문이 강하다.
④ 리조트의 입지는 자연이 수려한 곳에 위치, 관광지는 역사, 문화, 유적이나 관광명소에 위치

23 다음 중 크루즈 관광의 특징이 아닌 것은?

① 여행객은 기항지마다 자신의 모든 수하물을 가지고 내려야 한다.
② 순수관광이 목적이다.
③ 주요 항구, 유명관광지를 운항한다.
④ 운항 승선기간이 수일에서 수개월로 장기적이다.

24 2018년 기준 관광동향에 관한 연차보고서에 따른 관광수입이 가장 높은 나라의 순서로 맞는 것은?

① 미국 – 스페인 – 프랑스 – 태국
② 미국 – 프랑스 – 스페인 – 중국
③ 스페인 – 미국 – 프랑스 – 이탈리아
④ 스페인 – 프랑스 – 미국 – 중국

25 다음 중 CIQ에 해당되지 않는 것은?

① 세관검사
② 출입국 심사
③ 보안 검색
④ 검역

정답 및 해설

ANSWER

01 ①	02 ②	03 ①	04 ④	05 ①	06 ①	07 ①	08 ③	09 ②	10 ②
11 ③	12 ②	13 ①	14 ②	15 ④	16 ③	17 ④	18 ①	19 ③	20 ③
21 ④	22 ③	23 ①	24 ①	25 ③					

01. ① 음식을 담은 접시가 대형쟁반에 담긴다는 내용이 생략된 문장이다.

07. ① Holiday Inn의 창업자이다.

09. ② Memory(기억)가 들어가 AIDMA라고도 한다.

10. ② 공시운임 우선적용의 원칙이다.
① 직행운임
③ 특별운임
④ 정상운임

12. ② 지리적 접근법
① 생태학적 접근법
③ 자원에 기초한 접근법
④ 망분석법

14. ② 2013년에는 언어소통의 불편이 45.2%였다.

15. ② 호텔영세율 적용은 객실요금에 부가세를 부과하지 않는다는 것이기 때문에 요금인하의 효과가 나타난다.

16. ③ 이직률이 비수기와 서비스업종의 특성 때문에 높게 나타난다.

17. ④ 단맛은 소화촉진에 도움이 된다.

18. ① 운영이 효율적이다.

19. ③ Outbound업무이다.

20. ③ 호화객실이다.
① 1인용 침대가 1개 있는 1인용 객실
② 1인용 침대가 2개 있는 2인용 객실
④ 낮에는 소파, 밤에는 침대로 변형시킬 수 있는 침대가 있는 객실

21. ①, ②, ③은 안전지향형 관광객에 대한 설명이다.

22. ③ 반대설명이다.

23. ① 일시 하선하기 때문에 수하물은 선내에 둔다.

Test 18

01 다음 중 관광사업에 있어서의 부가가치에 대한 서술로 거리가 먼 것은?

① 관광사업에 투입된 노동, 토지, 자본, 경영활동의 몫에 대한 분배이다.
② 관광사업으로 창출된 임금, 지대, 이자 수익의 합계이다.
③ 관광사업의 각 생산과정에서 새로 창출된 소득이다.
④ 관광사업의 각 생산과정에서 총 산출로부터 중간소비와 자본재의 감가상각을 제외한 금액이다.

02 관광대상의 특징으로 부적당한 것은?

① 관광객의 관광욕구나 동기를 일으키는 매력을 지닌다.
② 관광자원과 관광시설로 구성되어 있다.
③ 시대가 변하더라도 가치는 변하지 않는다.
④ 관광객의 관광행동을 유발하는 유인성을 지닌다.

03 다음 중 관광사업에서 소득 승수효과가 가장 크게 나타나는 경우는?

① 한계세율이 높을 때
② 이자율이 높을 때
③ 한계저축성향이 높을 때
④ 한계소비성향이 높을 때

04 다음 중 관광객 소비지출을 높여 관광사업의 유효수요를 증가시키는 경우는?

① 근로소득세의 면세점 인상
② 관광사업의 부가가치세율 인상
③ 관광사업의 특별소비세율 인상
④ 누진세율 인상

05 다음 중 관광기반시설에 포함되지 않는 것은?

① 주차장시설
② 케이블카
③ 숙박시설
④ 공항시설

06 원화가 평가절상 되었을 때 국제관광에서의 직접적인 효과는?

① 출국자 증가
② 국민소득 창출
③ 국제수지 개선
④ 국제친선

07 다음 직종 중 외화획득 효과가 가장 높다고 할 수 있는 것은?

① 관광통역안내사(Tour Guide) ② 국외여행 인솔자(Tour Conductor)
③ 랜드가이드(Land Guide) ④ 투어리더(Tour Leader)

08 다음 중 여행업의 업무로 적당하지 않은 것은?

① 항공권 및 호텔의 예약과 대매 ② 여행 상담과 여행계획 수립
③ 해외여행을 위한 비자 발급 ④ 여행상품 개발과 판매

09 다음 중 여행업의 경영상 특징으로 적당하지 않은 것은?

① 계절적인 수요변화가 심하다.
② 고정자본의 투자가 적다.
③ 인력의 질에 대한 의존도가 높다.
④ 정보기술 보다는 인적서비스의 의존도가 높다.

10 여행업체의 인터넷 이용을 통한 효과로 부적당한 것은?

① 홈페이지를 이용한 여행사 마케팅 · 홍보
② 인터넷 예약시스템을 활용한 매출 증대
③ 여행정보 습득을 통한 관광지 이해 도모
④ 온라인 회원제를 통해 잠재고객에게 지속적인 여행정보 제공

11 다음 여행자와 여행업자의 보호를 위한 기구나 제도 중 한국에서 시행되고 있는 것은?

① 여행영업 보증금 예치 ② 여행분쟁 조정원
③ 국민여행 생활센터 ④ 여행공제회

12 여행자수표(Traveler's Check)에 관한 다음 설명 중 옳지 않은 것은?

① 외화표시의 정액수표이다.
② 여행 중 사용한 비용을 추후 지불한다.
③ 은행이 발행하는 수표이다.
④ 사용할 때 자필 서명을 해야 한다.

13 항공사 경영상 손익분기점 분석의 기초가 되는 것은?

① Load Factor ② Management Factor
③ Boarding Card ④ Room Occupancy

14 다음 중 주제공원(Theme Park)의 특성이 아닌 것은?

① 통합성 ② 문화성
③ 체험성 ④ 획일성

15 다음 중 2014년 방한 관광객의 특징이 아닌 것은?

① 아시아 지역의 관광객이 80%를 차지한다.
② 여성관광객이 남성관광객보다 많다.
③ 상용, 공용목적의 외래객이 크게 증가했다.
④ 중국관광객이 급증했다.

16 초과예약으로 손님을 다른 호텔로 정중하게 안내하는 서비스는?

① Valet Service ② Turn away service
③ Turn down service ④ Up grade service

17 중세시대 관광에 대한 설명으로 옳지 않은 것은?

① 예루살렘, 로마 제국, 등 성지순례 형태의 종교관광이 주류를 이루었다.
② 십자군 원정으로 동양과의 교통이 열리면서 문화교류가 활발하게 이루어졌다.
③ 귀족자녀들과 지식인들이 지식과 견문을 넓히기 위한 유럽여행이 성행하였다.
④ 마르코폴로의 동방견문록으로 신천지, 동양 문물에 대한 강한 호기심이 증대하였다.

18 2018년 국내를 방문한 외국인의 1인당 소비액이 가장 큰 나라의 순서로 맞는 것은?

① 중국 〉 러시아 〉 중동 ② 일본 〉 중국 〉 중동
③ 중국 〉 중동 〉 싱가포르 ④ 몽골 〉 중국 〉 중동

19 최근 관광시장의 동향에 대한 설명 중 옳은 것은?

① 2011년 외래관광객의 수가 1000만 명을 돌파하였다.
② 방한 외래관광객이 2003년부터 최근 12년 간 지속적으로 증가하였다.
③ 2010년 해외여행은 소비위축으로 일시적으로 저조했지만 2011년 다시 증가추세를 보였다.
④ 쇼핑관광매력, 한류확산 등으로 2009년부터 4년간 연속 두 자리 수 성장률을 기록했다.

20 관광상품의 소멸성적 특성을 극복하기 위한 방안으로 옳지 않은 것은?

① 서비스 가격의 차별화 ② 비수기 수요 개발
③ 예약 시스템 도입 ④ 고(高)가격 정책의 유지

21 여행상품의 특징으로 옳지 않은 것은?

① 생산, 소비의 동시완결성이다.
② 복합성의 특징을 갖는다.
③ 수요가 항상 일정하다.
④ 서비스산업이라 한다.

22 관광정책의 조정과 관광경제 발전협력을 위해 세계 각국의 정부기관이 회원으로 가입되어 있는 국제 관광 기구는?

① OECD
② PATA
③ ASTA
④ UNWTO

23 관광마케팅에 있어서 미시적 환경요인이 아닌 것은?

① 관광공급자
② 관광법규
③ 관광객
④ 관광기업

24 Social Tourism의 정책이 아닌 것은?

① 무급휴가제를 실시한다.
② 시차휴가제로 여행 계절을 연장한다.
③ 여행경비를 절감시킨다.
④ 유스호스텔, 가족호텔 등을 많이 확충시킨다.

25 다음 중 단기미래 수요예측 방법이 아닌 것은?

① 회귀분석법
② 중력모형
③ 시계열 분석법
④ 역사적 예측방법

정답 및 해설

ANSWER

01 ①	02 ③	03 ④	04 ①	05 ③	06 ①	07 ①	08 ③	09 ③	10 ③
11 ①	12 ②	13 ①	14 ④	15 ③	16 ②	17 ③	18 ④	19 ④	20 ④
21 ③	22 ④	23 ②	24 ①	25 ④					

01. ① 몫에 대한 합계이다.

02. ③ 상대성이다.

04. ① 근로자의 소득세 면세점(點) 인상은 소비를 증가시킨다.

05. ③ 상부시설이다.

07. ① Inbound 업무

08. ③ 해외여행 비자발급은 행정기관의 업무이다.

09. ③ 인력의 질이 아니고, 인적의존도가 높다.

10. ③ 여행사 홈페이지에서는 여행사의 상품에 대한 정보 등만 얻을 수 있다.

11. ① 그밖에 보증보험 가입, 공제가입 등이 있다.

12. ② 현금이나 마찬가지인 유가증권이다.

13. ① 좌석이용률이라 한다.

14. ④ 비일상성, 배타성, 테마성 등이 추가된다.

15. ③ 관광목적이 증가하고 있다.

16. ① 주차서비스, 단추를 꿰매주는 등의 응급서비스이다.
③ Room Maid가 오후 시간대에 객실에 가서 침대를 정리해주는 서비스

17. ③ Grand Tour(교양관광의 시대) 시대의 설명이다.

18. ④ 몽골(2,069.6$) – 중국(1,887.4$) – 중동(1,776.6$) – 인도(1,548.2$)

19. ④ 2009년 ~ 2012년까지 두 자리수 성장률을 보였다.

21. ③ 수요가 계절에 따라 다르다.

22. ① 경제개발협력기구
② 태평양 · 아시아지역관광협회
③ 미국여행업협회

24. ① 유급휴가제이다.

25. ④ 장기미래 수요예측방법 · 질적 예측방법이다.

Test 19

01 제조업과 비교한 호텔업의 특징에 관한 다음 설명 중 적당하지 않은 것은?

① 제조업에 비해 고정자산에 대한 투자비율이 높다.
② 제조업에 비해 고정자산에 대한 내용연수가 길다.
③ 제조업에 비해 고정자산에 대한 회전율이 낮다.
④ 제조업에 비해 노동장 비율이 높다.

02 다음 중 체인호텔의 특성으로 거리가 먼 것은?

① 호텔경영 독창성
② 호텔사업의 규모 확대
③ 호텔경영의 비용 절감
④ 호텔경영의 판매촉진

03 객실과 식사요금을 분리하여 계산하는 방식으로 우리나라 호텔에서 채택하고 있는 제도는?

① American Plan
② European Plan
③ Continental Plan
④ Dual Plan

04 호텔식사의 정식 순서로 올바른 것은?

① Appetizer → Beverage → Soup → Fish → Entree → Roast → Salad → Dessert
② Appetizer → Soup → Fish → Entree → Roast → Salad → Dessert → Beverage
③ Appetizer → Fish → Soup → Salad → Entree → Roast → Dessert → Beverage
④ Appetizer → Beverage → Soup → Fish → Salad → Entree → Roast → Dessert

05 다음 중 호텔에서 투숙객의 업무를 효과적으로 도와줄 수 있는 직책으로 거리가 먼 것은?

① 콘시어지(Concierge)
② 당직지배인(Duty Manager)
③ 소믈리에(Sommelier)
④ 포티에르(Portiere)

06 여객선이나 유람선 등 해상을 운항하는 배 안에 있는 숙박시설을 일컫는 말은?

① 플로텔(Floatel)
② 시포텔(Seaportel)
③ 요텔(Yaotel)
④ 보텔(Boatel)

07 다음 중 1945년 쿠바 하바나에서 설립된 기구로 항공관계 기구는?

① ASTA ② ICAO
③ IATA ④ OAA

08 최초로 항공마일리지 보너스 티켓제도를 실시한 항공사는?

① NWA ② KLM
③ TWA ④ AAL

09 다음 중 호텔업에서 조식 포함 요금제도는?

① 컨티넨탈식 제도 ② 유럽식 제도
③ 미국식 제도 ④ 혼용식 제도

10 우리나라 외식산업이 나아갈 발전방향으로 틀린 것은?

① 외국 외식업체에 과도한 로열티 지출 억제
② 막대한 외국자본 유치
③ 최신 경영기법 도입
④ 메뉴와 품질수준 향상

11 다음 중 탈현대화 사회에서의 관광 경향으로 거리가 먼 것은?

① 개인여행 증가 ② 재방문 증가
③ 다양화 ④ 근로시간 연장

12 관광마케팅의 특성과 거리가 먼 것은?

① 무형성 · 지각의 위험 ② 동시성 · 소멸성
③ 계절성 · 상징성 ④ 불변성 · 유형성

13 공항 거점에 바퀴축을 중심으로 바퀴살에 따라 여행하는 형태는?

① interline tour ② a point to point tour
③ hub and spokes ④ circle tour

14 저탄소관광으로 지역경제와 지역문화를 배려하는 관광은?

① 민족관광 ② 녹색관광
③ 대안관광 ④ 문화관광

15 미국에서 드라이브 인 레스토랑을 처음 개발한 사람은?

① 힐튼 ② 메리어트
③ 윌슨 ④ 스타틀러

16 2차관광개발 기본계획 상 도시별 개발방향의 목표가 틀린 것은?

① 서울 - 국제관광교류 중추도시 ② 대전 - 첨단과학특화 관광도시
③ 충북 - 중부내륙 관광휴양지역 ④ 대구 - 문화관광 산업도시

17 우리나라 행정기관과 담당업무 내용이 틀린 것은?

① 문화재 지정 및 관리 - 문화재청 ② 비자 자격 심사 - 외교부
③ 국립공원 지정 - 환경부장관 ④ 출입국 심사 - 법무부

18 여행에서 소외계층을 위한 여행은?

① Alternative Tourism ② New Tourism
③ Social Tourism ④ Mass Tourism

19 관광의 어원에 대한 자료가 아닌 것은?

① 역경 ② 고려사절요
③ 무림외사 ④ 스포팅 매거진

20 매슬로우의 욕구와 관광의 연결이 틀린 것은?

① 존경의 욕구 - 동료의식 ② 소속의 욕구 - 가족간의 화합
③ 자아실현 욕구 - 잠재능력 개발 ④ 생리적 욕구 - 휴식

21 UNIT PRODUCTS의 설명으로 틀린 것은?

① 여행사간에 거래되는 상품
② 항공편 · 숙박편 등과 기타상품을 따로 팔아서 책임소재가 불분명함
③ 항공편 · 숙박편 등을 큰 여행사로부터 매입한 후 추가상품을 결합하여 판매하는 것
④ 매입력이 약한 중소여행사에게는 상품기획력을 보완시켜주는 역할을 한다.

22 저가항공사의 정책이 아닌 것은?

① 항공기의 통일화 ② 서비스의 고급화
③ 좌석 배치밀집화 ④ 화물운송 배제

23 여행업자가 여행경비 산출 시 가격에 포함될 사항이 아닌 것은?

① 쇼핑 ② 숙박
③ 항공 ④ 식사

24 관광농장에 관한 설명 중 옳지 않은 것은?

① 농가의 소득증대 ② 여가와 농장 결합
③ 제조업화 ④ 산업관광의 형태

25 마케팅믹스의 4P 중 쿠폰을 나누어 주는 것은 무엇인가?

① 광고 ② 홍보
③ 인적판매 ④ 판매촉진

정답 및 해설

ANSWER

01 ②	02 ①	03 ②	04 ②	05 ③	06 ①	07 ③	08 ④	09 ①	10 ②
11 ④	12 ④	13 ③	14 ②	15 ②	16 ④	17 ②	18 ③	19 ③	20 ①
21 ②	22 ②	23 ①	24 ③	25 ④					

01. ② 수명이 짧다.

03. ① 1박 3식 제도
③ 1박 1식 제도
④ 혼용식

05. ③ 와인 웨이터이다.

07. ③ 1945년 설립되었다.

08. ④ 아메리카항공(AA)

09. ① 1박 1식 제도로서 유럽에서 많이 이용한다.

13. ③ 인천공항이 Hub공항이 된다.
① 항공사가 가맹대리점 직원을 초청해서 실시하는 여행
② 한 지점에서 다른 지점까지만 여행하는 형태
④ 주유여행을 말한다.

16. ④ 대구 – 동남권 역사문화관광 거점도시

17. ② 비자는 법무부에서 발급한다.

18. ③ 국민관광, 복지관광이다.
① 대안관광
② 새로운 관광
④ 대중관광

19. ① 동양에서의 어원
② 한국에서의 어원
④ 영국에서의 어원

20. ① 동료의식은 사회욕구이다(3단계).

21. ② 통합 판매하기 때문에 책임 소재가 불분명함

23. ① 사적경비이다.

25. ④ 4P 중 promotion의 종류이다.

Test 20

01 다음 중 여권에 대한 설명이 잘못된 것을 고르시오.

① 여권의 유효기간은 10년이다.
② 전자여권이라서 누구나 대리 신청 할 수 있다.
③ 칩이 있어 바이오정보, 신원 정보 등이 들어있다.
④ 여권에는 일반, 관용, 외교관 여권 등이 있다.

02 다음 중 한국이 가입한 국제기구를 전부 고르시오.

① PATA – ITA – ASTA – ATMA
② ASTA – ATMA – ITA – IHA
③ PATA – ASTA – ITA – ATMA
④ PATA – ASTA – IHA – ATMA

03 한국 관광의 역사 중 잘못된 것은?

① 최초의 호텔은 1888년 대불호텔이다.
② 1960년대에 교통부 육운국 관광과가 생겼다.
③ 1970년대에 외래 관광객 100만명이 넘었다.
④ 1980년대에 해외여행 완전 자유화가 되었다.

04 다음 중 연결이 잘못된 것은?

① 관광주체 – 관광객
② 관광객체 – 관광대상
③ 관광매체 – 관광사업
④ 관광객체 – 관광종사원

05 다음 중 관광정책 결정의 주체가 아닌 것은?

① 공공단체
② 지방자치단체
③ 관광사업체
④ 국가

06 관광의 어원 및 정의가 잘못된 것은?

① 동양에서의 관광이라는 말은 논어에서 처음 사용되었다.
② 서양에서는 스포팅 매거진에서 처음 사용되었다.
③ 다시 돌아올 것을 예정으로 떠나는 것이다.
④ 직업상의 이동은 관광이 아니다.

07 관광객의 여행에 대한 체험단계가 바르게 연결된 것은?

① 기대 - 계획 - 이동 - 참가 - 귀가 - 회상
② 계획 - 기대 - 참가 - 이동 - 귀가 - 회상
③ 기대 - 계획 - 참가 - 이동 - 귀가 - 회상
④ 계획 - 이동 - 참가 - 기대 - 귀가 - 회상

08 문화재 중 국보지정기준이 틀린 것은?

① 보물 중 특히 역사적, 학술적, 예술적 가치가 큰 것
② 보물 중 제작연대가 오래되고 특히 그 시대의 대표적인 것
③ 보물 중 제작의장이나 제작기술이 특히 우수하여 그 유례가 많은 것
④ 보물 중 형태, 품질, 제재, 용도가 현저히 특이한 것

09 다음 설명은 어떤 여행형태인가?

도전과 모험을 할 수 있고, 비용과 관계없는 교육적인 여행형태

① Special interest tour
② Incentive tour
③ Fam. tour
④ Interline tour

10 비자 없이 우리나라에 올 수 있는 나라는?

① 몽골
② 중국
③ 베트남
④ 바레인

11 다음 중 Inbound 수수료와 관계없는 내용은?

① 국제항공 수수료
② 카지노판매 수수료
③ 선택관광 수수료
④ 지상관광 수수료

12 다음 중 항공운임을 결정하고 항공코드를 지정하는 기구는?

① ICAO
② IATA
③ UNWTO
④ OAA

13 다음 중 입국절차로 맞는 것은?

① I-Q-C
② C-I-Q
③ Q-I-C
④ Q-C-I

14 4P이론을 주장하고, 마케팅 믹스를 만든 사람은?

① 매카시
② 하워드
③ 비트너
④ 드럭커

15 관광 마케팅 전략이 아닌 것은?

① 시장세분화 전략
② 표적화 전략
③ 포지셔닝 전략
④ 동시화 전략

16 지속가능한 관광개발의 내용이 아닌 것은?

① 방문자 관광경험의 질, 지역사회의 삶의 질, 환경의 질을 향상 보호한다.
② 국가의 삶의 질을 향상시킨다.
③ 관광산업, 환경지지자, 지역사회의 요구를 균형 있게 수용한다.
④ 기본적인 자연자원의 영속성과 지역사회의 문화에 대한 영속성을 보장한다.

17 다음 중 관광서비스 특징이 아닌 것은?

① 무형성
② 동질성
③ 동시성
④ 소멸성

18 다음 중 무형문화재 지정 범위가 아닌 것은?

① 회화, 무예
② 의식, 음식제조기술
③ 음악, 공예기술
④ 연극, 놀이

19 다음 중 항공권과 숙박을 묶어서 판매하는 패키지 상품을 무엇이라 하는가?

① interline sale
② airtel
③ optional tour
④ half made tour

20 테마관광의 종류가 아닌 것은?

① 의료관광
② 공연관광
③ 컨벤션투어
④ U-Tourpia 관광

21 다음 중 여행정보 평가 과정으로 올바른 것은?

① 여행관련 자료 – 적절성 – 신뢰성 – 정확성 – 여행정보
② 여행관련 정보 – 정확성 – 신뢰성 – 정확성 – 여행정보
③ 여행성보 – 석절성 – 신뢰성 – 정확성 – 여행관련 자료
④ 여행정보 – 정확성 – 적절성 – 신뢰성 – 여행관련 자료

22 '호텔객실 요금의 인상으로 수요가 감소하면 호텔수영장 이용객이 감소한다' 이런 관계를 무엇이라 하는가?

① 경쟁관계 ② 보완관계
③ 경립관계 ④ 대체관계

23 다음 중 협회 회의의 특징과 거리가 먼 것은?

① 회의 참가자수가 많다.
② 회의는 정기적으로 개최된다.
③ 계획과 준비기간이 짧다.
④ 리조트나 유명관광지가 회의장소가 된다.

24 다음 사항 중 판매를 할 수 있는 객실은 어느 것인가?

① House use Room ② Out of order Room
③ Complimentary Room ④ In order Room

25 다음 중 프랑스 와인산지로 옳은 것은?

① 라인, 모젤 ② 리오하, 안달루시아
③ 피에몬테, 토스카나 ④ 보르도, 부르고뉴

정답 및 해설

ANSWER

01 ②	02 ④	03 ②	04 ④	05 ③	06 ①	07 ①	08 ③	09 ①	10 ④
11 ①	12 ②	13 ③	14 ①	15 ④	16 ②	17 ②	18 ①	19 ②	20 ④
21 ①	22 ②	23 ③	24 ④	25 ④					

01. ② 전자여권으로 발급되기 때문에 본인만이 신청 가능하다.

02. ④ ITA는 국제관광연맹으로 1898년에 설립되었다.

03. ② 1954년에 관광과가 생겼다.

04. ④ 관광객체는 관광자원과 관광시설로 나눈다.

06. ① 주역 또는 역경이라고 한다.

08. ③ 유례가 적은 것이다.

09. ② 포상여행
③ 시찰초대여행
④ 항공사가 가맹 Agent를 초대해서 실시하는 여행

10. ①, ②, ③은 비자면제 협정이 체결되어 있어도 관광여권 소지자는 비자를 발급받고 입국해야 한다.

11. ① 항공권 발권수수료는 Outbound의 수수료이다.

13. ③ 출국절차는 C – I – Q이다.

15. ① ② ③은 STP전략이라고 한다.

16. ② 지방자치단체의 삶의 질을 향상시킨다.

18. ① 회화(그림)는 무형문화재가 아니다.

19. ① 항공사와 항공사 간에 항공권을 팔아주는 제도
③ 선택관광
④ 기획상품과 주문상품을 복합한 중간 형태이다.

20. ④ U-Tourpia사업이다.

23. ③ 대부분 2년 ~ 5년 전에 계획된다.

24. ① 공적으로 사용하는 객실
② 고장난 객실
③ 무료요금
④ 고장수리가 끝난 객실

25. ① 독일 와인산지
② 스페인 와인산지
③ 이탈리아 와인산지

Test 21

01 다음 중 고객이 외부에서 가져온 음료나 주류에 대해 마개를 따는 서비스만을 제공하는 것을 지칭하는 용어는?

① Corkage Service
② Full Service
③ Service Charge
④ Optional Charge

02 B&B(Bed & Breakfast)서비스 호텔과 가장 관계가 먼 것을 고르시오.

① 저렴한 비용으로 이용할 수 있다.
② 조식 제공을 한다.
③ 개별관광객이 이용하기에 편리하다.
④ 환전 서비스를 한다.

03 Dark Tourism과 관련된 사항으로 옳은 것은?

① 개발되지 않는 오지로 관광하는 것을 말한다.
② 빈곤과 기아, 환경파괴와 역사유적의 퇴화 등을 견학하고 그 개선과 보전을 도모하는 목적을 가진 관광
③ 재난과 참상지를 보며 반성과 교훈을 얻는 관광을 말한다.
④ 체험이나 경험하는 것을 목적으로 하는 관광형태이다.

04 2018년 한국관광공사에 신고한 외국인 관광 불편사항 중 순서가 맞는 것은?

① 쇼핑 – 택시 – 공항 및 항공 – 숙박
② 숙박 – 택시 – 공항 및 항공 – 종사원
③ 쇼핑 – 여행사 – 숙박 – 택시
④ 여행사 – 숙박 – 공항 및 항공 – 종사원

05 다음 사항 중 목적에 따른 관광의 종류로 거리가 먼 것은?

① 대안관광
② 종교관광
③ 쇼핑관광
④ 스포츠관광

06 근대여행의 아버지라 불리는 Thomas Cook과 관련된 사항으로 옳지 않은 것은?

① 전도사로서 신도 570명을 인솔하여 기차를 대절해서 금주운동대회에 참가하였다.
② 장거리 기선여행을 주최했다.
③ 세계 최초의 여행사를 만들었다.
④ T/C(여행자 수표)를 처음 사용하였다.

07 다음 사항 중에서 심리에 의한 수요로 발생되는 관광욕구로 옳지 않은 것은?

① 휴식, 휴양
② 일상생활에 대한 탈피
③ 관광명소
④ 여행욕구

08 다음 중 관할 행정부서와 업무의 내용으로 맞지 않은 것은?

① 법무부 – 관광객 비자 연장
② 외교부 – 여권 발급
③ 환경부 – 국립공원 및 도립공원 지정
④ 문화재청 – 문화재 지정

09 국제회의 유치 및 홍보와 관련해서 관계없는 용어는?

① CVB
② DOM
③ KTO
④ MICE

10 다음 사항 중 모리슨의 서비스 마케팅믹스 8P's와 관련 없는 것은?

ㄱ. PRICE	ㄴ. POLICY	ㄷ. PLACE
ㄹ. PARTNERSHIP	ㅁ. PROCESS	ㅂ. PRODUCT

① ㄱ, ㄷ
② ㄷ, ㄹ
③ ㄴ, ㅁ
④ ㄹ, ㅂ

11 다음 사항 중 여행업 설명이 잘못된 것은?

① 일반여행업이란 외국인과 내국인이 국내여행과 국외여행 업무를 할 수 있다.
② 국내여행업이란 내국인이 국내여행 업무를 할 수 있다.
③ 국외여행업이란 내국인이 국외여행 업무를 할 수 있다.
④ 국제여행업이란 외국인이 국내여행과 국외여행 업무를 할 수 있다.

12 다음 내용 중 Incentive tour의 설명으로 맞는 것은?

① 대기업이나 단체에서 영업실적 향상책의 일환으로 여행을 보내 주는 것이다.
② 항공회사가 가맹 Agent를 초대하여 실시하는 여행이다.
③ 통상요금보다 저렴하게 제공하는 여행이다.
④ 여행사에서 주최하는 여행이다.

13 다음 중 여행상품 가격 인상 요인으로 거리가 먼 것은?

① 항공요금　② 유통경로
③ 계절변화　④ 환율변동

14 산업관광자원에 대한 설명 중 옳지 않은 것은?

① 공업관광자원인 화장품 공장 등을 말한다.
② 농업관광자원인 목장, 농장 등을 말한다.
③ 산업관광자원은 기타 관광자원보다 업무기술이나 정보에 대한 철저한 보안시스템이 갖추어져야 한다.
④ 산업관광자원은 독일에서 시작되었다.

15 한국관광의 역사가 잘못 설명된 것은?

① 1990년대에 해외여행이 본격 실시되었다.
② 1970년대에 외래관광객 100만명을 유치했다.
③ 1900년대에 우리나라 최초의 근대적 시설을 갖춘 손탁호텔이 출현했다.
④ 1960년대에 관광사업에 대한 법적, 제도적인 기반이 확립됐다.

16 다음 사항 중 관광사업의 특징으로 옳은 것은?

ㄱ. 변동성	ㄴ. 계절성	ㄷ. 다양성	ㄹ. 저장성

① ㄱ, ㄴ　② ㄴ, ㄷ
③ ㄱ, ㄹ　④ ㄷ, ㄹ

17 관광통역 안내사의 업무내용으로 옳지 않은 것은?

① 여행 시 관광객이 제시하는 문제점을 감안하여 문제해결 방안을 찾도록 노력한다.
② 관광객이 출발지에서부터 목적지까지의 안전을 담보해야 한다.
③ 여행 시 관광객에게 관광자원에 대한 자세한 해설로 진행해야 한다.
④ 여행상품에 대한 기획, 개발을 해야 한다.

18 다음 중 호텔 HOUSE KEEPING 부서가 아닌 것은?

① Room Maid ② Concierge
③ House Man ④ House Keeper

19 Familiarization Tour를 설명하는 것으로 잘못된 것은?

① 관광관계자가 보도기관 등의 인사를 초청하여 여행시키는 것이다.
② 관광지의 관광자원과 관광시설을 시찰 시키는 것이다.
③ 외국에 있는 친지를 초청하여 관광을 시키는 것이다.
④ 관광객체의 대외선전을 위하여 초대하여 여행시키는 것이다.

20 다음 중 국외여행 인솔자의 업무와 거리가 먼 것은?

① 여행 예산의 집행자이다.
② 회사의 대표자로서 임무를 수행한다.
③ 여행일정의 관리자다.
④ 관광지를 안내하는 안내자이다.

21 민간주도형 관광개발의 특징과 관계깊은 것은?

① 국토개발 및 관광자원의 효율적인 보전이 강조되면서 일반 국민 대중을 위한 시설을 많이 설치한다.
② 서비스를 위주로 하는 관광산업의 경영적 측면에서 보면 공공성과 영리성을 양립시키기 어려운 점이 있다.
③ 영리성의 시설보다는 공익성 우선의 기반시설의 설치가 개발사업의 주요 내용이다.
④ 관광수요에 즉시 응할 수 있는 이점과 영리를 위한 종합적인 개발이 가능하다.

22 관광지 계획에 있어 실시에 이르기까지 그 단계를 맞게 설명한 것은?

① 구상계획 – 실시계획 – 기본계획 – 관리계획 – 사업계획
② 구상계획 – 기본계획 – 실시계획 – 사업계획 – 관리계획
③ 기본계획 – 실시계획 – 사업계획 – 관리계획 – 구상계획
④ 실시계획 – 구상계획 – 사업계획 – 관리계획 – 기본계획

23 시장세분화 기준에서 상품 충성도와 관계가 있는 것은?

① 인구통계적 세분화 ② 지리적 세분화
③ 심리적 세분화 ④ 행동분석적 세분화

24 Baggage Pooling이란?

① 동일한 항공편을 이용하는 2명 이상의 단체 여행객의 수하물 합이 허용량을 초과하지 않으면 비록 한 사람이 수화물 허용량을 초과하였을 지라도 초과 수화물 요금을 내지 않아도 되는 제도이다.

② 항공사가 여객의 요청에 따라서 사용하지 않는 항공권과 MCO 등의 관광일정, 항공사 좌석 등의 변경을 위하여 일정한 조건하에서 다른 계약 항공사로 항공권의 권한을 위탁하는 제도이다.

③ 항공사의 좌석 관리에서 시작된 것으로 수입 극대화를 위한 자동 가격 변동 방식이다.

④ 타국의 항공기가 자국의 영토내에서 국내선 구간의 운수 건을 행사하지 못하도록 제한하는 조치이다.

25 관광이 활발해지면서 환경에 대한 긍정적인 효과가 아닌 것은?

① 사적지 및 명소의 부흥
② 유적지의 반달리즘
③ 하부구조의 개선
④ 자연환경의 정비와 보전의 계기

정답 및 해설

ANSWER

01 ①	02 ④	03 ③	04 ①	05 ①	06 ④	07 ③	08 ③	09 ②	10 ③
11 ④	12 ①	13 ②	14 ④	15 ①	16 ①	17 ④	18 ②	19 ③	20 ④
21 ④	22 ②	23 ④	24 ①	25 ②					

01. ③ 봉사료
④ 선택비용

02. ④ 환전서비스는 규모가 있는 호텔에서 업무가 가능하다.

03. ① Off the Beaten Type (오지탐험 여행)
② Supporting Tourism (볼런티어 투어리즘)
④ Experience Tourism (체험관광)

04. ① 쇼핑 : 360건, 택시 : 149건, 공항 및 항공 : 120건, 숙박 : 111건 순이다.

06. ④ 1891년 아메리칸 익스프레스 여행사에서 처음 사용했다.

07. ③ 관광대상이다.

08. ③ 도립공원은 시 · 도지사가 지정한다.

09. ① 국제회의 전담조직
③ 한국관광공사
④ Meeting, Incentive Tour, Convention, Exhibition

10. ③ Packaging, Programming, Person, Promotion이 추가된다.

12. ② Interline Tour
③ Budget Tour
④ Package Tour

14. ④ 1952년 프랑스에서 시작되었다.

15. ① 1989년 1월 1일부터 시작되었다.

18. ② 현관접객부서이다.

24. ② Endorsement
③ Yield management
④ Cabotage

25. ② Vandalism은 부정적인 내용이다.

PART 2

관광법규

1장

관광법규 요점 정리

01

관광

1 관광법규의 역사

- 1961. 8. 22 법률689호 관광사업진흥법(관광관련 최초 법규) 제정, 공포
- 1962. 4. 24 법률1060호 국제관광공사법(전문 14조로 구성) 제정, 공포 → 1982년 한국관광공사법으로 개정
- 1972. 12. 29 법률2402호 관광진흥개발기금법(전문 13조 구성) 제정, 공포
- 1975. 12. 31 법률2877호 관광기본법(전문 16조 구성) 제정, 공포 → 관광사업진흥법이 관광기본법과 관광사업법(1975. 12. 31. 법률 제2878호)으로 이원화
- 1986. 12. 31 법률3910호 관광진흥법(7장 86조 구성) → 관광사업법이 관광진흥법으로 개정
- 1996. 12. 30 법률5210호 국제회의산업육성에 관한 법률(전문 18조 구성) 제정, 공포

2 관광법의 성격

공법, 강행법, 실체법, 절차법(기본법은 신법우선적용의 원칙이 배제되는 기본법적 성격), 특별법 및 행정법적 성격을 가지고 있다.

3 관광법의 지도 원칙

법률 적합성의 원칙, 사회국가의 원칙, 보충성의 원칙, 평등의 원칙, 과잉급부금지의 원칙, 신뢰 보호의 원칙

관광기본법

1 관광기본법의 성격 : 정부가 해야 할 임무, 책무, 기본, 급부, 조성법적 성격

2 관광기본법의 목적 : 국제친선 증진, 국민경제와 국민복지 향상, 국민관광 발전

3 기본법의 내용

① 정부의 시책(기본적이고 종합적인 시책)

② 관광진흥계획 수립(관광진흥에 관한 기본계획을 5년마다 수립)

1) 기본계획에는 다음 각 호의 사항이 포함되어야 한다.

1. 관광진흥을 위한 정책의 기본 방향
2. 국내외 관광여건과 관광동향에 관한 사항
3. 관광진흥을 위한 기반 조성에 관한 사항
4. 관광진흥을 위한 관광사업의 부문별 정책에 관한 사항
5. 관광진흥을 위한 재원 확보 및 배분에 관한 사항
6. 관광진흥을 위한 제도 개선에 관한 사항
7. 관광진흥과 관련된 중앙행정기관의 역할 분담에 관한 사항
8. 그 밖에 관광진흥을 위하여 필요한 사항

2) 기본계획은 제16조제1항에 따른 국가관광전략회의의 심의를 거쳐 확정한다.

3) 정부는 기본계획에 따라 매년 시행계획을 수립 · 시행하고 그 추진실적을 평가하여 기본계획에 반영하여야 한다.

③ 연차보고(정기국회 개시 전까지 국회에 제출)

④ 외국관광객유치(해외홍보 강화, 출입국 절차 개선, 그 밖에 필요한 시책)

⑤ 관광여건의 조성(숙박, 교통, 휴식시설 등의 개선 및 확충, 휴일 · 휴가에 대한 제도 개선)

⑥ 관광자원의 보호, 개발 ⑦ 관광사업의 지도, 육성(지도 · 감독과 그 밖에 필요한 시책)

⑧ 관광종사원의 자질향상(교육 · 훈련과 그 밖에 필요한 시책)

⑨ 관광지의 지정 및 개발 ⑩ 국민관광의 발전

⑪ 관광진흥개발기금 설치 등 정부의 시책 규정

⑫ 국가 : 법제상, 재정상, 행정상의 조치 강구 ⇒ 나머지는 전부 정부에서 시책 강구

⑬ 지방자치단체의 협조 : 국가시책에 필요한 시책 강구

⑭ 관광진흥의 방향 및 주요시책에 대한 수립 · 조정 · 관광진흥계획의 수립 등에 관한 사항을 심의 · 조정하기 위하여 국무총리 소속으로 국가관광 전략회의를 둔다.

03

관광진흥법

1 목적 : ① 관광 여건 조성 ② 관광자원 개발 ③ 관광사업 육성

2 용어 정의

① **관광사업** : 관광객을 위해 운송, 숙박, 음식, 운동, 오락, 휴양 또는 용역을 제공 하거나 관광에 딸린 시설을 이용하게 하는 업

② **관광사업자** : 관광사업 경영을 위해 등록, 허가, 지정을 받거나 신고한 자

③ **기획여행** : 여행업자가 국외여행자를 위하여 목적지, 일정, 운송 또는 숙박 등의 서비스 내용과 요금을 미리 정해 참가할 여행자를 모집하여 실시하는 여행

④ **회원** : 관광사업 시설을 일반인보다 우선적 또는 유리한 조건으로 이용하기로 약정한 자

⑤ **공유자** : 관광사업자로부터 관광사업 일부시설을 단독소유나 공유 형식으로 분양받은 자

⑥ **관광지** : 자연적 · 문화적 관광자원 + 편의시설 + 진흥법에 따라 지정된 곳

⑦ **관광단지** : 관광객의 관광 및 휴양 + 관광거점지역 + 진흥법에 따라 지정된 곳

⑧ **민간개발자** : 관광단지를 개발하려는 개인이나 법인

⑨ **조성계획** : 관광지나 관광단지의 보호 및 이용 증진에 필요한 관광시설의 조성 · 관리계획

⑩ **지원시설** : 관광지나 관광단지의 관리, 운영 및 기능 활성화에 필요한 안팎(내외)의 시설

⑪ **관광특구** : 관계법령의 적용이 배제되거나 완화되는 지역 + 진흥법에 따라 지정된 곳

⑫ **문화관광해설사** : 관광객의 이해, 감상, 체험을 위해 관광자원에 대한 전문적인 해설을 제공하는 자

⑬ **여행이용권** : 관광취약계층이 관광활동을 영위할 수 있도록 금액이나 수량이 기재된 증표

3 관광사업의 종류

① **여행업** : 일반여행업, 국외여행업, 국내여행업

② **관광숙박업**

- 호텔업 : 관광호텔업, 수상관광호텔업, 한국전통호텔업, 가족호텔업, 호스텔업, 소형관광호텔업, 의료관광호텔업
- 휴양콘도미니엄업

③ 관광객이용시설업 : 전문휴양업, 종합휴양업(1종, 2종), 관광유람선업(일반관광유람선업, 크루즈업), 야영장업(일반야영장업, 자동차야영장업), 관광공연장업, 외국인관광 도시민박업

④ 국제회의업 : 국제회의시설업, 국제회의기획업

가. 여행업, 관광숙박업, 관광객이용시설업, 국제회의업

: 특별자치시장, 특별자치도지사, 시장, 군수, 구청장 등록(중요사항 변경등록 30일 이내)

나. 등록서류 :

- 사업계획서
- 신청인의 성명 및 주민등록번호 기재한 서류
- 부동산의 소유권 또는 사용권을 증명하는 서류
- 회원모집 할 계획이 있는 호텔업, 휴양콘도미니엄업의 경우로서 각 부동산에 저당권이 설정된 경우 보험가입 증명서류
- 외국인투자기업인 경우 증명서

다. 변경등록 기간 내에 변경등록하지 아니할 경우의 행정처분

: 1차 → 시정명령, 2차 → 사업정지 15일, 3차 → 사업정지 1개월, 4차 → 취소

⑤ 카지노업

가. 문화체육관광부장관 허가(중요사항 변경허가, 경미한 사항 변경신고)

나. 카지노업 허가 시 제출서류

1) 신청인의 성명, 주민등록번호 기재서류

2) 정관 및 법인등기부등본(법인인 경우)

3) 사업계획서(카지노영업소의 이용객 유치계획, 장기수지전망, 인력수급 및 관리계획, 영업시설의 개요 등을 포함한다.)

4) 타인소유부동산 사용권 증명서류

5) 허가요건에 적합한 서류

⑥ 유원시설업

- 종합유원시설업, 일반유원시설업 : 특별자치도지사, 시장 · 군수 · 구청장 허가(중요사항 변경허가, 경미한 사항 변경신고)
- 기타유원시설업 : 특별자치시장, 특별자치도지사, 시장 · 군수 · 구청장 신고(중요한 사항 변경신고)

⑦ 관광편의시설업

- 관광유흥음식점업, 관광극장유흥업, 외국인전용유흥음식점업, 관광순환버스업, 관광펜션업, 관

광궤도업, 한옥체험업, 관광면세업, 관광지원서비스업 → 특별자치시장, 특별자치도지사, 시장 · 군수 · 구청장의 지정 및 지정취소

- 관광식당업, 관광사진업, 여객자동차터미널시설업 → 지역별관광협회의 지정 및 지정취소

4 중요사항과 경미한 사항

	중요사항 변경등록 → 변경 사유 발생일부터 30일 이내	
〈등록〉 여행업, 관광숙박업, 관광객 이용시설업, 국제회의업	① 사업계획 변경승인 얻은 사항 ② 상호 또는 대표자의 변경 ③ 객실 수 및 형태의 변경(휴양콘도미니엄을 제외한 숙박업) ④ 부대시설의 위치 면적 및 종류 변경(관광숙박업만 해당) ⑤ 여행업의 경우 사무실 소재지 변경 및 영업소 신설, 국제회의업인 경우에는 사무실 소재지의 변경 ⑥ 부지면적의 변경, 시설의 설치 또는 폐지(야영장업만 해당)	
	중요사항 변경신고	
〈신고〉 기타 유원시설업	① 영업소 소재지의 변경(유기시설 또는 유기기구의 이전을 수반하는 영업소 소재지 변경은 제외한다) ② 안전성 검사대상이 아닌 유기시설, 유기기구의 신설 · 폐기 또는 영업장 면적의 변경 ③ 대표자 또는 상호의 변경 ④ 유기시설 또는 유기기구의 3개월 이상의 운행정지 또는 그 운행의 재개(정기확인검사 대상)	
	중요사항 변경허가	경미한 사항 변경신고
〈허가〉 카지노업	① 대표자 변경 ② 영업소 소재지의 변경 ③ 동일구 내로의 영업장소위치 변경 또는 면적변경 ④ 1/2 이상 시설 또는 기구의 변경, 교체 ⑤ 검사대상 시설의 변경 또는 교체 ⑥ 영업종류의 변경	① 상호 또는 영업소의 명칭 변경 ② 1/2 미만 시설 또는 기구의 변경, 교체 ③ 카지노 전산시설 중 주전산기를 제외한 시설의 변경 또는 교체
〈허가〉 종합, 일반 유원시설업	① 영업소의 소재지 변경(예외 있음) ② 안전성 검사대상 유기시설 또는 기구의 영업장 내에서의 신설, 이전, 폐기 ③ 영업장 면적이 변경	① 대표자 또는 상호변경 ② 안전성 검사대상이 아닌 시설 또는 기구의 신설 · 폐기 ③ 안전관리자 변경 ④ 안전성 검사 또는 대상이 아닌 시설 또는 기구로서 3개월 이상의 운행정지 또는 그 운행의 재개

5 사업계획승인

① 관광숙박업(호텔업, 휴양콘도미니엄업 : 반드시 승인을 받아야함), 전문휴양업, 종합휴양업, 관광유람선업(일반, 크루즈업), 국제회의시설업은 등록 전 사업계획승인 대상

② 시장, 군수, 구청장, 특별자치도지사의 승인 → 소관 행정기관의장과 협의(30일) → 9개 관계법 의제

③ 일정규모 이상 변경승인

- 숫자로 표시되는 내용은 10/100 이상
- 관광숙박업 종류 간 업종 변경
- 휴양콘도미니엄업의 객실 수 및 객실면적 변경

④ 관광숙박시설 건축지역

- 상업지역
- 주거지역 중 일반주거지역, 준주거지역
- 공업지역 중 준공업지역
- 녹지지역 중 자연녹지지역

⑤ 사업계획승인기준

- 관계법령의 규정에 적합할 것
- 자금조달능력 및 방안이 있을 것
- 일반주거지역 및 준주거지역의 경우 주거환경 보호기준에 맞아야 함
- 의료관광호텔업은 연간 내국인투숙객수가 객실의 연간수용가능 총인원의 40%를 초과하지 않을 것

⑥ 사업계획승인시설이 착공 및 준공기간

- 착공기간 : 사업계획승인 받은 날부터 2년
- 준공기간 : 착공한날부터 5년

※ 위반 시 행정처분 : 1차 → 시정명령, 2차 → 사업계획 승인취소

⑦ 관광사업자의 결격사유에 해당하는 자는 사업계획승인을 얻을 수 없음

6 관광숙박업 등 등록심의위원회

① 등록 전 미리 심의위원회의 심의를 거쳐야하는 사업 → 사업계획승인대상 사업자와 같다.(관광숙박업, 전문휴양업, 종합휴양업, 관광유람선업, 국제회의시설업)

② 특별자치도지사, 시장 · 군수 · 구청장 · 특별자치시장 소속

③ 위원장 : 부지사, 부시장, 부군수, 부구청장

④ 부위원장 : 위원장이 지정

⑤ 위원장 1인, 부위원장 1인 포함 10명 이내로 구성

⑥ 재적위원 2/3 출석과 출석위원 2/3의 찬성으로 의결(등록한 것으로 본다)

⑦ 심의사항

- 관광숙박업 등의 등록기준에 관한 사항
- 의제에 해당하는 9개 관계법상의 신고 또는 인 · 허가 등의 요건에 해당하는지에 관한 사항

⑧ 예외 : 경미한 사항의 변경 → 관계되는 기관이 2 이하인 경우의 심의사항 변경

7 여행업

① 여행업의 영업범위 및 등록기준

		일반여행업	국외여행업	국내여행업
영업범위		Inbound Tour, Outbound Tour(비자발급대행) Domestic Tour	Outbound Tour (비자발급대행)	Domestic Tour
등록 기준	자본금	1억원 이상	3천만원 이상	1천 500만원 이상
	사무실	사용권 또는 소유권	사용권 또는 소유권	사용권 또는 소유권
보증보험, 공제, 영업보증금예치 (사업개시 전)		직전사업년도 매출액이 1억원 미만의 경우 5천만원 가입	직전 사업년도 매출액이 1억원 미만의 경우 3천만원 가입	직진 사업년도 매출액이 1억원 미만의 경우 2천만원 가입
		1억원 이상 5억원 미만인 경우 6천 5백만원 가입	1억원 이상 5억원 미만인 경우 4천만원 가입	1억원 이상 5억원 미만인 경우 3천만원 가입
		5억원 이상 10억원 미만인 경우 8천 5백만원 가입	5억원 이상 10억원 미만인 경우 5천 5백만원 가입	5억원 이상 10억원 미만인 경우 4천 5백만원 가입
		10억원 이상 50억원 미만인 경우 1억 5천만원 가입	10억원 이상 50억원 미만인 경우 1억원 가입	10억원 이상 50억원 미만인 경우 8천 5백만원 가입
		50억원 이상 100억원 미만인 경우 2억 5천만원 가입	50억원 이상 100억원 미만인 경우 1억 8천만원 가입	50억원 이상 100억원 미만인 경우 1억 4천만원 가입
		100억원 이상 1,000억원 미만인 경우 10억원 가입	100억원 이상 1,000억원 미만인 경우 7억 5천만원 가입	100억원 이상 1,000억원 미만인 경우 4억 5천만원 가입
		1,000억원 이상인 경우 15억 1천만원 가입	1,000억원 이상인 경우 12억 5천만원 가입	1,000억원 이상인 경우 7억 5천만원 가입
기획여행 실시자 추가 가입금액		• 50억원 미만 : 2억원 이상(직전사업년도 매출액 기준 → 매출액이 없으면 2억원 이상) • 50억원 ~ 100억원 미만 : 3억원 이상, • 100억원 ~ 1000억원 미만 : 5억원 이상, • 1000억원 이상 : 7억원 이상		관계없음

※ 등록한 영업범위를 벗어난 경우의 행정처분

: 1차 → 사업정지 1개월, 2차 → 2개월, 3차 → 3개월, 4차 → 취소

- 과징금 : 일반 – 800만원, 국외 – 800만원, 국내 – 400만원

※ 보증보험 등 또는 영업보증금을 예치하지 아니한 경우의 행정처분

: 1차 → 시정명령, 2차 → 1개월, 3차 → 2개월, 4차 → 취소

② 기획여행 광고 시 표시사항 (2 이상의 기획여행을 동시에 광고 시 동일한 것은 공통표시)

- 여행업의등록번호, 상호, 소재지 및 등록관청
- 기획여행명, 여행일정 및 주요여행지
- 여행경비
- 최저여행인원
- 교통 숙박 및 식사 등 여행자가 제공받을 서비스내용
- 보증보험 등의 가입 또는 영업보증금 예치내용
- 여행일정 변경 시 여행자의 사전 동의 규정
- 여행목적지의 여행 경보단계

※ 위반 시 행정처분 : 1차 → 사업정지 15일, 2차 → 1개월, 3차 → 3개월, 4차 → 취소

- 과징금 : 일반여행업 – 800만원, 국외여행업 – 400만원

③ 국외여행인솔자의 자격요건

- 관광통역안내사 자격을 취득할 것
- 여행업체에서 6개월 이상 근무하고 국외여행경험이 있는 자로서 문화체육관광부장관이 정하는 소양교육을 이수할 것
- 문화체육관광부장관이 지정하는 교육기관에서 국외여행인솔에 필요한 양성교육을 이수할 것
- 국외여행 인솔자 자격증을 다른 사람에게 빌려주거나 빌려서도 아니 되며, 이를 알선해서도 아니 된다.
- 다른 사람에게 자격증을 빌려준 사람에 대하여 그 자격을 취소해야 한다.

※ 위반 시 행정처분 : 1차 → 사업정지 10일, 2차 → 20일, 3차 → 1개월, 4차 → 3개월

④ 여행업자는 여행자와 국외여행계약을 체결할 때 여행자를 보호하기 위하여 해당 여행지에 대한 안전정보 및 변경된 안전정보를 서면으로 제공해야 한다.

- 여권의 사용을 제한하거나 방문, 체류를 금지하는 국가 목록 및 여권법에 따른 벌칙
- 외교통상부 해외안전여행 인터넷 홈페이지에 개제된 여행목적지의 여행경보단계 및 국가별 안전정보 (긴급 연락처 포함)
- 해외여행자 인터넷 등록제도에 관한 안내

※ 위반 시 행정처분 : 1차 → 시정명령, 2차 → 사업정지 5일, 3차 → 10일, 4차 → 취소

• 과징금 : 일반여행업 – 500만원, 국외여행업 – 300만원

⑤ 여행업자는 여행자와 여행계약을 체결하였을 때에는 그 서비스에 관한 내용(일정표 및 약관포함)을 적은 여행계약서를 내주어야 한다.

※ 위반 시 행정처분 : 1차 → 시정명령, 2차 → 사업정지 10일, 3차 → 20일, 4차 → 취소

• 과징금 : 일반 – 800만원, 국외 – 400만원, 국내 – 200만원 (고의로 여행계약을 위반했을 경우에도 행정처분은 같다.)

⑥ 여행업자는 여행일정을 변경하려면 여행자의 사전동의를 받아야 한다.

• 여행계약서에 명시된 숙식 · 항공 등 여행일정(선택관광일정 포함)을 변경하려는 경우 해당날짜의 일정이 시작하기 전에 여행자로부터 서면동의를 받아야하고 서면동의서에는 변경일시, 변경내용, 변경으로 발생하는 비용 및 여행자 또는 단체의 대표자가 일정변경에 동의한다는 의사표시의 자필서명이 포함되어야 한다.

• 여행업자는 천재지변, 사고, 납치 등 긴급한 사유가 발생하여 사전에 일정변경 동의가 받기 어렵다고 인정되는 경우에 여행업자는 사후에 서면으로 그 변경내용 등을 설명하여야 한다.

※ 위반 시 행정처분 : 1자 → 시정명령, 2차 → 사업성지 10일, 3차 → 20일, 4차 → 취소

• 과징금 : 일반여행업 – 800만원, 국외여행업 – 400만원, 국내여행업 – 200만원

⑦ 관광통역안내사 자격이 없는 자를 종사하게 한 경우

※ 위반 시 행정처분 : 1차 → 시정명령, 2차 → 사업정지 15일, 3차 → 취소

• 과징금 : 일반여행업 – 800만원, 국외여행업 – 400만원

8 관광숙박업

① 호텔업

: 관광객 → 숙박시설, 음식, 운동, 오락, 공연, 연수, 휴양시설(부대시설이라 함) 등을 갖추어 이용하게 하는 업

② 휴양콘도미니엄업

: 회원이나, 공유자, 관광객 → 숙박시설, 취사시설, 음식, 운동, 오락, 공연, 연수, 휴양시설(부대시설이라 함) 등을 갖추어 이용하게 하는 업

③ 등록기준

	관광호텔	수상관광 호텔	가족호텔	한국전통 호텔	호스텔업	소형호 텔업	의료관광 호텔업	휴양콘도 미니엄업
객실 수	30실 이 상	30실 이상	30실 이상	제한없음	제한없음	20실 이상 30실 미만	20실 이상	동일단지 안에 30실

	관광호텔	수상관광 호텔	가족호텔	한국전통 호텔	호스텔업	소형호 텔업	의료관광 호텔업	휴양콘도 미니엄업
소유권 및 사용권	대지 및 건물	구조물 및 선박	대지 및 건물	대지 및 건물	대지 및 건물	대지 및 건물	대지 및 건물	대지 및 건물
외국인의 서비스 체제	○	○	○	○	외국인 및 내국인관광객에게 서비스를 제공할 수 있는 문화, 정보, 교류시설	• 조식제공 • 외국어 구사 인력 고용	• 외국어 구사인력 고용 • 의료관광객의 출입이 편리한 체계	관광객의 취사, 체류 및 숙박시설
기타		• 점용허가 • 오수 및 폐기물 처리시설	• 객실면적 19㎡ • 가족단위, 관광객용 객실별 취사시설 또는 층별로 공동취사장	건축물의 외관은 전통가옥	• 배낭여행객 등 개별 관광객의 숙박에 적합한 시설 • 화장실, 샤워장, 취사장 등의 편의시설	• 부대시설 면적합계는 건축연면적의 50% 이하 • 2종류 이상 부대시설	• 객실별 면적 19㎡ • 취사시설이 객실별이나 층별 공동취사장	• 매점이나 간이매장 • 문화체육공간 1개소 이상 (예외있음)
등급신청	○	○	○	○		○	○	
부대시설			공연, 오락 없음			공연, 오락, 없음	공연, 오락, 연수없음	

*의료관광호텔업은 법에서 정한 요건을 충족하는 외국인환자유치의료기관 개설자 또는 유치업자가 설치할 수 있다.

④ 호텔업의 등급결정

가. 등급결정 시기

- 호텔을 신규 등록한 경우 : 호텔업 등록을 한 날부터 60일 이내
- 호텔업 등급결정의 유효기간이 만료되는 경우 : 유효기간 만료 전 150일부터 90일까지
- 시설의 증·개축 또는 서비스 및 운영실태 등의 변경에 따른 등급조정 사유가 발생한 경우 : 등급조정 사유가 발생한 날부터 60일 이내

나. 관광숙박업 중 호텔업의 등급은 5성급·4성급·3성급·2성급 및 1성급으로 구분한다.

다. 등급결정 권한의 위탁 : 다음 각호의 요건을 모두 갖춘 법인으로서 문화체육관광부장관이 정하여 고시하는 법인에 위탁한다.

- 문화체육관광부장관의 허가를 받아 설립된 비영리법인이거나 「공공기관의 운영에 관한 법률」에 따른 공공기관

- 관광숙박업의 육성과 서비스 개선 등에 관한 연구 및 계몽활동 등을 하는 법인일 것
- 문화체육관광부령으로 정하는 기준에 맞는 자격을 가진 평가요원을 평가요소별로 50명 이상 확보하고 있을 것

라. 등급평가요소(평가요원 50명 이상 확보)
- 서비스상태
- 객실 및 부대시설의 상태
- 안전관리 등에 관한 법령 준수 여부

마. 관광호텔업, 수상관광호텔업, 한국전통호텔업, 가족호텔업, 소형호텔업, 의료관광호텔업의 등록을 한 자는 호텔업의 등급 중 희망하는 등급을 정하여 등급결정을 신청해야 한다.

바. 문화체육관광부장관은 등급결정을 하는 경우 유효기간을 정하여 등급을 정할 수 있고, 등급 결정결과에 관한사항을 공표할 수 있다.

사. 유효기간은 등급결정을 받은 날로부터 3년으로 하고, 등급결정 결과를 분기별로 문화체육관광부의 인터넷 홈페이지에 공표하고 필요한 경우에는 그 밖의 효과적인 방법으로 공표할 수 있다.

⑤ 등급결정 절차

가. 등급결정 수탁기관은 등급결정 신청을 받은 경우에는 문화체육관광부장관이 정하여 고시하는 호텔업 등급결정의 기준에 따라 신청일부터 90일 이내에 해당 호텔의 등급을 결정하여 신청인에게 통지하여야 한다. 다만, 부득이한 사유가 있는 경우에는 60일의 범위에서 그 기간을 연장할 수 있다.

나. 등급결정 수탁기관은 평가한 결과 등급결정 기준에 미달하는 경우에는 해당 호텔의 등급결정을 보류하여야 한다. 이 경우 그 보류 사실을 신청인에게 통지하여야 한다.

다. 등급결정 보류의 통지를 받은 신청인은 그 보류의 통지를 받은 날부터 60일 이내에 같은 조 제1항에 따라 신청한 등급과 동일한 등급 또는 낮은 등급으로 호텔업 등급결정의 재신청을 하여야 한다.

⑥ 「학교보건법」을 적용하지 않고 관광숙박시설을 설치할 수 있는 자 및 준수사항

가. 관광숙박시설에서 「학교보건법」 제6조제1항제12호, 제14호부터 제16호까지 또는 제18호부터 제20호까지의 규정에 따른 행위 및 시설 중 어느 하나에 해당하는 행위 및 시설이 없을 것

나. 관광숙박시설의 객실이 100실 이상일 것

다. 대통령령으로 정하는 지역 내 위치할 것(서울특별시, 경기도)

라. 대통령령으로 정하는 바에 따라 관광숙박시설 내 공용공간을 개방형 구조로 할 것

마. 「학교보건법」 제2조에 따른 학교 출입문 또는 학교설립예정지 출입문으로부터 직선거리로 75 미터 이상에 위치할 것

⑦ 한국관광 품질인증

가. 문화체육관광부장관은 관광객의 편의를 돕고 관광서비스의 수준을 향상시키기 위하여 관광사업 및 이와 밀접한 관련이 있는 사업으로서 시설 및 서비스 등을 대상으로 품질인증을 할 수 있다.

나. 한국관광 품질인증을 받은 자가 아니면 인증표지 또는 이와 유사한 표지를 하거나 한국관광 품질인증을 받은 것으로 홍보하여서는 안 된다.

다. 인증기준

- 관광객 편의를 위한 시설 및 서비스를 갖출 것
- 관광객 응대를 위한 전문 인력을 확보할 것
- 재난 및 안전관리 위험으로부터 관광객을 보호할 수 있는 사업장 안전관리 방안을 수립할 것
- 해당 사업의 관련 법령을 준수할 것

라. 한국관광 품질인증의 절차 및 방법 등

- 한국관광 품질인증을 받으려는 자는 문화체육관광부령으로 정하는 품질인증 신청서를 문화체육관광부장관에게 제출하여야 한다.
- 문화체육관광부장관은 상기에 따라 제출된 신청서의 내용을 평가 · 심사한 결과 제41조의10에 따른 인증 기준에 적합하면 신청서를 제출한 자에게 문화체육관광부령으로 정하는 인증서를 발급하여야 한다.
- 문화체육관광부장관은 상기에 따른 평가 · 심사 결과 제41조의10에 따른 인증 기준에 부적합하면 신청서를 제출한 자에게 그 결과와 사유를 알려주어야 한다.
- 한국관광 품질인증의 유효기간은 인증서가 발급된 날부터 3년으로 한다.

마. 한국관광 품질인증의 대상 사업

- 야영장업
- 외국인관광도시 민박업
- 관광식당업
- 한옥체험업
- 관광면세업
- 숙박업
- 외국인관광객 면세 판매장

바. 문화체육관광부장관은 한국관광 품질인증을 받은 시설 등에 대하여 다음 각 호의 지원을 할 수 있다.

1. 「관광진흥개발기금법」에 따른 관광진흥개발기금의 대여 또는 보조
2. 국내 또는 국외에서의 홍보
3. 그 밖에 시설 등의 운영 및 개선을 위하여 필요한 사항

⑧ 분양 및 회원모집

<table>
<tr><th>등록 또는 사업계획 승인 얻은 자</th><th>분양</th><th>회원모집</th><th>시기</th><th>범위</th><th>대지소유권 및 건물 사용 승인된 경우 건물소유권</th><th>사용권</th><th>금지행위</th></tr>
<tr><td>휴양콘도미니엄업</td><td>○</td><td>○</td><td>공정률이 20% 이상 진행</td><td rowspan="2">공정률에 해당하는 객실 대상분양 또는 회원모집
※ 공정율을 초과 분양 또는 회원모집을 할 경우 초과금액에 해당하는 보증보험가입</td><td>○</td><td></td><td rowspan="3">가. 휴양콘도미니엄, 2종종합휴양업, 호텔업자가 아닌 자 또는 이와 유사명칭을 사용하여 분양 또는 회원모집을 하는 행위
나. 관광숙박시설과 관광숙박시설이 아닌 시설을 혼합 또는 연계하여 분양하거나 회원을 모집하는 행위
다. 공유자 또는 회원으로부터 관광사업의 시설에 관한 이용권리를 양도받아 이를 이용할 수 있는 회원 모집행위</td></tr>
<tr><td>2종종합휴양업</td><td></td><td>○</td><td>공정률이 20% 이상 진행</td><td>○</td><td>○</td></tr>
<tr><td>호텔업</td><td></td><td>○</td><td>등록 후부터
※2종종합휴양업에 포함된 경우 공정률이 20% 이상</td><td></td><td>○
※ 수상관광호텔 : 구조물 또는 선박의 소유권</td><td></td></tr>
</table>

가. 대지 · 부지 및 건물이 저당권의 목적물로 되어있는 경우에는 그 저당권을 말소할 것. 단, 저당권을 말소하지 않을 경우 저당권 설정금액에 해당하는 보증보험에 가입

- 공유제 : 소유권 이전 등기 마칠 때까지
- 회원제 : 저당권이 말소 될 때까지

나. 한 개의 객실(unit)당 분양인원은 5명 이상 → 가족만의 수분양자 또는 회원으로 하지 않으며 공유자가 법인인 경우와 법무부장관이 정하여 고시한 투자지역에 건설되는 휴양콘도미니엄의 공유자가 외국인인 경우는 예외

다. 한 개의 객실에 공유제 또는 회원제를 혼합하여 분양 또는 회원모집을 할 수 있다.

라. 공유자 또는 회원의 연간 이용일수는 365일을 객실당 분양 또는 회원모집계획 인원수로 나눈 범위 이내일 것

마. 주거용으로 분양 또는 회원모집을 하지 아니할 것

⑨ 공유자 또는 회원의 보호

가. 공유지분 또는 회원자격의 양도 · 양수를 제한하지 아니할 것

나. 공유자 또는 회원이 이용하지 아니하는 객실만을 공유자 또는 회원이 아닌 자에게 이용하게 할 것

다. 시설의 유지 · 관리에 필요한 비용 외의 비용을 징수해선 안 된다(징수금의 사용명세는 매년 공유자, 회원의 대표기구에 공개할 것).

라. 회원의 입회금 반환은 입회금 반환을 요구받은 날부터 10일 이내에 반환할 것

마. 회원증의 발급 및 확인

바. 20명 이상의 공유자 · 회원으로 대표기구 구성

사. 분양 또는 회원모집 계약서에 사업계획의 승인번호 · 일자(관광사업으로 등록된 경우에는 등록번호 · 일자), 시설물의 현황 · 소재지, 연간 이용일수 및 회원의 입회기간을 명시할 것

⑩ 회원증의 발급포함 사항

가. 공유자 또는 회원의 번호

나. 공유자 또는 회원의 성명과 주민등록번호

다. 사업장의 상호 · 명칭 및 소재지

라. 공유자와 회원의 구분

마. 면적

바. 분양일 또는 입회일

사. 발행일자

※ 관광사업자가 회원증을 발급하려는 경우에는 미리 분양 또는 회원모집 계약 후 30일 이내에 문화체육관광부장관이 지정하여 고시하는 자에게 회원모집 계획서가 일치하는지를 확인받아야 한다.

※ 회원증 확인자는 6개월마다 특별자치도지사, 시장 · 군수 · 구청장에게 회원증 발급에 관한 사항을 통보하여야 한다.

⑪ 분양 또는 회원모집 공고안에 포함되어야 할 사항

가. 대지면적 및 객실당 전용면적 · 공유면적

나. 분양가격 또는 입회금 중 계약금 · 중도금 · 잔금 및 그 납부시기

다. 분양 또는 회원모집의 총 인원과 객실별 인원

라. 연간 이용일수 및 회원의 경우 입회기간

마. 사업계획승인과 건축허가의 번호 · 연월일 및 승인 · 허가기관

바. 착공일, 공사완료예정일 및 이용예정일

사. 관광사업자가 직접 운영하는 휴양콘도미니엄 또는 호텔의 현황

9 관광사업자의 의무

① **결격사유** : 관광사업자, 사업계획 승인얻은 자, 법인에 임원(3개월 이내에 임원을 바꾸면 취소 안됨)

- 피성년후견인 · 피한정후견인
- 파산선고를 받고 복권되지 아니한 자
- 관광진흥법에 따라 등록등 또는 사업계획의 승인이 취소되거나 영업소가 폐쇄된 후 2년이 지나지 아니한 자
- 관광진흥법을 위반하여 징역 이상의 실형을 선고받고 그 집행이 끝나거나 집행을 받지 아니하기로 확정된 후 2년이 지나지 아니한 자 또는 형의 집행유예 기간 중에 있는 자

② **지위승계신고 및 휴 · 폐업통보**

가. **지위승계발생** : 양수, 합병, 경매, 환가 등 법적원인(주요시설 전부 인수)

※ 주요한 관광사업 시설

- 관광사업에 사용되는 토지와 건물
- 관광사업의 등록기준에서 정한 시설
- 관광편의시설업의 지정기준에서 정한 시설
- 카지노업 전용 영업장
- 유원시설업의 시설 및 설비기준에서 정한 시설

나. **지위승계신고기간** : 승계한날부터 1개월 이내

다. 사업의 전부 또는 일부를 휴업하거나 폐업 시에 휴 · 폐업한 날로 부터 30일 이내에 알려야 함

③ **관광사업장의 표지**

: 관광사업자가 아닌 자는 관광표지를 붙일 수 없으며, 관광사업자는 사실과 다르게 관광표지를 붙이거나 표지에 기재되는 내용을 사실과 다르게 표시 또는 광고하는 행위를 해서는 안 된다.

가. **관광사업장 표지**

- 소재는 놋쇠로 한다.
- 그림을 제외한 바탕색은 녹색으로 한다.
- 표지의 두께는 5mm로 한다.
- 규격 40cm×30cm

나. **관광사업 등록증 또는 관광편의시설업 지정증**

다. **등급에 따라 별 모양의 개수를 달리하는 방식으로 문화체육관광부장관이 고시하는 호텔 등급 표지(호텔업의 경우만 해당한다)**

라. **관광식당 표지(관광식당업만 해당한다)**

- 기본모형은 흰색 바탕에 원은 오렌지색, 글씨는 검은색으로 한다.
- 크기와 제작방법은 문화체육관광부장관이 별도로 정한다.
- 지정권자의 표기는 한글 · 영문 또는 한문 중 하나를 선택하여 사용한다.

※ 위반 시 처벌 : 과태료 – 1차 위반 : 30만원, 2차 위반 : 60만원, 3차 위반 이상 : 100만원

④ 관광사업자가 아닌 자는 관광사업의 명칭 중 전부 또는 일부가 포함된 상호를 사용할 수 없다.

가. 관광숙박업과 유사한 영업의 경우 관광호텔 또는 휴양콘도미니엄

나. 관광유람선업과 유사한 영업의 경우 관광유람

다. 관광공연장업과 유사한 영업의 경우 관광공연

라. 관광유흥음식점업, 외국인전용 유흥음식점업 또는 관광식당업과 유사한 영업의 경우 관광식당

마. 관광극장유흥업과 유사한 영업의 경우 관광극장

바. 관광펜션업과 유사한 영업의 경우 관광펜션

사. 관광면세업과 유사한 영업의 경우 관광면세

※ 위반 시 처벌 : 과태료 – 1차 위반 : 30만원, 2차 위반 : 60만원, 3차 위반 이상 : 100만원

⑤ 관광시설의 처분 및 타인 경영

: 부대시설은 타인경영 및 그 용도로 계속 사용하는 조건으로 타인에게 처분할 수 있다.

※ 타인경영금지 관광시설

- 관광숙박업 : 객실(관광사업의 효율적 경영을 위한 경우 예외 있음)
- 카지노업 : 카지노업 운영에 필요한 시설 및 기구
- 전문휴양업 및 종합휴양업 : 등록기준으로 정한시설 중 전문휴양업의 개별기준에 포함된 시설
- 유원시설업 : 안전성검사 대상 유기기구 및 유기시설

※ 위반 시 행정처분 : 1차 → 1개월, 2차 → 3개월, 3차 → 5개월, 4차 → 취소

10 카지노 사업자

① 허가 요건

가. 국제공항이나 국제여객선터미널이 있는 특별시 · 광역시 · 도 · 특별자치도에 있거나 관광특구에 있는 관광숙박업 중 호텔업 시설(관광숙박업의 등급 중 최상등급을 받은 시설만 해당하며, 시 · 도에 최상등급의 시설이 없는 경우에는 그 다음 등급의 시설만 해당된다) 또는 국제회의업 시설의 부대시설 안

나. 우리나라와 외국을 왕래하는 여객선

② 허가 세부기준

가. 관광호텔업이나 국제회의시설업의 부대시설에서 카지노업을 하려는 경우

- 외래관광객 유치계획 및 장기수지전망 등을 포함한 사업계획서가 적정할 것
- 사업계획의 수행에 필요한 재정능력이 있을 것
- 현금 및 칩의 관리 등 영업거래에 관한 내부통제방안이 수립되어 있을 것
- 그밖에 문화체육관광부장관이 공고하는 기준에 맞을 것

나. 우리나라와 외국간을 왕래하는 여객선에서 카지노업을 하려는 경우

- 여객선이 2만 톤급 이상으로 문화체육관광부장관이 공고하는 총 톤수 이상일 것
- 외래관광객 유치계획 및 장기수지전망 등을 포함한 사업계획서가 적정할 것
- 사업계획의 수행에 필요한 재정능력이 있을 것
- 현금 및 칩의 관리 등 영업거래에 관한 내부통제방안이 수립되어 있을 것
- 그밖에 문화체육관광부장관이 공고하는 기준에 맞을 것

다. 최근 신규허가를 한 날 이후에 전국 단위의 외래관광객이 60만 명 이상 증가한 경우에만 증가인원 60만 명당 2개 사업 이하의 범위

- 전국 또는 지역의 외래관광객 증가 추세
- 카지노이용객의 증가 추세
- 기존 카지노사업자의 총 수용능력
- 기존 카지노사업자의 총 외화획득 실적
- 그밖에 카지노업의 건전한 발전을 위하여 필요한 사항

③ 결격사유

가. 19세 미만인 자

나. 「폭력행위 등 처벌에 관한 법률」 제4조에 따른 단체 또는 집단을 구성하거나 그 단체 또는 집단에 자금을 제공하여 금고 이상의 형을 선고받고 형이 확정된 자

다. 조세를 포탈하거나 「외국환거래법」을 위반하여 금고 이상의 형을 선고받고 형이 확정된 자

라. 금고 이상의 실형을 선고받고 그 집행이 끝나거나 집행을 받지 아니하기로 확정된 후 2년이 지나지 아니한 자

마. 금고 이상의 형의 집행유예를 선고받고 그 유예기간 중에 있는 자

바. 금고 이상의 형의 선고유예를 받고 그 유예기간 중에 있는 자

사. 임원 중에 상기 규정 중 어느 하나에 해당하는 자가 있는 법인

④ 카지노업의 시설기준

가. 330제곱미터 이상의 전용 영업장

나. 1개 이상의 외국환 환전소

다. 카지노업의 영업종류 중 네 종류 이상의 영업을 할 수 있는 게임기구 및 시설

라. 문체부장관이 정하여 고시하는 기준에 적합한 카지노 전산시설

- 하드웨어의 성능 및 설치방법에 관한 사항
- 네트워크의 구성에 관한 사항
- 시스템의 가동 및 장애방지에 관한 사항
- 시스템의 보안관리에 관한 사항
- 환전관리 및 현금과 칩의 출납관리를 위한 소프트웨어에 관한 사항

⑤ 카지노사업자의 납부금 : 총 매출액의 100분의 10의 범위에서 관광진흥개발기금에 내야 한다.

가. 총매출액은 카지노영업과 관련하여 고객으로부터 받은 총금액에서 고객에게 지불한 총금액을 공제한 금액을 말한다.

나. 징수비율

- 연간 총매출액이 10억원 이하인 경우 : 총매출액의 100분의 1
- 연간 총매출액이 10억원 초과 100억원 이하인 경우 : 1천만원+총매출액 중 10억원을 초과하는 금액의 100분의 5
- 연간 총매출액이 100억원을 초과하는 경우 : 4억6천만원+총매출액 중 100억원을 초과하는 금액의 100분의 10

다. 납부절차

- 카지노사업자는 매년 3월 말까지 감사보고서가 첨부된 재무제표를 문화체육관광부장관에게 제출
- 문화체육관광부장관은 4월 30일까지 2개월 이내의 기한을 정하여 납부통지를 하고 납부금은 2회에 나누어 내게 할 수 있다.
  - 제1회 : 해당 연도 6월 30일까지
  - 제2회 : 해당 연도 9월 30일까지

⑥ 조건부 영업허가 : 조건부 영업허가를 받은 날부터 1년 이내 다만, 부득이한 사정이 있다고 인정되는 경우에는 1회에 한하여 6개월을 넘지 아니하는 범위에서 그 기간을 연장할 수 있다.

⑦ 카지노업의 영업종류

- 룰렛(Roulette)
- 조커 세븐(Joker Seven)

- 블랙잭(Blackjack)
- 다이스(Dice, Craps)
- 포커(Poker)
- 바카라(Baccarat)
- 다이사이(Tai Sai)
- 키노(Keno)
- 빅휠(Big Wheel)
- 빠이 까우(Pai Cow)
- 판탄(Fan Tan)
- 라운드 크랩스(Round Craps)
- 트란타 콰란타(Trent Et Quarante)
- 프렌치 볼(French Boule)
- 차카락(Chuck - A - Luck)
- 슬롯머신(Slot Machine)
- 비디오게임(Video Game)
- 빙고(Bingo)
- 마작(Mahjong)
- 카지노워(Casino War)

⑧ 검사 (문화체육관광부장관의 검사권한을 장관이 지정하는 검사기관에 위탁한다)

	신규허가	유효기간	만료 후	교체	검사기록부	업무규정
전산시설	15일 이내	합격한 날부터 3년	3개월 이내	15일(유효기간 3년)	5년 보관	장관승인
기구	카지노영업의 사용일	합격한 날부터 3년	15일 이내		5년 보관	장관승인

⑨ 카지노 사업자의 영업준칙에 포함되는 사항 (영업준칙 위반 시 과태료 100만원)

가. 1일 최소영업시간

나. 게임테이블의 집전함 부착 및 내기금액 한도액의 표시의무

다. 슬롯머신 및 비디오 게임의 최소배당율

라. 전산시설 · 환전소 · 계산실 · 폐쇄회로의 관리기록 및 회계와 관련된 기록의 유지의무

마. 카지노 종사원의 게임참여 불가 등 행위 금지사항

11 유원시설업

① 종류 및 정의

가. 종합유원시설업 :

- 안전성검사 유기기구 또는 시설 6종 이상, 대지면적 1만제곱미터
- 발전시설, 의무시설 및 안내소, 음식점시설 또는 매점 설치

나. 일반유원시설업 : 안전성검사 유기기구 또는 유기시설 1종 이상 및 안내소설치하고 구급약품 비치

다. 기타유원시설업 : 안전성검사 대상이 아닌 유기기구 또는 유기시설 1종 이상 및 대지면적 40 제곱미터 이상

② 조건부 영업허가

가. 종합유원시설업을 하려는 경우 : 5년

나. 일반유원시설업을 하려는 경우 : 3년

다. 연 1회에 한하여 1년의 범위에서 그 기간을 연장할 수 있다.

③ 조건부 영업허가 기간 연장사유

가. 천재지변 등 불가항력적인 사유가 있는 경우

나. 조건부 영업허가를 받은 자의 귀책사유가 아닌 사정으로 부지의 조성, 시설 및 설비의 설치가 지연되는 경우

다. 그 밖의 기술적인 문제로 시설 및 설비의 설치가 지연되는 경우

④ 안전성 재검사(유기기구 및 유기시설의 안전성검사는 허가 후 년 1회 이상 받아야한다.)

가. 정기 또는 반기별 안전성검사 및 재검사에서 부적합 판정을 받은 유기시설 또는 유기기구

나. 사고가 발생한 유기시설 또는 유기기구(유기시설 또는 유기기구의 결함에 의하지 아니한 사고는 제외한다)

다. 3개월 이상 운행을 정지한 유기시설 또는 유기기구

⑤ 안전관리자의 배치기준

가. 안전성검사 대상 유기기구 1종 이상 10종 이하를 운영하는 사업자 : 1명 이상

나. 안전성검사 대상 유기기구 11종 이상 20종 이하를 운영하는 사업자 : 2명 이상

다. 안전성검사 대상 유기기구 21종 이상을 운영하는 사업자 : 3명 이상

⑥ 안전관리자의 임무

가. 안전관리자는 안전운행 표준지침을 작성하고 유기시설 안전관리계획을 수립하고 이에 따라 안전관리업무를 수행하여야 한다.

나. 안전관리자는 매일 1회 이상 안전성검사 대상 유기시설 및 유기기구에 대한 안전점검을 하고 그 결과를 안전점검기록부에 기록 · 비치하여야 하며, 이용객이 보기 쉬운 곳에 유기시설 또는 유기기구별로 안전점검표시판을 게시하여야 한다.

다. 유기시설과 유기기구의 운행자 및 유원시설 종사자에 대한 안전교육계획을 수립하고 이에 따라 교육을 하여야 한다.

⑦ 유원시설업자의 중대한 사고

가. 사망자가 발생한 경우

나. 의식불명 또는 신체기능 일부가 심각하게 손상된 중상자가 발생한 경우

다. 사고 발생일부터 3일 이내에 실시된 의사의 최초 진단결과 2주 이상의 입원 치료가 필요한 부상자가 동시에 3명 이상 발생한 경우

라. 사고 발생일부터 3일 이내에 실시된 의사의 최초 진단결과 1주 이상의 입원 치료가 필요한 부상자가 동시에 5명 이상 발생한 경우

마. 유기시설 또는 유기기구의 운행이 30분 이상 중단되어 인명 구조가 이루어진 경우

⑧ 특별자치시장 · 특별자치도지사 · 시장 · 군수 · 구청장이 유원시설업자에게 유기시설 또는 유기기구가 안전에 중대한 침해를 줄 수 있다고 판단하는 경우에 다음과 같은 조치를 명할 수 있다.

가. **사용중지 명령** : 유기시설 또는 유기기구를 계속 사용할 경우 이용자 등의 안전에 지장을 줄 우려가 있는 경우

나. **개선 명령** : 유기시설 또는 유기기구의 구조 및 장치의 결함은 있으나 해당 시설 또는 기구의 개선 조치를 통하여 안전 운행이 가능한 경우

다. **철거 명령** : 유기시설 또는 유기기구의 구조 및 장치의 중대한 결함으로 정비 · 수리 등이 곤란하여 안전 운행이 불가능한 경우

12 관광객이용시설업

① 전문휴양업

: 숙박업시설 또는 음식점(휴게, 일반, 제과점) 시설을 갖추고 전문휴양시설(개별기준시설) 중 1종류의 시설을 갖추어 이용하게 하는 업

가. **공통기준** : 숙박시설이나 음식점시설과 주차시설 · 급수시설 · 공중화장실 등의 편의시설과 휴게시설이 있을 것

나. **개별기준**

1) 민속촌

한국고유의 건축물(초가집 및 기와집)이 20동 이상으로서 각 건물에는 전래되어 온 생활도구가 갖추어져 있거나 한국 또는 외국의 고유문화를 소개할 수 있는 축소된 건축물 모형 50점 이상이 적정한 장소에 배치되어 있을 것

2) 해수욕장

- 수영을 하기에 적합한 조건을 갖춘 해변이 있을 것
- 수용인원에 적합한 간이목욕시설 · 탈의장이 있을 것
- 인명구조용 구명보트 · 감시탑 및 응급처리 시 설비 등의 시설이 있을 것
- 담수욕장을 갖추고 있을 것
- 인명구조원을 배치하고 있을 것

3) 수렵장

4) 동물원

5) 식물원 : 온실면적은 2,000제곱미터 이상 및 식물종류는 1,000종 이상일 것

6) 수족관
- 건축연면적은 2,000제곱미터 이상일 것
- 어종(어류가 아닌 것은 제외한다)은 100종 이상일 것

7) 온천장
- 온천수를 이용한 대중목욕 시설이 있을 것
- 정구장 · 탁구장 · 볼링장 · 활터 · 미니골프장 · 배드민턴장 · 롤러스케이트장 · 보트장 등의 레크리에이션 시설 중 두 종류 이상의 시설을 갖추거나 제2조제5호에 따른 유원시설업 시설이 있을 것

8) 동굴자원

9) 수영장

10) 농어촌휴양시설
- 「농어촌정비법」에 따른 농어촌 관광휴양단지 또는 관광농원의 시설을 갖추고 있을 것
- 관광객의 관람이나 휴식에 이용될 수 있는 특용작물 · 나무 등을 재배하거나 어류 · 희귀동물 등을 기르고 있을 것
- 재배지 또는 양육장의 면적은 2,000 제곱미터 이상일 것

11) 활공장
- 활공을 할 수 있는 장소(이륙장 및 착륙장)가 있을 것
- 인명구조원을 배치하고 응급처리를 할 수 있는 설비를 갖추고 있을 것
- 행글라이더 · 패러글라이더 · 열기구 또는 초경량 비행기 등 두 종류 이상의 관광비행사업용 활공장비를 갖추고 있을 것

12) 등록 및 신고 체육시설업 시설

13) 산림휴양시설

14) 박물관

15) 미술관

② 종합휴양업

가. 제1종 종합휴양업

1) 숙박시설 또는 음식점시설을 갖추고 전문휴양시설 중 2종류 이상의 시설

2) 숙박시설 또는 음식점시설을 갖추고 전문휴양시설 중 한 종류 이상의 시설과 종합유원시설업의 시설

나. 제2종 종합휴양업

1) 면적 : 단일부지로서 50만 제곱미터 이상

2) 관광숙박업시설과 전문휴양시설 중 2종류 이상의 시설

3) 관광숙박업시설과 전문휴양시설 중 1종류 이상의 시설과 종합유원시설업의 시설

③ 야영장업

가. 공통기준

1) 침수, 유실, 고립, 산사태, 낙석의 우려가 없는 안전한 곳에 위치할 것

2) 시설배치도, 이용방법, 비상 시 행동요령 등을 이용객이 잘 볼 수 있는 곳에 게시할 것

3) 비상 시 긴급상황을 이용객에게 알릴 수 있는 시설 또는 장비를 갖출 것

4) 야영장 규모를 고려하여 소화기를 적정하게 확보하고 눈에 띄기 쉬운 곳에 배치할 것

5) 긴급상황에 대비하여 야영장 내부 또는 외부에 대피소와 대피로를 확보할 것

6) 비상 시의 대응요령을 숙지하고 야영장이 개장되어 있는 시간에 상주하는 관리요원을 확보할 것

나. 개별기준

1) 일반야영장업

- 야영용 천막을 칠 수 있는 공간은 천막 1개당 15제곱미터 이상을 확보할 것
- 야영에 불편이 없도록 하수도 시설 및 화장실을 갖출 것
- 긴급상황 발생 시 이용객을 이송할 수 있는 차로를 확보할 것

2) 자동차야영장업

- 차량 1대당 50제곱미터 이상의 야영공간(차량을 주차하고 그 옆에 야영장비 등을 설치할 수 있는 공간을 말한다)을 확보할 것
- 야영에 불편이 없도록 수용인원에 적합한 상 · 하수도 시설, 전기시설, 화장실 및 취사시설을 갖출 것
- 야영장 입구까지 1차선 이상의 차로를 확보하고, 1차선 차로를 확보한 경우에는 적정한 곳에 차량의 교행(交行)이 가능한 공간을 확보할 것

④ **관광유람선업**

가. **일반관광유람선업** : 구조, 선상시설, 위생시설, 편의시설, 수질오염 방지시설

나. **크루즈업**

1) 일반관광유람선업에서 규정하고 있는 관광사업의 등록기준을 충족할 것

2) 욕실이나 샤워시설을 갖춘 객실을 20실 이상 갖추고 있을 것

3) 체육시설, 미용시설, 오락시설, 쇼핑시설 중 두 종류 이상의 시설을 갖추고 있을 것

⑤ **관광공연장업**

가. **설치장소**

관광지 · 관광단지, 관광특구 또는 「지역문화진흥법」에 따라 지정된 문화지구 안에 있거나 이 법에 따른 관광사업 시설 안에 있을 것 다만, 실외관광공연장의 경우 법에 따른 관광숙박업, 관광객이용시설업 중 전문휴양업과 종합휴양업, 국제회의업, 유원시설업에 한한다.

나. **시설기준**

1) 실내관광공연장

- 70제곱미터 이상의 무대를 갖추고 있을 것
- 출연자가 연습하거나 대기 또는 분장할 수 있는 공간을 갖추고 있을 것
- 출입구는 「다중이용업소의 안전관리에 관한 특별법」에 따른 다중이용업소의 영업장에 설치하는 안전시설 등의 설치기준에 적합할 것
- 공연으로 인한 소음이 밖으로 전달되지 아니하도록 방음시설을 갖추고 있을 것

2) 실외관광공연장

- 70제곱미터 이상의 무대를 갖추고 있을 것
- 남녀용으로 구분된 수세식 화장실을 갖추고 있을 것

다. **일반음식점 영업허가를 받을 것**

⑥ **외국인관광 도시민박업**

가. 주택의 연면적이 230 제곱미터 미만일 것

나. 외국어 안내서비스가 가능한 체재를 갖출 것

다. 소화기를 1개 이상 구비하고, 객실마다 단독경보형 감지기 및 일산화탄소 경보기(개별 난방일 경우만)를 설치할 것

13 국제회의업

① 국제회의시설업

가. 「국제회의산업 육성에 관한 법률 시행령」 제3조에 따른 회의시설 및 전시시설의 요건을 갖추고 있을 것

나. 국제회의개최 및 전시의 편의를 위하여 부대시설로 주차시설과 쇼핑 · 휴식시설을 갖추고 있을 것

② 국제회의기획업

가. 자본금 : 5천만원 이상일 것

나. 사무실 : 소유권이나 사용권이 있을 것

14 관광 편의시설업의 지정기준

업종	지정기준	지정권자
① **관광유흥음식점업** : 유흥주점 영업허가 받은 자가 한국전통분위기시설을 갖추고 음식, 노래와 춤을 감상하고 춤을 추게 하는 업	가. 건물은 연면적이 특별시의 경우에는 330제곱미터 이상, 그 밖의 지역은 200제곱미터 이상으로 한국적 분위기의 아담하고 우아한 건물일 것 나. 관광객의 수용에 적합한 다양한 규모의 방을 두고 실내는 고유의 한국적 분위기를 풍길 수 있도록 서화 · 문갑 · 병풍 및 나전칠기 등으로 장식할 것 다. 영업장 내부의 노랫소리 등이 외부에 들리지 아니하도록 할 것	시장 · 군수 · 구청장 · 제주특별자치도지사 · 특별자치시장
② **관광극장유흥업** : 유흥주점 영업허가 받은 자가 무도시설을 갖추고 음식, 노래와 춤을 감상하고 춤을 추게하는 업	가. 건물 연면적은 1,000제곱미터 이상으로 하고, 홀면적(무대면적을 포함한다)은 500제곱미터 이상으로 할 것 나. 관광객에게 민속과 가무를 감상하게 할 수 있도록 특수조명장치 및 배경을 설치한 50제곱미터 이상의 무대가 있을 것 다. 영업장 내부의 노랫소리 등이 외부에 들리지 아니하도록 할 것	
③ **외국인전용 유흥음식점업** : 유흥주점 영업허가 받은 자가 외국인의 이용하기 적합한 시설을 갖추고 음식, 노래와 춤을 감상하고 춤을 추게하는 업	가. 홀면적(무대면적을 포함한다)은 100제곱미터 이상으로 할 것 나. 홀에는 노래와 춤 공연을 할 수 있도록 20제곱미터 이상의 무대를 설치하고, 특수조명 시설 및 방음 장치를 갖출 것 다. 영업장 내부의 노랫소리 등이 외부에 들리지 아니하도록 할 것 라. 외국인을 대상으로 영업할 것	
④ **관광순환버스업**	• 안내방송 등 외국어 안내서비스가 가능한 체제를 갖출 것	
⑤ **관광펜션업** : 숙박시설을 운영하는 자가 자연, 문화 체험관광에 적합한 시설을 갖추고 이용하게 하는 업(제주특별자치도 제외)	가. 자연 및 주변 환경과 조화를 이루는 3층(다만, 2018년 6월 30일까지는 4층으로 한다) 이하의 건축물일 것 나. 객실이 30실 이하일 것 다. 취사 및 숙박에 필요한 설비를 갖출 것 라. 바베큐장, 캠프파이어장 등 주인의 환대가 가능한 1종류 이상의 이용시설을 갖추고 있을 것(다만, 관광펜션이 수개의 건물 동으로 이루어진 경우에는 그 시설을 공동으로 설치할 수 있다) 마. 숙박시설 및 이용시설에 대하여 외국어 안내 표기를 할 것	

업종	지정기준	지정권자
⑥ **관광궤도업** : 주변관람과 운송에 적합한 시설	가. 자연 또는 주변 경관을 관람할 수 있도록 개방되어 있거나 밖이 보이는 창을 가진 구조일 것 나. 안내방송 등 외국어 안내서비스가 가능한 체제를 갖출 것	시장 · 군수 · 구청장 · 제주특별자치도지사 · 특별자치시장
⑦ **한옥체험업** : 숙박체험, 식사체험, 전통문화체험	가. 한 종류 이상의 전통문화 체험에 적합한 시설을 갖추고 있을 것 나. 이용자의 불편이 없도록 욕실이나 샤워시설 등 편의시설을 갖출 것	
⑧ **관광면세업**	가. 외국어 안내 서비스가 가능한 체재를 갖출 것 나. 한 개 이상의 외국어로 상품명 및 가격 등 관련 정보가 명시된 전체 또는 개별 안내판을 갖출 것 다. 주변 교통의 원활한 소통에 지장을 초래하지 않을 것	
⑨ **관광식당업** : 일반음식점 영업을 허가받은 자가 특정국가의 음식을 전문적으로 제공하는 업	가. 인적요건 1) 한국 전통음식을 제공하는 경우에는 「국가기술자격법」에 따른 해당 조리사 자격증 소지자를 둘 것 2) 특정 외국의 전문음식을 제공하는 경우에는 다음의 요건 중 1개 이상의 요건을 갖춘 자를 둘 것 가) 해당 외국에서 전문조리사 자격을 취득한 자 나) 「국가기술자격법」에 따른 해당 조리사 자격증 소지자로서 해당 분야에서의 조리경력이 3년(다만, 2019년 6월 30일 까지는 2년으로 한다) 이상인 자 다) 해당 외국에서 6개월 이상의 조리교육을 이수한 자 나. 최소 한 개 이상의 외국어로 음식의 이름과 관련 정보가 병기된 메뉴판을 갖추고 있을 것 다. 출입구가 각각 구분된 남 · 녀 화장실을 갖출 것	지역별 관광협회장 (위탁)
⑩ **관광사진업**	• 사진촬영기술이 풍부한 자 및 외국어 안내서비스가 가능한 체제를 갖출 것	
⑪ **여객자동차터미널시설업**	• 인근 관광지역 등의 안내서 등을 비치하고, 인근 관광자원 및 명소 등을 소개하는 관광안내판을 설치할 것	
⑫ **관광지원서비스업**	가. 다음의 어느 하나에 해당할 것 1) 해당 사업의 평균 매출액 중 관광객 또는 관광사업자와의 거래로 인한 매출액의 비율이 100분의 50 이상일 것 2) 법 제52조에 따라 관광지 또는 관광단지로 지정된 지역에서 사업장을 운영할 것 3) 법 제48조의10제1항에 따라 한국관광 품질인증을 받았을 것 4) 중앙행정기관의 장 또는 지방자치단체의 장이 공모 등의 방법을 통해 우수관광사업으로 선정한 사업일 것 나. 시설 등을 이용하는 관광객의 안전을 확보할 것	

15 관광종사원

① 관광종사원의 자격시험제도

가. 관광종사원의 자격을 취득하려면 문화체육관광부장관이 실시하는 시험에 합격한 후 문화체육관광부장관에게 등록하여야 한다.

나. 문화체육관광부 장관은 등록한자에게 자격증을 내줘야 한다.

다. 관광사업자의 결격사유에 해당하는 자는 관광종사원의 자격을 취득하지 못한다(예외 있음).

라. 자격증 분실 또는 훼손 시 재교부 신청 가능

마. 관광통역안내의 자격이 없는 사람은 외국인 관광객을 대상으로 하는 관광안내를 하여서는 아니 된다.

바. 관광통역안내의 자격을 가진 사람이 관광안내를 하는 경우에는 자격증을 패용하여야 한다.

사. 관광종사원은 자격증을 다른 사람에게 빌려주거나 빌려서는 아니 되며, 이를 알선해서도 아니 된다.

아. 부정한 방법으로 시험에 응시하거나 시험에서 부정한 행위를 한 사람은 그 시험을 정지 또는 무효로 하거나 합격을 취소하고 3년간 시험응시 자격을 정지한다.

② 관광종사원 자격증 종류

자격증 종류	시험의 출제 · 시행 · 채점	등록 및 자격증 발급 위탁기관	행정처분 및 청문권자
국내여행안내사	한국산업인력공단에 위탁	한국관광협회	시 · 도지사
호텔서비스사			
호텔경영사		한국관광공사	문화체육관광부장관
호텔관리사			
관광통역안내사			

③ 자격증 시험 관련

가. **주관** : 한국산업인력공단(문화체육관광부장관이 자격시험의 출제, 시행, 채점 등 자격시험에 관한 권한을 위탁)

나. **공고** : 시험 시행일 90일 전 까지 인터넷 홈페이지 등에 공고해야 한다.

다. **면접시험 평가사항**

- 국가관 · 사명감 등 정신자세
- 전문지식과 응용능력
- 예의 · 품행 및 성실성
- 의사발표의 정확성과 논리성

라. **등록 및 자격증 발급** : 한국관광공사 및 한국관광협회에 위탁

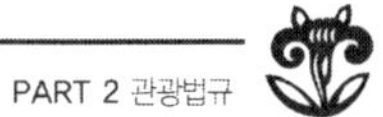

④ 관광종사원의 행정처분

가. 거짓이나 그 밖의 부정한 방법으로 자격 취득 : 1차 위반 시 자격 취소

나. 관광사업자 결격사유 중 어느 하나에 해당되는 경우 : 1차 위반 시 자격 취소(예외 : 관광진흥법에 따라 등록등 또는 사업계획이 취소되거나 영업소가 폐쇄된 후 2년이 지나지 아니한 자)

다. 직무 수행에 있어 부정 또는 비위 사실이 있는 경우
: 1차 → 자격정지 1개월, 2차 → 자격정지 3개월 , 3차 → 자격정지 5개월 , 4차 → 취소

라. 다른 사람에게 관광종사원 자격증을 대여한 경우 : 1차 위반 시 자격 취소

16 관광사업자단체

① 설립절차

가. 한국관광협회중앙회 : 전국단위, 문화체육관광부장관 허가

나. 업종별관광협회 : 전국단위, 문화체육관광부장관 허가

다. 지역별관광협회 : 시 · 도 단위, 시 · 도지사 허가

라. 관광사업자 대표자의 3분의 1이상으로 구성되는 발기인이 정관을 작성하여 대표자 과반수로 구성되는 창립총회의 의결을 거쳐야 한다.

② 한국관광협회의 정관

- 목적, 명칭, 사무소의 소재지
- 회원 및 총회에 관한 사항
- 임원에 관한 사항
- 업무에 관한 사항
- 회계에 관한 사항
- 해산에 관한 사항
- 그밖에 운영에 관한 중요 사항

③ 업무

가. 관광사업의 발전을 위한 업무

나. 관광사업 진흥에 필요한 조사 · 연구 및 홍보

다. 관광 통계

라. 관광종사원의 교육과 사후관리

마. 회원의 공제사업

바. 국가나 지방자치단체로부터 위탁받은 업무

사. 관광안내소의 운영

아. 상기 규정에 의한 업무에 따르는 수익사업

④ 공제사업 절차

가. 협회가 공제사업의 허가를 받으려면 공제규정을 첨부하여 문화체육관광부장관에게 신청하여야 한다.

나. 공제규정에는 사업의 실시방법, 공제계약, 공제분담금 및 책임준비금의 산출방법에 관한 사항이 포함되어야 한다.

다. 공제규정을 변경하려면 문화체육관광부장관의 승인을 받아야 한다.

라. 공제사업을 하는 자는 공제규정에서 정하는 바에 따라 매 사업연도 말에 그 사업의 책임준비금을 계상하고 적립하여야 한다.

마. 공제사업에 관한 회계는 협회의 다른 사업에 관한 회계와 구분하여 경리하여야 한다.

⑤ 공제사업의 내용

가. 관광사업자의 관광사업 행위와 관련된 사고로 인한 대물 및 대인배상에 대비하는 공제 및 배상업무

나. 관광사업행위에 따른 사고로 인하여 재해를 입은 종사원에 대한 보상업무

다. 그 밖에 회원 상호간의 경제적 이익을 도모하기 위한 업무

⑥ 지역관광협의회 설립

가. 관광사업자, 관광 관련 사업자, 관광 관련 단체, 주민 등은 공동으로 지역의 관광진흥을 위하여 광역 및 기초 지방자치단체 단위의 지역관광협의회를 설립할 수 있다.

나. 협의회에는 지역 내 관광진흥을 위한 이해 관련자가 고루 참여하여야 하며, 협의회를 설립하려는 자는 해당 지방자치단체의 장의 허가를 받아야 한다.

다. 협의회는 법인으로 한다.

라. 협의회는 다음의 업무를 수행한다.

1) 지역의 관광수용태세 개선을 위한 업무

2) 지역관광 홍보 및 마케팅 지원 업무

3) 관광사업자, 관광 관련 사업자, 관광 관련 단체에 대한 지원

4) 1)부터 3) 까지의 업무에 따르는 수익사업

5) 지방자치단체로부터 위탁받은 업무

17 문화관광해설사

① 관광체험교육프로그램 개발

문화체육관광부장관 또는 지방자치단체의 장은 관광객에게 역사 · 문화 · 예술 · 자연 등의 관광자원과 연계한 체험 기회를 제공하고, 관광을 활성화하기 위하여 관광체험교육프로그램을 개발 · 보급할 수 있다. 이 경우 장애인을 위한 관광체험교육프로그램을 개발하여야 한다.

② 문화관광해설사 양성 및 활용 계획

문화체육관광부장관은 문화관광해설사의 양성 및 활용계획을 수립하고, 이를 지방자치단체의 장에게 알려야 하며 지방자치단체의 장은 해설사 양성 및 활용계획에 따라 관광객의 규모, 관광자원의

보유 현황, 해설사에 대한 수요 등을 고려하여 해마다 해설사 운영계획을 수립 · 시행하여야 한다.

③ 문화관광해설사 양성교육과정의 개설 운영

가. 문화체육관광부장관 또는 시 · 도지사는 문화관광해설사 양성을 위한 교육과정을 개설하여 운영할 수 있다.

④ 문화관광해설사의 선발 및 활용

가. 문화체육관광부장관 또는 지방자치단체의 장은 문화체육관광부장관 또는 시 · 도지사가 개설한 문화관광해설사 양성을 위한 교육과정을 이수한 자를 문화관광해설사로 선발하여 활용할 수 있으며 선발하는 경우 문체부령으로 정하는 바에 따라 이론 및 실습을 평가하고, 3개월 이상의 실무수습을 마친 자에게 자격을 부여할 수 있다. 또한 예산의 범위에서 활동에 필요한 비용을 지원할 수 있다.

나. 문화체육관광부장관 또는 지방자치단체의 장이 이론 및 실습을 평가하려는 경우에는 평가 기준에 따라 평가하여야 하며, 평가 결과 이론 및 실습 평가항목 각각 70점 이상을 득점한 사람 중에서 각각의 평가항목의 비중을 곱한 점수가 고득점자인 사람의 순으로 선발한다.

다. 문화체육관광부장관 또는 지방자치단체의 장은 문화관광해설사를 배치 · 활용하려는 경우에 해당 지역의 관광객 규모와 관광자원의 보유 현황 및 문화관광해설사에 대한 수요, 문화관광해설사의 활동 실적 및 태도 등을 고려하여야 한다.

⑤ 문화관광해설사 평가기준

평가항목	세부 평가내용		배점	비중
1. 이론	기본소양	1) 문화관광해설사의 역할과 자세 2) 문화관광자원의 가치 인식 및 보호 3) 관광객의 특성 이해 및 관광약자 배려	30점	70%
	전문지식	4) 관광정책 및 관광산업의 이해 5) 한국 주요 문화관광자원의 이해 6) 지역 특화 문화관광자원의 이해	70점	
	합계		100점	
2. 실습	현장실무	7) 해설 시나리오 작성 8) 해설 기법 시연 9) 관광 안전관리 및 응급처치	45점 45점 10점	30%
	합계		100점	

18 관광통계 작성 범위(문화체육관광부장관 또는 지방자치단체의 장이 작성)

- 외국인 방한 관광객의 관광행태에 관한 사항

- 국민의 관광행태에 관한 사항
- 관광사업자의 경영에 관한 사항
- 관광지와 관광단지의 현황 및 관리에 관한 사항
- 그밖에 문화체육관광부장관 또는 지방자치단체의 장이 관광산업의 발전을 위하여 필요하다고 인정하는 사항

19 지역축제

① 문화체육관광부장관은 지역축제의 체계적 육성 및 활성화를 위하여 지역축제에 대한 실태조사와 평가를 할 수 있다.

② 문화체육관광부장관은 지역축제의 통폐합 등을 포함한 그 발전방향에 대하여 지방자치단체의 장에게 의견을 제시하거나 권고할 수 있다.

③ 문화체육관광부장관은 다양한 지역관광자원을 개발 · 육성하기 위하여 우수한 지역축제를 문화관광축제로 지정하고 지원할 수 있다.

④ 문화관광축제의 지정 기준

가. 축제의 특성 및 콘텐츠

나. 축제의 운영능력

다. 관광객 유치 효과 및 경제적 파급효과

라. 그 밖에 문화체육관광부장관이 정하는 사항

⑤ 문화관광축제의 지원 방법

가. 문화관광축제로 지정받으려는 지역축제의 개최자는 관할 특별시 · 광역시 · 도 · 특별자치도를 거쳐 문화체육관광부장관에게 지정신청을 하여야 한다.

나. 지정신청을 받은 문화체육관광부장관은 지정 기준에 따라 문화관광 축제를 지정한다.

다. 문화체육관광부장관은 지정받은 문화관광 축제를 예산의 범위에서 지원한다.

20 과징금의 부과 : 등록기관등의 장이 부과한다.

① 사업정지 처분을 갈음하여 2천만원 이하의 과징금 부과, 과징금은 분할하여 낼 수 없다.

② 과징금을 부과하려면 서면으로 알려야 하고 20일 이내에 납부

③ 과징금 금액의 2분의 1 범위에서 가중하거나 감경할 수 있다. → 2,000만원 초과 안됨

21 폐쇄조치

① 허가 또는 신고 없이 영업을 하거나 허가의 취소 또는 사업의 정지명령을 받고 계속 하여 영업을 하는 자에 대하여는 그 영업소를 폐쇄할 수 있다.

- 해당 영업소의 간판이나 그 밖의 영업표지물의 제거 또는 삭제
- 영업소가 적법한 영업소가 아니라는 것을 알리는 게시물 등의 부착
- 영업을 위하여 꼭 필요한 시설물 또는 기구 등을 사용할 수 없게 하는 봉인

22 의료관광 활성화

① 문화체육관광부장관은 외국인 의료관광 유치 · 지원 관련 기관에 관광진흥개발기금을 대여하거나 보조할 수 있다.

② 외국인 의료관광 유치 · 지원 관련 기관

- 「의료해외진출 및 외국인환자 유치지원에 관한 법률」에 따라 등록한 외국인환자 유치 의료기관 또는 외국인환자 유치업자
- 「한국관광공사법」에 따른 한국관광공사
- 사업의 추진실적이 있는 보건 · 의료 · 관광 관련 기관 중 장관이 고시하는 기관

③ 외국인 의료관광 지원

- 문화체육관광부장관은 외국인 의료관광 전문인력을 양성하는 전문교육기관 중에서 우수전문교육기관이나 우수교육과정을 선정하여 지원할 수 있다.
- 문화체육관광부장관은 국내 · 외에 외국인 의료관광 유치 안내센터를 설치 · 운영할 수 있다.
- 문화체육관광부장관은 의료관광의 활성화를 위하여 지방자치단체의 장이나 외국인환자 유치의료기관 또는 유치 업자와 공동으로 해외마케팅사업을 추진할 수 있다.

23 수수료

① 여행업, 관광숙박업, 관광객 이용시설업 및 국제회의업의 등록 또는 변경등록을 신청하는 자 (신규등록 : 30,000원, 변경등록 : 15,000원)

② 카지노업의 허가 또는 변경허가를 신청하는 자 (신규허가 : 100,000원, 변경허가 : 50,000원)

③ 유원시설업의 허가 또는 변경허가를 신청하거나 유원시설업의 신고 또는 변경신고를 하는 자 (조례로 정한다)

④ 관광편의시설업 지정을 신청하는 자 (20,000원)

⑤ 지위 승계를 신고하는 자 (20,000원)

⑥ 관광숙박업, 관광객 이용시설업 및 국제회의업에 대한 사업계획의 승인 또는 변경승인을 신청하는 자 (신규 · 변경 : 50,000원)

⑦ 관광숙박업의 등급 결정을 신청하는 자

⑧ 카지노시설의 검사를 받으려는 자 (검사기관에서 산정)

⑨ 카지노기구의 검정을 받으려는 자 (검사기관에서 산정)

⑩ 카지노기구의 검사를 받으려는 자 (대당 135,000원)

⑪ 안전성검사 또는 안전성 검사대상이 아님을 확인하는 검사를 받으려는 자 (검사기관에서 산정)

⑫ 관광종사원 자격시험에 응시하려는 자 (20,000원)

⑬ 관광종사원의 등록을 신청하는 자 (5,000원)

⑭ 관광종사원 자격증의 재교부를 신청하는 자 (3,000원)

⑮ 한국관광 품질인증을 받으려는 자(장관이 정하여 고시하는 기준에 따른 금액)

24 청문 : 등록기관등의 장이 실시한다.

① 관광사업의 등록등이나 사업계획승인의 취소

② 관광종사원 자격의 취소

③ 조성계획 승인의 취소

④ 한국관광 품질인증의 취소

⑤ 국외여행 인솔자 자격의 취소

⑥ 카지노 기구의 검사 등의 위탁 취소

25 권한의 위임 · 위탁

① **위임** : 문화체육관광부장관의 권한은 그 일부를 시 · 도지사에게 위임할 수 있고 시 · 도지사는 장관으로부터 위임받은 권한의 일부를 장관의 승인을 받아 시장 · 군수 · 구청장에게 재위임 할 수 있다.

② **위탁** : 문화체육관광부장관 또는 시 · 도지사 및 시장 · 군수 · 구청장은 한국관광공사, 협회, 지역별 · 업종별관광협회, 전문 · 연구검사기관 또는 자격검정기관이나 교육기관 등에 위탁할 수 있다.

가. **관광 편의시설업 중 관광식당업, 여객자동차터미널시설업, 관광사진업의 지정 및 지정 취소** : 지역별 관광협회

나. **관광숙박업의 등급 결정** : 문화체육관광부장관이 허가를 받아 설립된 비영리법인이거나 「공공기관의 운영에 관한 법률」에 따른 공공기관

다. **한국관광 품질인증 및 그 취소**

라. **카지노기구의 검사** : 문화체육관광부장관이 지정하는 카지노기구 검사기관

마. **안전성검사 또는 안전성검사 대상에 해당되지 아니함을 확인하는 검사** : 업종별 관광협회 또는 전문 연구, 검사기관

바. **관광종사원 자격시험 및 등록, 자격증 발급** : 시험의 출제, 시행, 채점 등 자격시험에 관한 업무는 한국산업인력공단, 등록과 자격증 발급은 호텔경영사, 호텔관리사, 관광통역안내사는 한국관광공사, 호텔서비스사와 국내여행안내사는 한국관광협회에 각각 위탁

사. **국외여행 인솔자의 등록 및 자격증 발급** : 업종별관광협회

아. **문화관광해설사 양성을 위한 교육과정의 개설 · 운영**

자. **안전관리자의 안전교육** : 업종별 관광협회 또는 안전관련 전문 연구 · 검사 기관

차. **관광산업 진흥사업의 수행**

카. **관광특구에 대한 평가**

26 보고

① 관광사업의 등록 현황

③ 관광지등의 지정 현황

② 사업계획의 승인 현황

④ 관광지등 의 조성계획 승인 현황

27 관광사업자 등록대장 기재사항

① **공통사항** : 관광사업자의 상호 또는 명칭, 대표자의 성명 · 주소 및 사업장의 소재지

② **여행업 및 국제회의기획업** : 자본금

③ **관광숙박업** : 객실 수, 대지면적 및 건축연면적, 부대영업에 따른 인 · 허가 사항, 등급(호텔업만 해당한다), 운영의 형태(분양 또는 회원모집을 하는 휴양콘도미니엄업 및 호텔업만 해당한다)

④ **전문휴양업 및 종합휴양업** : 부지면적 및 건축연면적, 시설의 종류, 부대영업에 따른 인 · 허가 사항, 운영의 형태(제2종 종합휴양업만 해당한다)

28 관광지등 개발

① 관광개발계획

관광개발 기본계획	개발계획	권역별 관광개발계획
문화체육관광부장관	수립자	특별시장, 광역시장, 도지사

관광개발 기본계획	개발계획	권역별 관광개발계획
10년마다	시기	5년마다
시도지사가 관광개발사업요구서 제출. 문화체육관광부장관은 이를 종합 · 조정하여 관계부처의장과 협의 및 확정 · 공고	수립절차	문화체육관광부장관의 조정과 관계행정기관장과의 협의를 거쳐 확정 · 공고
① 전국의 관광여건과 관광동향에 관한 사항 ② 전국의 관광수요와 공급에 관한 사항 ③ 관광자원의 보호 · 개발 · 이용 · 관리 등에 관한 기본적인 사항 ④ 관광권역의 설정에 관한 사항 ⑤ 관광권역별 관광계발의 기본방향에 관한 사항 ⑥ 그 밖에 관광개발에 관한 사항	포함내용	① 권역의 관광여건과 관광동향에 관한 사항 ② 권역의 관광수요와 공급에 관한 사항 ③ 관광자원의 보호 · 개발 · 이용 · 관리 등에 관한 사항 ④ 관광지 및 관광단지의 조성 · 정비 · 보완 등에 관한 사항 ⑤ 관광지 등의 실적 평가에 관한 사항 ⑥ 관광지 연계에 관한 사항 ⑦ 관광사업의 추진에 관한 사항 ⑧ 환경보전에 관한 사항 ⑨ 그 밖에 그 권역의 관광자원의 개발, 관리 및 평가를 위하여 필요한 사항
관계부처장 협의	경미한 계획변경	문화체육관광부장관 승인

② 관광지 등 지정절차

시장, 군수, 구청장 신청 →

- 관광지 : 공공편익시설 (화장실, 주차장, 전기시설, 통신시설, 상하수도시설 또는 관광안내소)
- 관광단지 :
  - 면적 50만㎡ 이상
  - 공공편익시설
  - 관광숙박시설 1종 이상
  - 운동 · 오락시설 또는 휴양 · 문화시설 중 1종 이상
- 관광특구 : → 지정요건
  - 통계전문기관의 통계결과 해당 지역의 최근 1년간 외국인 관광객 수가 10만명(서울 50만명) 이상
  - 지정하고자 하는 지역 안에 관광안내시설, 공공편익시설 및 숙박시설 등이 갖추어져 외국인 관광객의 관광수요를 충족시킬 수 있는 지역
  - 관광특구 전체 면적 중 관광활동과 직접적인 관련성이 없는 토지가 차지하는 비율이 10%를 초과하지 아니할 것
  - 위 요건을 갖춘 지역이 서로 분리되어 있지 아니할 것

지정, 지정취소, 면적변경(예외) ↔ 확정, 고시

특별시장, 광역시장, 도지사(시 · 도지사)

↑

관계행정기관의장과 협의(예외)

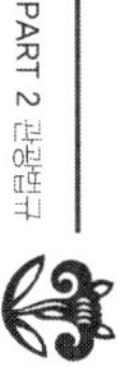

③ 관광지 등 개발절차

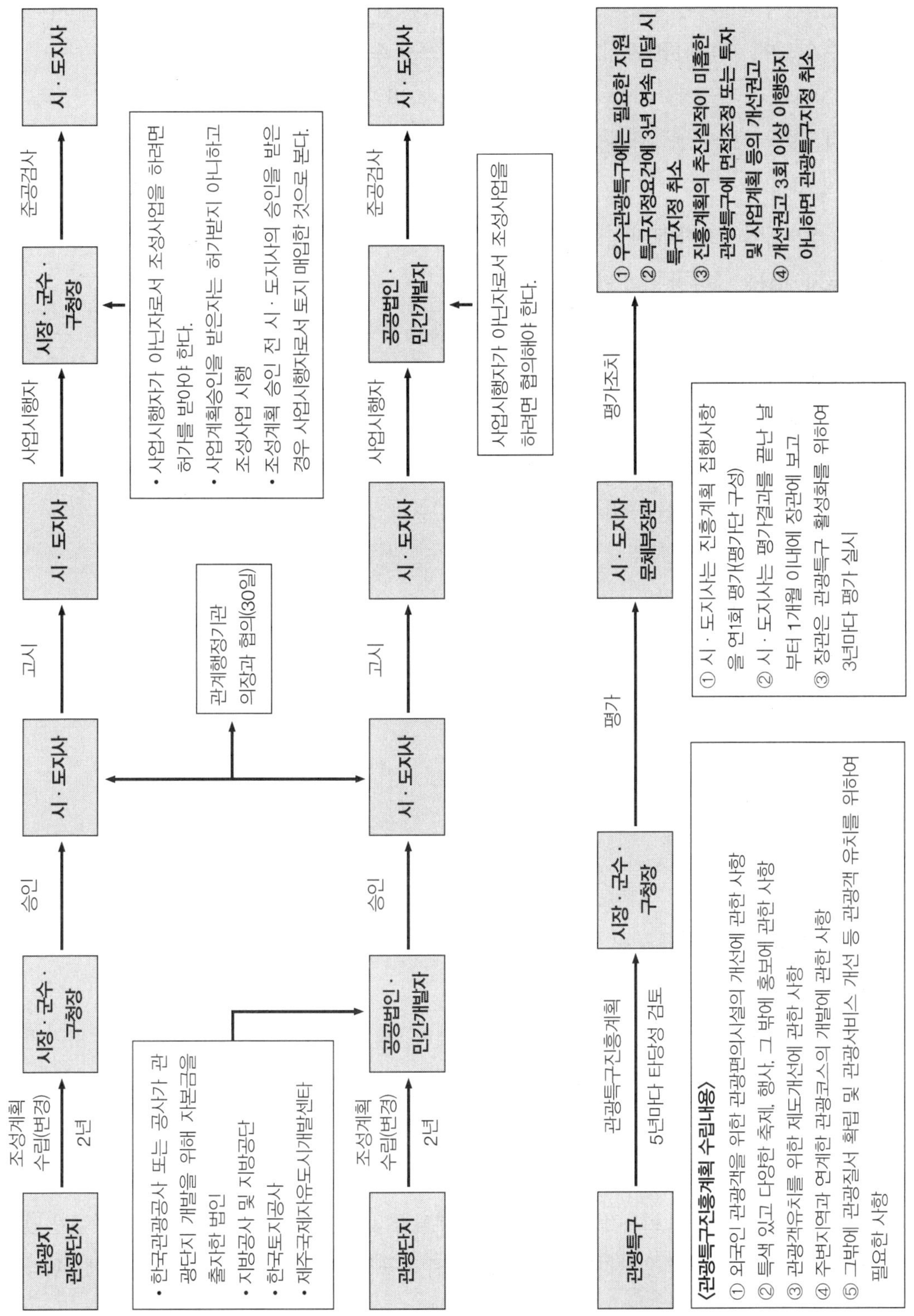

관광지·관광단지 → (조성계획 수립(변경) 2년) → 시장·군수·구청장 → (승인) → 시·도지사 → (고시) → 시·도지사 → (사업시행자) → 시장·군수·구청장 → (준공검사) → 시·도지사

- 사업시행자가 아닌자로서 조성사업을 하려면 허가를 받아야 한다.
- 사업계획승인을 받은자는 허가받지 아니하고 조성사업 시행
- 조성계획 승인 전 시·도지사의 승인을 받은 경우 사업시행자로서 토지 매입한 것으로 본다.

시·도지사(승인) → 관계행정기관 의장과 협의(30일)

- 한국관광공사 또는 공사가 관광단지 개발을 위해 자본금을 출자한 법인
- 지방공사 및 지방공단
- 한국토지공사
- 제주국제자유도시개발센타

관광단지 → (조성계획 수립(변경) 2년) → 공공법인·민간개발자 → (승인) → 시·도지사 → (고시) → 시·도지사 → (사업시행자) → 공공법인·민간개발자 → (준공검사) → 시·도지사

사업시행자가 아닌자로서 조성사업을 하려면 협의해야 한다.

관광특구 → (관광특구진흥계획 5년마다 타당성 검토) → 시장·군수·구청장 → (평가) → 시·도지사 문체부장관 → (평가조치)

① 우수관광특구에는 필요한 지원
② 특구지정요건에 3년 연속 미달 시 특구지정 취소
③ 진흥계획의 추진실적이 미흡한 관광특구에 면적조정 또는 투자 및 사업계획 등의 개선권고
④ 개선권고 3회 이상 이행하지 아니하면 관광특구지정 취소

〈관광특구진흥계획 수립내용〉
① 외국인 관광객을 위한 관광편의시설의 개선에 관한 사항
② 특색 있고 다양한 축제, 행사, 그 밖에 홍보에 관한 사항
③ 관광객유치를 위한 제도개선에 관한 사항
④ 주변지역과 연계한 관광코스의 개발에 관한 사항
⑤ 그밖에 관광질서 확립 및 관광서비스 개선 등 관광객 유치를 위하여 필요한 사항

① 시·도지사는 진흥계획 집행사항을 연1회 평가(평가단 구성)
② 시·도지사는 평가결과를 끝난 날부터 1개월 이내에 장관에 보고
③ 장관은 관광특구 활성화를 위하여 3년마다 평가 실시

④ 용지 매수와 손실보상 업무

가. 관광단지 개발자는 용지의 매수 업무와 손실보상 업무를 관할지방자치단체의 장에게 위탁 할 수 있으며, 지방자치단체의 장은 수수료를 청구할 수 있다.
(10억원 이하 → 2.0퍼센트 이내, 10억원 초과 30억 이하 → 1.7퍼센트 이내, 30억 초과 50억 이하 → 1.3퍼센트 이내, 50억 초과 → 1.0퍼센트 이내)

⑤ 수용 및 사용

가. 조성사업에 필요한 토지

나. 토지에 관한 소유권 외의 권리

다. 토지에 정착한 입목이나 건물, 그 밖의 물건과 이에 관한 소유권 외의 권리

라. 물의 사용에 관한 권리

마. 토지에 속한 토석 또는 모래와 조약돌
다만, 농업 용수권이나 그 밖의 농지개량 시설을 수용 또는 사용하려는 경우에는 미리 농림축산식품부장관의 승인을 받아야 한다.

⑥ 이주대책의 내용

가. 택지 및 농경지의 매입

나. 택지 조성 및 주택 건설

다. 이주보상금

라. 이주방법 및 이주시기

마. 이주대책에 따른 비용

바. 그 밖에 필요한 사항

⑦ **선수금** : 사업시행자는 개발하는 토지 또는 시설을 분양받거나 시설물을 이용하려는 자로부터 그 대금의 전부 또는 일부를 미리 받을 수 있다.

⑧ 이용자 분담금 원인자 부담금

가. **이용자 분담금** : 사업시행자는 지원시설 건설비용의 전부 또는 일부나, 공동시설의 유지관리 및 보수에 드는 비용의 전부 또는 일부를 이용자나 사업경영자에게 분담하게 할 수 있다.

나. **원인자 부담금** : 사업시행자는 지원시설 건설의 원인이 되는 공사 또는 행위의 비용을 부담하여야 할 자에게 부담하게 할 수 있다.

⑨ **강제징수** : 사업시행자는 이용자 분담금, 원인자 부담금 및 보수에 드는 비용을 내야할 의무가 있는 자가 이행하지 않으면 특별자치도지사, 시장 · 군수 · 구청장에게 징수를 위탁할 수 있다. (위탁수

수료는 징수금액의 100분의 10을 내야 한다)

⑩ **입장료 등의 징수 :** 관광지 등에서 조성사업을 하거나 건축, 그밖에 시설한 자는 관람료, 입장료, 이용료 등을 징수할 수 있고 징수대상의 범위와 금액은 특별자치도지사, 시장 · 군수 · 구청장이 정한다.

29 벌칙

① 5년 이하의 징역 또는 5천만원 이하의 벌금(징역과 벌금 병과, 양벌 규정 적용)

가. 카지노업의 허가를 받지 아니하고 카지노업을 경영한 자

나. 법령에 위반되는 카지노 기구를 설치하거나 사용하는 행위

다. 법령에 위반하여 카지노 기구 또는 시설을 변조하거나 변조된 카지노 기구 또는 시설을 사용하는 행위

② 3년 이하의 징역 또는 3천만원 이하의 벌금(징역과 벌금 병과, 양벌 규정 적용)

가. 등록하지 아니하고 여행업, 관광숙박업, 국제회의업, 제2종 종합휴양업을 경영한자

나. 허가 받지 아니하고 유원시설업을 경영한 자

다. 휴양콘도미니엄, 호텔업, 제2종 종합휴양업으로 등록 또는 그 사업계획의 승인을 얻지 아니한 자가 분양 또는 회원 모집 한 경우

라. 휴양콘도미니엄 등 또는 이와 유사한 명칭을 사용하여 분양 또는 회원 모집을 하는 행위

마. 관광숙박시설과 관광숙박시설이 아닌 시설을 혼합 또는 연계하여 이를 분양하거나 회원 모집을 하는 행위

바. 공유자 또는 회원으로부터 관광사업의 시설에 관한 이용 권리를 양도받아 이를 이용할 수 있는 회원을 모집하는 행위

사. 유원시설업자가 사용중지 등의 명령을 위반한 경우

③ 2년 이하의 징역 또는 2천만원 이하의 벌금 (카지노 사업자 및 종사원, 징역과 벌금 병과, 양벌 규정 적용)

가. 중요사항 변경 허가, 경미한 사항 변경신고 하지 아니하고 영업 한 자

나. 지위 승계 한자는 승계 한 날로부터 1월 이내 관할등록 기관장에게 신고

다. 관광 사업의 시설 중 부대시설을 제외한 시설을 타인으로 하여금 경영하게 한 자 (카지노업 운영에 필요한 시설기구)

라. 카지노 전산 시설을 검사 받지 아니하고 이를 이용하여 영업한 자

마. 검사를 받지 아니하거나 검사결과 공인기준 등에 적합하지 아니한 기구를 이용하여 영업을 한 자

바. 검사 합격 필증을 훼손하거나 제거한 자

사. 허가받은 전용 영업장외에서 영업을 하는 행위

아. 내국인을 입장하게 하는 행위

자. 과다한 사행심을 유발하는 등 선량한 풍속을 해할 우려가 있는 광고 또는 선전을 하는 행위

차. 영업종류에 해당하지 아니하는 영업을 하거나 영업방법 및 배당금 등에 관한 신고를 하지 아니하고 영업하는 행위

카. 19세 미만의 자를 입장하게 하는 행위

타. 총 매출액을 누락시켜 관광진흥개발기금 납부금액을 감소시키는 행위

파. 사업정지 처분을 위반하여 사업정지 기간 중에 영업을 한 자

하. 개선명령에 위반한 자 (시설 · 운영의 개선)

거. 관광사업의 경영 또는 사업계획을 추진함에 있어서 뇌물을 주고받은 경우

너. 보고 또는 서류의 제출을 하지 아니하거나 허위보고를 한자 및 관계 공무원의 출입 · 검사를 거부 · 방해 또는 기피한 자

더. 등록을 하지 아니하고 야영장업을 경영한 자

④ 1년 이하의 징역 또는 1천만원 이하의 벌금 (양벌규정)

가. 유원 시설업의 변경허가를 받지 아니하거나 변경신고를 하지 아니하고 영업을 한 자

나. 유원 시설업의 신고를 하지 아니하고 영업을 한 자

다. 안전성검사를 받지 아니하고 유기시설 또는 유기기구를 설치한 자

라. 법령을 위반하여 유기시설 · 유기기구 또는 유기기구의 부분품을 설치 또는 사용한 자

마. 조성사업을 한 자 (시장 · 군수 · 구청장 허가 또는 사업시행자와 협의)

바. 제35조제1항 제20호에 해당되어 발한 개선명령을 위반한 자 (여행업자가 고의로 여행 계약을 위반한 경우)

사. 제35조제1항 제14호에 해당되어 관할등록기관 등의 장이 발한 개선 명령을 위반한 자 (물놀이형 유원시설 등의 안전 · 위생 기준을 지키지 아니한 경우)

아. 국외여행 인솔자 자격증을 빌려주거나 빌린 자 또는 이를 알선한 자

자. 거짓이나 그 밖의 부정한 방법으로 카지노 기구의 검사 또는 유기시설, 유기기구의 안정성 검사를 수행한 자

차. 거짓이나 그 밖의 부정한 방법으로 유기시설, 유기기구의 검사를 받은 자

카. 관광통역안내사 자격증을 빌려주거나 빌린 자 또는 이를 알선한 자

30 과태료 부과 개별기준

위반행위	과태료 금액		
	1차 위반	2차 위반	3차 이상 위반
가. 법 제10조제3항을 위반하여 관광표지를 사업장에 붙이거나 관광사업의 명칭을 포함하는 상호를 사용한 경우	30	60	100
나. 법 제28조제2항 전단을 위반하여 영업준칙을 지키지 않은 경우	100	100	100
다. 법 제33조제3항을 위반하여 안전교육을 받지 않은 경우	30	60	100
라. 법 제33조제4항을 위반하여 안전관리자에게 안전교육을 받도록 하지 않은 경우	50	100	100
마. 법 제33조의2제1항을 위반하여 유기시설 또는 유기기구로 인한 중대한 사고를 통보하지 않은 경우(500만원 이하)	100	200	300
바. 법 제38조제6항을 위반하여 관광통역 안내를 한 경우 (500만원 이하)	50	100	100
사. 법 제38조제7항을 위반하여 자격증을 패용하지 않은 경우	3	3	3
아. 법 제48조의10제3항을 위반하여 인증표지 또는 이와 유사한 표지를 하거나 한국관광 품질인증을 받은 것으로 홍보한 경우	30	60	100

31 여행이용권 업무

① 관광취약계층의 범위

가. 「국민기초생활 보장법」 제2조제2호에 따른 수급자

나. 「국민기초생활 보장법」 제2조제11호에 따른 차상위계층에 해당하는 사람 중 다음 각 목의 어느 하나에 해당하는 사람

- 「국민기초생활 보장법」 제7조제1항제7호에 따른 자활급여 수급자
- 「장애인복지법」 제49조제1항에 따른 장애수당 수급자 또는 같은 법 제50조에 따른 장애아동수당 수급자
- 「장애인연금법」 제5조에 따른 장애인연금 수급자
- 「국민건강보험법 시행령」 별표 2 제3호라목의 경우에 해당하는 사람

다. 「한부모가족지원법」 제5조에 따른 지원대상자

라. 그 밖에 경제적 · 사회적 제약 등으로 인하여 관광 활동을 영위하기 위하여 지원이 필요한 사람으로서 문화체육관광부장관이 정하여 고시하는 기준에 해당하는 사람

② 여행이용권 업무의 전담기관이 수행하는 업무

가. 여행이용권의 발급에 관한 사항

나. 법 제47조의5제4항에 따른 정보시스템의 구축 · 운영

다. 여행이용권 이용활성화를 위한 관광단체 및 관광시설 등과의 협력

라. 여행이용권 이용활성화를 위한 조사 · 연구 · 교육 및 홍보

마. 여행이용권 이용자의 편의 제고를 위한 사업

바. 여행이용권 관련 통계의 작성 및 관리

사. 그 밖에 문화체육관광부장관이 여행이용권 업무의 효율적 수행을 위하여 필요하다고 인정하는 사무

32 관광산업 진흥사업

① 문화체육관광부장관은 관광산업의 활성화를 위하여 대통령령으로 정하는 바에 따라 다음 각 호의 사업을 추진할 수 있다.

가. 관광산업 발전을 위한 정책 · 제도의 조사 · 연구 및 기획

나. 관광 관련 창업 촉진 및 창업자의 성장 · 발전 지원

다. 관광산업 전문인력 수급분석 및 육성

라. 관광산업 관련 기술의 연구개발 및 실용화

마. 지역에 특화된 관광 상품 및 서비스 등의 발굴 · 육성

바. 그 밖에 관광산업 진흥을 위하여 필요한 사항

33 국제협력 및 해외진출 지원

① 문화체육관광부장관은 관광산업의 국제협력 및 해외시장 진출을 촉진하기 위하여 다음 각 호의 사업을 지원할 수 있다. (관계기관 또는 단체에 이를 위탁하거나 대행하게 할 수 있으며, 필요한 비용을 보조할 수 있다.)

가. 국제전시회의 개최 및 참가 지원

나. 외국자본의 투자 유치

다. 해외마케팅 및 홍보 활동

라. 해외진출에 관한 정보 제공

마. 수출 관련 협력체계의 구축

바. 그 밖에 국제협력 및 해외진출을 위하여 필요한 사업

04

관광진흥개발기금법

1 목적

: ① 관광사업을 효율적으로 발전, ② 관광을 통한 외화 수입 증대

2 재원구성

① 정부로부터 받은 출연금

② 「관광진흥법」에 따른 카지노사업자의 납부금

③ 출국납부금 :

가. 국내 공항과 항만을 통하여 출국하는 내 · 외국인은 1만원 이내의 납부금을 납부해야 한다.

나. 문화체육관광부장관은 각 해당 기관에 징수를 위탁한다.

1) 공항 : 1만원, 공항운영자에게 위탁

2) 항만 : 1천원, 지방해양수산청장, 항만공사에 위탁

※ 납부 예외 대상

① 외교관 여권 소지자

② 2세(선박 이용시 6세) 미만 어린이

③ 국외로 입양되는 어린이와 호송인

④ 대한민국에 주둔하는 외국의 군인 및 군무원

⑤ 입국이 허용되지 않거나 거부된 출국자

⑥ 국비로 강제 출국되는 외국인

⑦ 공항통과 여객으로서 보세구역을 벗어난 후 출국하는 여객

- 항공기 탑승이 불가능하여 어쩔 수 없이 당일이나 다음날에 출국하는 경우
- 공항 폐쇄 또는 기상 악화로 항공기 출발 지연되는 경우
- 항공기의 고장, 납치 등 부득이한 사유로 항공기가 불시착한 경우
- 관광을 목적으로 보세구역을 벗어난 후 24시간 이내에 다시 보세구역으로 들어온 경우

⑧ 국제선 항공기 및 국제선 선박의 승무교대를 위해 출국하는 승무원

다. 부과된 납부금에 이의가 있으면 부과 받은 날부터 60일 이내에 문체부장관에게 이의 신청

라. 문체부장관은 신청을 받은 날부터 15일 이내에 이를 검토하여 서면으로 알려야 한다.

④ 「관세법」 제 176조의 2 제4항에 따른 보세판매장 특허수수료의 100분의 50

⑤ 기금의 운용으로 생기는 수익금과 기타 재원

3 기금의 관리

: 문화체육관광부장관이 관리, 10명 이내의 민간 전문가 고용(계약직으로 2년 원칙)

4 기금의 용도

구분	내용
대여	호텔을 비롯한 각종 관광시설의 건설 또는 개수
	관광교통수단 확보 또는 개수
	관광사업 발전을 위한 기반시설 건설 또 개수
	관광지 · 관광단지 · 관광특구에서의 관광편의시설 건설 또는 개수
대여 또는 보조	국외여행자의 건전한 관광을 위한 교육 및 관광정보 제공사업
	국내외 관광안내체계 개선 및 관광홍보사업
	관광사업종사자 및 관계자에 대한 교육훈련사업
	국민관광 진흥사업 및 외래관광객 유치 지원사업
	관광상품 개발 및 지원사업
	관광지 · 관광단지 · 관광특구에서의 공공편익시설 설치사업
	국제회의 유치 및 개최사업
	장애인등소외계층에 대한 국민관광 복지사업
	전통관광자원 개발 및 지원사업
	그밖에 대통령령으로 정하는 사업 · 여행업자, 카지노 사업자(각 사업자가 설립한 관광협회 포함)의 해외지사 설치 · 관광사업체 운영의 활성화 · 관광진흥에 기여하는 문화예술사업 · 지방자치단체나 관광단지개발자 등의 관광지 및 관광단지 조성사업 · 관광지 · 관광단지 · 관광특구의 문화 · 체육 · 숙박 · 상가시설로서 관광객 유치를 위해 특히 필요하다고 문화체육관광부장관이 인정하는 시설의 조성 · 관광 관련 국제기구 설치
보조	관광정책에 관한 조사 · 연구법인의 기본재산형성 및 조사연구사업, 기타 운영경비
출자 (민간자본 유치 목적)	관광지 및 관광단지 조성사업
	국제회의시설 건립 및 확충사업
	관광사업에 투자하는 것을 목적으로 하는 투자조합
	기타 대통령령으로 정하는 사업
여유자금 운용	「은행법」에 따른 금융기관, 「우체국예금 · 보험에 관한 법률」에 따른 체신관서에 예치
	국 · 공채 등 유가증권 매입
	기타 금융상품의 매입
예산 범위에서 출연	「신용보증기금법」에 따른 신용보증기금
	「지역신용보증재단법」에 따른 신용보증재단 중앙회

5 기금운용위원회

① 설치 : 문화체육관광부장관 소속

② 위원회 구성 : 위원장 1명을 포함한 10명 이내의 위원 , 간사 1명

위원장 – 문화체육관광부 제1차관, 위원 – 장관이 임명하거나 위촉

가. 기획재정부 및 문화체육관광부의 고위공무원단에 속하는 공무원

나. 공인회계사의 자격이 있는 사람

다. 관광관련 단체 또는 연구기관의 임원

라. 그 밖에 기금의 관리, 운영에 관한 전문 지식과 경험이 풍부하다고 인정되는 자

③ 회의 : 재적위원 과반수의 출석으로 개의, 출석위원 과반수의 찬성으로 의결

6 기금운용 절차

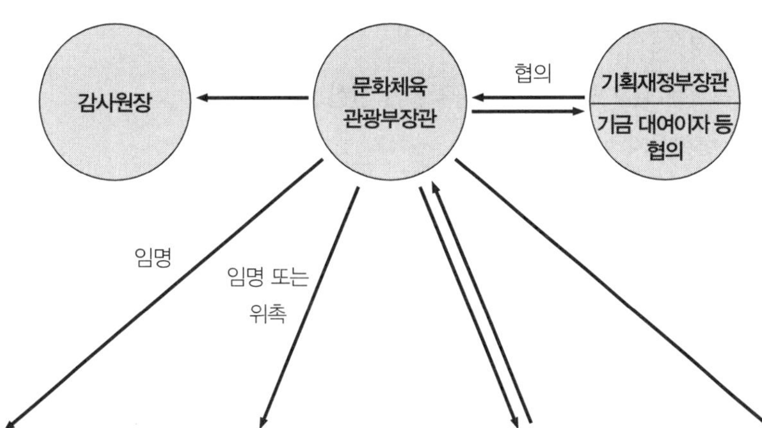

기금수입징수관, 기금재무관, 기금지출관 및 기금출납공무원	기금운용위원회	한국산업은행(은행장)	한국은행(총재)
소속 공무원 중 임명	기금운용위원회 • 위원장 : 제1차관 • 위원 : 위원장 포함 10인 이내, 간사 1명 • 대하이자율, 대여이자율, 대여기간, 연체이자율 심의	• 기금대여업무계획 작성, 장관 승인 • 기금대여상황 보고(다음 달 10일까지) • 기금운용에 필요한 사항을 명령 · 감독할 수 있다.	계정 설치

① 문화체육관광부장관은 기금수입징수관, 기금재무관, 기금지출관, 기금출납공무원을 임명한 경우에는 감사원장, 기획재정부장관 및 한국은행총재에게 알려야 한다.

② 문화체육관광부장관은 기금운용계획에 따라 지출한도액을 배정한 경우에는 기획재정부장관, 한국은행총재 및 한국산업은행의 은행장에게 알려야 한다.

③ 문화체육관광부장관은 「국가재정법」에 따라 기금운용계획안 수립 또는 변경 → 위원회의 심의 거쳐야 함

④ 문화체육관광부장관은 결산보고서 작성 → 다음 연도 2월 말일까지 기획재정부장관에게 제출

⑤ 기금재무관 : 기금지출원인행위액보고서 → 다음 달 15일까지 기획재정부장관에게 제출
기금지출관 : 기금출납보고서 → 다음 달 15일까지 기획재정부장관에게 제출

7 목적 외의 사용금지

① 기금대여금 및 보조금의 취소 및 회수

가. 거짓이나 부정한 방법으로 대여한 경우

나. 잘못 지급한 경우

다. 등록등 취소 또는 실효 등으로 대여자격을 상실한 경우

라. 대여조건을 이행하지 아니한 경우

마. 기금을 대여 받을 때 지정된 목적 사업을 계속해서 수행 곤란 또는 불가능한 자

② 해당되는 자는 통지 후 2개월 이내로 대여금 및 보조금 반환해야하고, 2개월 초과 시 연체이자율 적용

05

국제회의 산업육성에 관한 법률

1 목적 : 국제회의의 유치를 촉진하고 그 원활한 개최를 지원하여 국제회의 산업을 육성 · 진흥함으로서 관광산업의 발전과 국민 경제의 발전에 이바지함.

2 용어 정의

① "국제회의"란 상당수의 외국인이 참가하는 회의(세미나 · 토론회 · 전시회 등을 포함한다)로서 대통령령으로 정하는 종류와 규모에 해당하는 것을 말한다.

② "국제회의산업"이란 국제회의의 유치와 개최에 필요한 국제회의시설, 서비스 등과 관련된 산업을 말한다.

③ "국제회의시설"이란 국제회의의 개최에 필요한 회의시설, 전시시설 및 이와 관련된 부대시설 등으로서 대통령령으로 정하는 종류와 규모에 해당하는 것을 말한다.

④ "국제회의도시"란 국제회의 산업의 육성 · 진흥을 위하여 지정된 특별시 · 광역시 또는 시를 말한다.

⑤ "국제회의 전담조직"이란 국제회의 산업의 진흥을 위하여 각종 사업을 수행하는 조직을 말한다.

⑥ "국제회의 산업육성기반"이란 국제회의시설, 국제회의 전문인력, 전자국제회의체제, 국제회의 정보 등 국제회의의 유치 · 개최를 지원하고 촉진하는 시설, 인력, 체제, 정보 등을 말한다.

⑦ "국제회의복합지구"란 국제회의시설 및 국제회의집적시설이 집적되어 있는 지역으로서 지정된 지역을 말한다.

⑧ "국제회의집적시설"이란 국제회의복합지구 안에서 국제회의시설의 집적화 및 운영 활성화에 기여하는 숙박시설, 판매시설, 공연장 등 대통령령으로 정하는 종류와 규모에 해당하는 시설로서 지정된 시설을 말한다.

3 국제회의 산업육성 기본계획 : 문화체육관광부장관이 5년마다 수립 및 연도별 국제회의산업육성 시행계획 수립 · 시행

① 국제회의의 유치와 촉진에 관한 사항

② 국제회의의 원활한 개최에 관한 사항

③ 국제회의에 필요한 인력의 양성에 관한 사항

④ 국제회의시설의 설치와 확충에 관한 사항

⑤ 그밖에 국제회의 산업의 육성 · 진흥에 관한 중요 사항

4 국제회의 산업육성 기반의 조성

① 문화체육관광부장관은 관계중앙행정기관의 장과 협의하여 다음 각 호의 사업을 추진하여야 한다.

가. 국제회의시설의 건립

나. 국제회의 전문인력의 양성

다. 국제회의 산업육성 기반의 조성을 위한 국제협력

라. 인터넷 등 정보통신망을 통하여 수행하는 전자국제회의 기반의 구축

마. 국제회의 산업에 관한 정보와 통계의 수집 · 분석 및 유통

바. 국제회의 전담조직의 육성

사. 국제회의 산업에 관한 국외홍보사업

② 문화체육관광부장관은 사업시행기관에 국제회의 산업육성 기반의 조성을 위한 사업을 실시하게 할 수 있다.

가. 전담조직(문화체육관광부장관이 지정 및 국제회의시설을 보유 · 관할하는 지방자치단체가 설치)

나. 국제회의도시

다. 한국관광공사

라. 대학, 산업대학 및 전문대학

마. 국제회의산업의 육성과 관련된 업무를 수행하는 문화체육관광부장관이 지정하는 법인 · 단체

5 국제회의 도시의 지정

① 문화체육관광부장관은 지정기준에 맞는 특별시 · 광역시 및 시를 국제회의 도시로 지정할 수 있다.

② 문화체육관광부장관은 국제회의 도시를 지정하는 경우 지역 간의 균형적 발전을 고려하여야 하며 국제회의 도시의 지정 또는 지정취소를 한 경우에는 그 내용을 고시하여야 한다.

③ 국제회의 도시의 지정기준

가. 지정대상 도시 안에 국제회의 시설이 있고, 당해 특별시 · 광역시 또는 시에서 이를 활용한 국제회의 산업육성에 관한 계획을 수립하고 있을 것

나. 지정대상 도시 안에 숙박시설 · 교통시설 · 교통안내체계 등 국제회의 참가자를 위한 편의시설이 갖추어져 있을 것

다. 지정대상도시 또는 그 주변에 풍부한 관광자원이 있을 것

④ 국제회의 도시의 지정신청 서류

가. 국제회의시설의 보유현황 및 이를 활용한 국제회의 산업육성에 관한 계획

나. 숙박시설 · 교통시설 · 교통안내체계 등 참가자를 위한 편의시설의 현황 및 확충계획

다. 지정대상도시 또는 그 주변의 관광자원의 현황 및 개발계획

라. 국제회의 유치 · 개최 실적 및 계획

6 국제회의 전담조직의 업무

① 국제회의의 유치 및 개최 지원

② 국제회의 산업의 국외홍보

③ 국제회의 관련정보의 수집 및 배포

④ 국제회의 전문인력의 교육 및 수급

⑤ 전담조직에 대한 지원 및 상호협력

⑥ 그 밖에 국제회의 산업의 육성과 관련된 업무

7 재정 지원

① 문화체육관광부장관은 국외 여행자의 출국납부금 총액의 10/100 범위에서 지원할 수 있다.

가. 지정 · 설치된 전담조직의 운영

나. 국제회의 유치 또는 그 개최자에 대한 지원

다. 사업시행기관에서 실시하는 국제회의 산업육성기반 조성사업

라. 국제회의 산업육성기반 조성과 관련된 지원사업

② 지원을 받으려는 자는 문화체육관광부장관 또는 전담조직에 지원을 신청하여야 한다.

8 국제회의의 종류 · 규모

① 국제기구 또는 국제기구에 가입한 기관 또는 법인 · 단체가 개최하는 회의

가. 당해 회의에 5개국 이상의 외국인이 참가할 것

나. 회의참가자가 300명 이상이고, 그 중 외국인이 100명 이상일 것

다. 3일 이상 진행되는 회의일 것

② 국제기구에 가입하지 아니한 기관 또는 법인 · 단체가 개최하는 회의

가. 회의참가자 중 외국인이 150명 이상일 것

나. 2일 이상 진행되는 회의일 것

9 국제회의시설의 종류와 규모

① 전문회의시설

가. 2천명 이상의 인원을 수용할 수 있는 대회의실이 있을 것

나. 30명 이상의 인원을 수용할 수 있는 중·소회의실이 10실 이상 있을 것

다. 옥내와 옥외 전시면적을 합쳐서 2천제곱미터 이상 확보할 것

② 준회의시설

가. 200명 이상의 인원을 수용할 수 있는 대회의실이 있을 것

나. 30명 이상의 인원을 수용할 수 있는 중·소회의실이 3실 이상 있을 것

③ 전시시설

가. 옥내·옥외 전시면적을 합쳐서 2천제곱미터 이상 확보 할 것

나. 30명 이상의 인원을 수용할 수 있는 중·소회의실이 5실 이상 있을 것

④ 부대시설은 숙박시설·주차시설·음식점시설·휴식시설·판매시설 등으로 한다.

⑤ 특별자치도지사·시장·군수 또는 구청장이 건축허가 및 사용승인 신청을 받은 경우 행정기관의 장은 그 요청을 받은 날부터 15일 이내에 의견을 제출하여야 한다.

10 문화체육관광부장관은 국제회의 산업육성 기반의 조성과 관련된 국제협력을 촉진하기 위하여 사업시행기관이 추진하는 다음 사업을 지원할 수 있다.

① 국제회의 관련 국제협력을 위한 조사·연구

② 국제회의 전문인력 및 정보의 국제교류

③ 외국의 국제회의 관련기관·단체의 국내유치

④ 국제회의 관련 국제행사에의 참가

⑤ 외국의 국제회의 관련기관, 단체에의 인력 파견

11 문화체육관광부장관은 국제회의 정보의 공급활용 및 유통을 촉진하기 위하여 사업시행기관이 추진하는 다음 사업을 지원할 수 있다.

① 국제회의 정보 및 통계의 수집, 분석

② 국제회의 정보의 가공 및 유통

③ 국제회의 정보망의 구축 및 운영

④ 국제회의 정보의 활용을 위한 자료의 발간 및 배포

12 국제회의복합지구의 지정

① 특별시장 · 광역시장 · 특별자치시장 · 도지사 · 특별자치도지사는 국제회의산업의 진흥을 위하여 필요한 경우에는 관할구역의 일정 지역을 국제회의복합지구로 지정할 수 있다.

② 시 · 도지사는 국제회의복합지구를 지정할 때에는 국제회의복합지구 육성 · 진흥계획을 수립하여 문화체육관광부장관의 승인을 받아야 한다. 대통령령으로 정하는 중요한 사항을 변경할 때에도 또한 같다.

③ 시 · 도지사는 국제회의복합지구 육성 · 진흥계획을 시행하여야 한다.

④ 시 · 도지사는 사업의 지연, 관리 부실 등의 사유로 지정목적을 달성할 수 없는 경우 국제회의복합지구 지정을 해제할 수 있다. 이 경우 문화체육관광부장관의 승인을 받아야 한다.

⑤ 국제회의복합지구는 「관광진흥법」 제70조에 따른 관광특구로 본다.

⑥ 국가 및 지방자치단체는 국제회의복합지구 육성 · 진흥사업을 원활하게 시행하기 위하여 필요한 경우에는 국제회의복합지구의 국제회의시설 및 국제회의집적시설에 대하여 관련 법률에서 정하는 바에 따라 다음 각 호의 부담금을 감면할 수 있다.

가. 「개발이익 환수에 관한 법률」 제3조에 따른 개발부담금

나. 「산지관리법」 제19조에 따른 대체산림자원조성비

다. 「농지법」 제38조에 따른 농지보전부담금

라. 「초지법」 제23조에 따른 대체초지조성비

마. 「도시교통정비 촉진법」 제36조에 따른 교통유발부담금

⑦ 국제회의복합지구 지정요건은 다음 각 호와 같다.

가. 국제회의복합지구 지정 대상 지역 내에 전문회의시설이 있을 것

나. 국제회의복합지구 지정 대상 지역 내에서 개최된 회의에 참가한 외국인이 국제회의복합지구 지정일이 속한 연도의 전년도 기준 5천명 이상이거나 국제회의복합지구 지정일이 속한 연도의 직전 3년간 평균 5천명 이상일 것

다. 국제회의복합지구 지정 대상 지역에 집적시설에 해당하는 시설이 1개 이상 있을 것

라. 국제회의복합지구 지정 대상 지역이나 그 인근 지역에 교통시설 · 교통안내체계 등 편의시설이 갖추어져 있을 것

마. 국제회의복합지구의 지정 면적은 400만 제곱미터 이내로 한다.

⑧ 특별시장 · 광역시장 · 특별자치시장 · 도지사 · 특별자치도지사는 국제회의복합지구의 지정을 변경하려는 경우에는 다음 각 호의 사항을 고려하여야 한다.

가. 국제회의복합지구의 운영 실태

나. 국제회의복합지구의 토지이용 현황

다. 국제회의복합지구의 시설 설치 현황

라. 국제회의복합지구 및 인근 지역의 개발계획 현황

⑨ 시 · 도지사는 국제회의복합지구를 지정하거나 지정을 변경한 경우 또는 지정을 해제한 경우에는 다음 각 호의 사항을 관보, 일반일간신문 또는 해당 지방자치단체의 인터넷 홈페이지에 공고하고, 문화체육관광부장관에게 국제회의복합지구의 지정, 지정 변경 또는 지정 해제의 사실을 통보하여야 한다.

가. 국제회의복합지구의 명칭

나. 국제회의복합지구를 표시한 행정구역도와 지적도면

다. 국제회의복합지구 육성 · 진흥계획의 개요(지정의 경우만 해당한다)

라. 국제회의복합지구 지정 변경 내용의 개요(지정 변경의 경우만 해당한다)

마. 국제회의복합지구 지정 해제 내용의 개요(지정 해제의 경우만 해당한다)

⑩ 국제회의복합지구 육성 · 진흥계획에는 다음 각 호의 사항이 포함되어야 한다.

가. 국제회의복합지구의 명칭, 위치 및 면적

나. 국제회의복합지구의 지정 목적

다. 국제회의시설 설치 및 개선 계획

라. 국제회의집적시설의 조성 계획

마. 회의 참가자를 위한 편의시설의 설치 · 확충 계획

바. 해당 지역의 관광자원 조성 · 개발 계획

사. 국제회의복합지구 내 국제회의 유치 · 개최 계획

아. 관할 지역 내의 국제회의업 및 전시사업자 육성 계획

자. 그 밖에 국제회의복합지구의 육성과 진흥을 위하여 필요한 사항

⑪ 시 · 도지사는 수립된 국제회의복합지구 육성 · 진흥계획에 대하여 5년마다 그 타당성을 검토하고 국제회의복합지구 육성 · 진흥계획의 변경 등 필요한 조치를 하여야 한다.

13 국제회의집적시설의 지정

① 문화체육관광부장관은 국제회의복합지구에서 국제회의시설의 집적화 및 운영 활성화를 위하여 필요한 경우 시 · 도지사와 협의를 거쳐 국제회의집적시설을 지정할 수 있다.

② 국제회의집적시설로 지정을 받으려는 자(지방자치단체를 포함한다)는 문화체육관광부장관에게 지정을 신청하여야 한다.

③ 국제회의집적시설의 종류와 규모

가. 「관광진흥법」에 따른 관광숙박업의 시설로서 100실 이상의 객실을 보유한 시설

나. 「유통산업발전법」 제2조제3호에 따른 대규모점포

다. 「공연법」 제2조제4호에 따른 공연장으로서 500석 이상의 객석을 보유한 공연장

④ 국제회의집적시설의 지정 요건

가. 해당 시설(설치 예정인 시설을 포함한다. 이하 이 항에서 같다)이 국제회의복합지구 내에 있을 것

나. 해당 시설 내에 외국인 이용자를 위한 안내체계와 편의시설을 갖출 것

다. 해당 시설과 국제회의복합지구 내 전문회의시설 간의 업무제휴 협약이 체결되어 있을 것

2장

관광법규
기출 및 예상문제

Test 01

01 관광진흥법상 국고보조금을 교부받고자 하는 자가 문화체육관광부장관에게 제출해야 하는 서류가 아닌 것은?

① 사업개요 및 효과 ② 총사업비 및 보조금액의 산출내역
③ 사업 공정계획 ④ 사업자의 신용증명서

02 관광진흥법상 지방자치단체의 장이 장관에게 보고해야 하는 내용이 아닌 것은?

① 사업계획이 승인현황 ② 관광지등이 관리 및 현황에 관한 사항
③ 관광지등 조성계획의 승인현황 ④ 관광사업의 등록현황

03 관광기본법에 의해 정부가 관광객이 이용할 시설의 개선 및 확충을 위한 시책을 강구하는데 거리가 먼 시설은?

① 휴식시설 ② 교통시설
③ 주거시설 ④ 숙박시설

04 관관광진흥법상 관광체험 교육프로그램을 개발 · 보급할 수 있는 자는?

① 한국관광협회중앙회의 회장 ② 지방자치단체의 장
③ 한국관광공사 사장 ④ 한국일반여행업협회의 회장

05 관광진흥법상 호텔업의 종류에 해당되지 않는 것은?

① 관광호텔업 ② 호스텔업
③ 유스호스텔업 ④ 수상관광호텔업

06 다음 중 관광사업의 종류를 옳게 분류한 것은?

① 여행업 ,관광숙박업, 관광객이용시설업, 국제회의업, 카지노업, 유원시설업, 관광편의시설업
② 여행업, 관광숙박업, 국제회의시설업, 카지노업, 유원시설업, 관광편의시설업, 관광객이용시설업
③ 여행업, 관광숙박업, 관광객이용시설업, 국제회의기획업, 카지노업, 유원시설업, 관광편의시설업
④ 여행업, 호텔업, 관광객이용시설업, 국제회의업, 카지노업, 유원시설업, 관광편의시설업

07 다음 중 허가를 받지 않아도 되는 관광사업은?

① 종합유원시설업 ② 국제회의시설업
③ 카지노업 ④ 일반유원시설업

08 관광사업자등록등의 절차에 대한 설명이 잘못된 것은?

① 허가받아야 하는 사업자는 중요사항 변경허가, 경미한 사항 변경신고 해야 한다.
② 등록해야 하는 사업자는 중요 사항만 변경등록 해야 한다.
③ 신고해야 하는 사업자는 중요한 사항 변경신고 해야 한다.
④ 지정받아야 하는 사업자는 중요사항 변경지정 해야 한다.

09 관광진흥법상 시 · 도지사가 수립하는 권역별관광개발계획에 포함시켜야 하는 사항이 아닌 것은?

① 관광자원의 보호, 개발, 이용, 관리 등에 관한 사항
② 관광권역별 관광개발의 기본방향에 관한 사항
③ 관광사업의 추진에 관한 사항
④ 관광지, 관광단지의 조성, 정비, 보완에 관한 사항

10 시장 · 군수 · 구청장 등이 수립하는 관광특구진흥계획에 포함하여야 할 사항과 거리가 먼 것은?

① 관광특구안의 접객시설 등 관련시설의 사업자에 대한 교육계획
② 특색있고 다양한 축제, 행사, 그밖에 홍보에 관한 사항
③ 관광객 유치를 위한 제도 개선에 관한 사항
④ 관광특구를 중심으로 주변지역과 연계한 관광코스의 개발에 관한 사항

11 한국관광협회가 공제사업허가를 받을 때 첨부해야 하는 공제규정에 포함하지 않아도 되는 사항은?

① 사업의 실시방법 ② 공제사업의 내용
③ 공제분담금 및 책임준비금의 산출방법 ④ 공제계약

12 관광진흥법상 카지노전산시설 검사업무규정에 포함하지 않아도 되는 사항은?

① 검사의 소요기간 ② 검사의 증명에 관한 사항
③ 검사의 절차와 방법에 관한 사항 ④ 검사의 기록유지에 관한 사항

13 다음 중 사업계획 승인을 받지 않아도 되는 관광사업은 어느 것인가?

① 휴양콘도미니엄업 ② 전문휴양업
③ 수상관광호텔업 ④ 관광공연장업

14 관광진흥법령상 분양 할 수 있는 사업은 어느 것인가?

① 외국인관광 도시민박업 ② 휴양콘도미니엄업
③ 2종종합휴양업 ④ 호스텔업

15 관광사업자의 분양 또는 회원모집 계약서에 명시하지 않아도 되는 내용은?

① 시설물의 현황, 소재지 ② 사업계획의 승인번호, 일자
③ 연간이용일수 및 회원의 입회기간 ④ 분양 또는 회원의 계약금액

16 다음 중 카지노 사업자가 변경허가를 받지 않아도 되는 내용은?

① 영업소 소재지의 변경 ② 대표자 및 상호의 변경
③ 영업종류의 변경 ④ 검사대상시설의 변경 또는 교체

17 관광진흥법령상 관광사업의 허가와 신고에 관한 설명으로 옳지 않은 것은?

① 종합유원시설업을 경영하려는 자는 특별자치도지사 · 시장 · 군수 · 구청장의 허가를 받아야 한다.
② 카지노업을 경영하려는 자는 문화체육관광부장관의 허가를 받아야 한다.
③ 기타유원시설업을 경영하려는 자는 특별자치도지사 · 시장 · 군수 · 구청장의 허가를 받아야 한다.
④ 일반유원시설업을 경영하려는 자는 특별자치도지사 · 시장 · 군수 · 구청장의 허가를 받아야 한다.

18 문화체육관광부장관의 권한을 한국관광공사 또는 협회, 업종별 · 지역별 관광협회에 위탁하는 내용이 아닌 것은?

① 문화관광해설사의 양성을 위한 교육과정의 개설 · 운영에 관한 권한
② 한국관광 품질인증 및 취소 권한
③ 관광통역안내사의 자격시험, 등록, 자격증 발급 및 취소에 관한 권한
④ 국외여행인솔자의 등록 및 자격증 발급에 관한 권한

19 다음 중 관광사업자에 대한 벌칙이 가장 무거운 것은?

① 법령에 위반하여 카지노기구 또는 시설을 변조하거나 변조된 기구, 시설을 사용하는 행위
② 여행업자 등이 등록하지 않고 경영한 자
③ 카지노사업자가 관광사업의 경영 또는 사업계획을 추진함에 있어서 뇌물을 주고받은 경우
④ 유원시설업자가 허가를 받지 않고 경영한 자

20 다음 내용 중 수수료를 내야하는 경우가 아닌 것은?

① 카지노기구의 검정
② 국외여행인솔자의 자격증 발급
③ 기타유원시설업의 신고
④ 유원시설업자의 안전성검사 대상에 해당되지 아니함을 확인하는 검사

21 관광사업자가 과태료를 부과 당할 수 있는 경우가 아닌 것은?

① 카지노사업자가 영업준칙을 지키지 않은 경우
② 관광사업자가 아닌 자가 관광표지를 붙이거나 유사명칭 상호를 사용한 경우
③ 관광사업자가 주된 사업시설을 타인에게 경영하게 하였을 때
④ 유원시설업 안전관리자에게 안전교육을 받도록 하지 아니한 경우

22 국제회의산업육성에 관한 법률상 국제회의도시의 지정신청 시 서류에 기재하지 않아도 되는 내용은?

① 국제회의시설의 보유 현황 및 이를 활용한 국제회의산업육성에 관한 계획
② 숙박시설, 교통시설, 교통안내체계 등 국제회의 참가자를 위한 편의시설의 현황 및 확충계획
③ 국제회의 유치, 개최 실적 및 계획
④ 지정신청대상 도시의 규모 및 행정조직도

23 관광종사원시험에 관한 응시자격, 시험과목, 일시, 장소, 응시절차 등에 필요한 사항은 시험시행 며칠 전까지 인터넷 홈페이지 등에 공고해야 하는가?

① 30일　② 60일
③ 50일　④ 90일

24 관광진흥개발기금을 대통령령에 의해 대여 또는 보조할 수 있는 내용이 아닌 것은?

① 관광사업체 운영의 활성화　② 관광진흥에 기여하는 문화예술사업
③ 관광관련 국제기구의 설치　④ 전통관광자원 개발 및 지원사업

25 관광진흥개발기금법에 따라 기금운용위원회 위원이 될 수 없는 자는?

① 기획재정부 및 문화체육관광부 고위공무원단에 속하는 공무원
② 관광관련단체 또는 연구기관의 임원
③ 한국관광공사 사장
④ 공인회계사 자격이 있는 사람

ANSWER

01 ④	02 ②	03 ③	04 ②	05 ③	06 ①	07 ②	08 ④	09 ②	10 ①
11 ②	12 ④	13 ④	14 ②	15 ④	16 ②	17 ③	18 ③	19 ①	20 ②
21 ③	22 ④	23 ④	24 ④	25 ③					

01. ④ 사업의 경비 중 보조금으로 충당하는 부분외의 경비조달 방법과 사업자의 자산과 부채에 관한 사항이 추가됨

02. ② 관광지등의 지정현황

05. ③ 가족호텔업, 한국전통호텔업, 소형호텔업, 의료관광호텔업이 추가됨

07. ② 종합유원시설업, 일반유원시설업 : 시장 · 군수 · 구청장, 특별자치도지사의 허가
카지노업 : 문화체육관광부장관의 허가

08. ④ 지정은 변경지정이 없다.

09. ② 관광개발 기본계획에 포함시켜야 하는 사항

10. ① 종사원에 대한 교육계획

11. ② 공제사업의 내용은 대통령령에 의해 규정되어 있다.

12. ④ 검사의 수수료에 관한사항, 검사원이 지켜야할 사항, 그밖에 검사업무에 필요한 사항

13. ④ 관광숙박업과 종합휴양업, 전문휴양업, 관광유람선업, 국제회의시설업

14. ②, ③, ④는 회원모집을 할 수 있다.

16. ② 상호 또는 영업소의 명칭 변경은 경미한 사항으로 변경신고 사항이다.

17. ③ 기타유원시설업은 신고사항이다.

18. ③ 관광통역안내사의 자격취소는 문화체육관광부장관이 한다.

19. ① 5년 이하의 징역 또는 5000만원 이하의 벌금형
② 3년 이하의 징역 또는 3000만원 이하의 벌금형
③ 2년 이하의 징역 또는 2000만원 이하의 벌금형
④ 3년 이하의 징역 또는 3000만원 이하의 벌금형

20. ② 수수료 납부 법적 규정이 없다.

21. ① 100만원 ② 30만원 ④ 30만원

22. ④ 지정대상도시 또는 그 주변의 관광자원의 현황 및 개발계획

24. ④ 관광진흥개발기금법에 의한 대여 및 보조할 수 있는 사항이다.

25. ③ 기금의 관리 · 운용에 관한 전문지식과 경험이 풍부하다고 인정되는 사람

Test 02

01 관광기본법에서 규정하고 있는 내용이 아닌 것은?

① 관광진흥계획의 수립 ② 관광단지개발 및 보호
③ 관광사업의 지도 · 육성 ④ 관광종사자의 자질향상

02 관광통역안내사의 자격증 등록 및 자격증의 발급에 관한 사항을 위탁 받은 기관은?

① 한국관광협회 ② 문화체육관광부
③ 한국관광공사 ④ 한국산업인력공단

03 관광사업의 변경등록 기간을 위반한 경우의 행정처분으로 잘못된 것은?

① 1차 : 시정명령 ② 2차 : 사업정지 15일
③ 3차 : 사업정지 2개월 ④ 4차 : 취소

04 관광진흥법상 관광사업의 종류가 아닌 것은?

① 국제회의업 ② 관광외식업
③ 관광편의시설업 ④ 유원시설업

05 관광진흥법상 관광사업의 등록업종이 아닌 것은?

① 카지노업 ② 관광객이용시설업
③ 관광숙박업 ④ 국제회의업

06 관광진흥법상 관광사업의 종류 중 다음 내용에 해당되는 업종은?

> 식품위생법령에 따른 유흥주점 영업의 허가를 받은 자가 관광객이 이용하기 적합한 한국 전통분위기의 시설을 갖추어 그 시설을 이용하는 자에게 음식을 제공하고 노래와 춤을 감상하게 하거나 춤을 추게 하는 업

① 관광공연장업 ② 관광극장유흥업
③ 관광유흥음식점업 ④ 외국인전용 유흥음식점업

07 관광사업자 중 사업계획 승인을 얻은 자의 착공 및 준공기간으로 바르게 연결한 것은?

① 착공 2년 – 준공 5년 ② 착공 2년 – 준공 4년
③ 착공 7년 – 준공 4년 ④ 착공 4년 – 준공 7년

08 관광진흥법령상 카지노 사업과 관련된 내용으로 틀린 것은?

① 국적확인을 위해 신분증 제시를 요구할 경우 응해야 한다.
② 카지노 기구는 라운드 크랩스, 포커, 다이스, 빠이까우 등이 있다.
③ 카지노 최소영업시간은 1일 8시간 이상 영입하여야 한다.
④ 사망 · 폭력행위 등 사고가 발생하면 즉시 경찰관서에 보고해야 한다.

09 관광진흥법령상 관광통역안내사 자격을 취소 또는 자격정지 당할 수 있는 경우가 아닌 것은?

① 도박 또는 게임 중독자
② 거짓이나 부정한 방법으로 자격을 취득한 자
③ 직무수행에 부정 또는 비위사실 있는 자
④ 파산선고 받고 복권되지 아니한 자

10 관광진흥법령상 관광특구에 관한사항 중 잘못된 것은?

① 문화체육관광부장관이 지정한다.
② 지정요건에 3년 연속 미달하여 개선될 여지가 없다고 판단되는 경우에 관광특구 지정 취소
③ 식품위생법에 따른 영업제한에 관한 규정을 적용하지 아니한다.
④ 외래관광객이 10만명 이상 온 지역 대상

11 다음 중 조건부 영업허가 기간이 잘못된 것은?

① 종합 유원시설업 5년　② 카지노업 1년
③ 일반 유원시설업 3년　④ 기타 유원시설업 1년

12 관광개발 기본계획과 권역별계획에 관한 내용 중 틀린 것은?

① 기본계획은 매 5년마다, 권역별개발계획은 매 10년마다 수립한다.
② 기본계획은 문화체육관광부장관이 수립한다.
③ 기본계획은 매 10년마다, 권역별개발계획은 매 5년마다 수립한다.
④ 권역별개발계획은 시 · 도지사가 수립한다.

13 관광진흥개발기금법 시행령이 정하는 기금의 용도가 아닌 것은?

① 관광종사원의 복지 · 후생을 지원　② 여행알선업자의 해외지사의 설치
③ 관광관련 국제기구의 설치　④ 관광지 및 관광단지의 조성사업

14 한국관광협회의 공제사업과 관련된 내용 중 거리가 먼 것은?

① 공제사업의 허가를 받고자 할 때에는 공제규정을 첨부하여 문화체육관광부장관에게 신청해야 한다.
② 공제규정에는 사업의 실시방법 · 공제계약 · 공제분담금 및 책임 준비금의 산출방법에 관한 사항이 포함되어야 한다.
③ 공제규정을 변경하고자 할 때에는 승인을 안 받아도 된다.
④ 공제사업에 관한 회계는 다른 사업에 관한 회계와 구분하여 경리하여야 한다.

15 국제회의 산업육성에 관한 법령상 국제회의산업에 대한 설명으로 맞는 것은?

① 전문회의 시설은 전시면적 1천 제곱미터 이상
② 국제기구에 가입하지 않은 기관은 외국인 참가자 150명 이상
③ 국제기구에 가입한 기관은 참가국 수가 3개국 이상이다.
④ 전담기관은 한국관광공사에만 설치할 수 있다.

16 관광진흥법령상 관광특구 안에서 외국관광객 유치를 위한 관광질서 확립 및 관광서비스 개선을 위한 조치로 거리가 먼 것은?

① 관광불편 신고센터의 운영계획
② 국내외 관광객을 위한 쇼핑센터 설치
③ 범죄예방 계획 및 바가지요금, 퇴폐행위, 호객행위 근절대책
④ 관광특구 안의 접객시설 등 관광시설 종사원에 대한 교육계획

17 관광진흥법령상 일반여행업자의 행위 중 과징금이 제일 적은 것은?

① 등록범위를 벗어난 영업행위
② 여행계약서를 교부하지 않았을 때
③ 여행일정을 동의 없이 변경 했을 때
④ 안전정보를 제공하지 않았을 때

18 관광진흥법령상 관광호텔에 관한 설명과 내용으로 맞지 않는 것은?

① 관광호텔의 등급 심사는 3년마다 해야 한다.
② 특 2등급의 무궁화 수는 4개인데 4성급 호텔로 바뀌었다.
③ 등급 평가 시 평가요소는 3개 분야이다.
④ 관광숙박업의 육성과 서비스 개선 등에 관한 연구 및 계몽활동을 하는 비영리법인에서 등급결정을 할 수 있다.

19 관광진흥법상 자격요건을 갖지 못한 자가 국외여행을 인솔했을 때의 행정처분 기준은?

① 사업정지5일, 10일, 20일, 취소
② 10일, 20일, 1개월, 3개월
③ 시정명령, 20일, 30일, 3개월
④ 1개월, 2개월, 3개월, 취소

20 다음 중 가족호텔업이 갖추어야 할 부대시설에 해당되지 않는 것은?

① 음식시설 ② 운동시설
③ 휴양시설 ④ 공연시설

21 다음 중 관광진흥법상 용어의 정의가 틀리게 된 것은 어느 것인가?

① "관광단지"란 관광객의 다양한 관광 및 휴양을 위하여 각종 관광시설을 종합적으로 개발하는 관광거점 지역으로서 이 법에 의하여 지정된 곳을 말한다.
② "관광지"란 자연적 또는 문화적 관광자원을 갖추고 관광객을 위한 기본적인 편의 시설을 설치하는 지역으로서 이 법에 의하여 지정된 곳을 말한다.
③ "공유자"란 단독 소유 또는 공유의 형식으로 관광사업의 일부 시설을 관광사업자로부터 분양 받은 자를 말한다.
④ "지원시설"이란 관광지 또는 관광단지의 관리 · 운영 및 기능 활성화에 필요한 관광지 및 관광단지 안의 시설을 말한다.

22 관광진흥개발기금법령상 출국납부금 징수대상인 사람은?

① 외교관여권소지자 ② 통과여객자
③ 승무원 ④ 2세 이상의 어린이

23 국제회의도시 지정기준과 거리가 먼 내용은?

① 국제회의도시는 도 · 특별시 · 광역시를 기준으로 지정할 수 있다.
② 지정대상도시 안에 국제회의시설이 있고 당해 특별시 · 광역시 또는 시에서 이를 활용한 국제회의 산업육성에 관한 계획을 수립하고 있을 것
③ 지정대상도시 안에 숙박시설 · 교통시설 · 교통안내체계 등 국제회의 참가자를 위한 편의시설이 갖추어져 있을 것
④ 지정대상도시 또는 그 주변에 풍부한 관광자원이 있을 것

24 관광진흥법령상 관광편의시설업자 지정대장의 기재사항을 모두 고른 것은?

ㄱ. 상호 또는 명칭	ㄴ. 사업장의 소재지	ㄷ. 대표자의 성명 · 주소	ㄹ. 임원의 성명 · 주소

① ㄱ, ㄴ ② ㄴ, ㄷ
③ ㄴ, ㄷ, ㄹ ④ ㄱ, ㄴ, ㄷ, ㄹ

25 관광진흥법상 여행업자가 여행자에게 여행계약서를 교부하지 아니한 때의 행정처분 내용과 다른 것은?

① 1차 : 시정명령 ② 2차 : 사업정지 10일
③ 3차 : 사업정지 20일 ④ 4차 : 사업정지 30일

정답 및 해설

ANSWER

01 ②	02 ③	03 ③	04 ②	05 ①	06 ③	07 ①	08 ④	09 ①	10 ①
11 ④	12 ①	13 ①	14 ③	15 ②	16 ②	17 ④	18 ②	19 ②	20 ④
21 ④	22 ④	23 ①	24 ④	25 ④					

01. ② 관광지의 지정 및 개발

02. ③ 호텔경영사 및 호텔관리사 자격증은 한국관광공사이고, 국내여행안내사, 호텔서비스사는 한국관광협회에 위탁했다.

03. ③ 사업정지 1개월

04. ② 여행업, 관광숙박업, 카지노, 관광객이용시설업이 추가됨

05. ① 허가 업종이다.

08. ④ 문화체육관광부장관에게 보고해야 한다.

10. ① 시 · 도지사가 지정권자이다.

11. ④ 기타유원시설업은 신고사항이다.

14. ③ 변경승인을 받아야 한다.

15. ② 회의기간은 2일 이상이다.

16. ② 외국인 관광객을 위한 토산품 등 관광상품개발 · 육성계획

17. ① 800만원 ② 800만원 ③ 800만원 ④ 500만원

18. ② 무궁화 수가 5개인데 4성급 호텔로 바뀌었다.

20. ④ 공연과 오락시설이다.

21. ④ 관광지 및 관광단지 안팎의 시설이다.

22. ④ 2세 미만

23. ① 시 · 특별시 · 광역시 기준

25. ④ 취소

Test 03

01 관광기본법에서 정부가 강구할 시책의 내용이 아닌 것은?

① 외국 관광객 유치 ② 관광자원의 보호
③ 관광채권 발행 ④ 국민관광 발전

02 다음 중 관광편의시설업만 고른 것은?

관광궤도업, 관광유람선업, 관광사진업, 관광식당업, 자동차야영장업

① 관광궤도업, 관광사진업, 자동차야영장업
② 관광유람선업, 관광식당업, 관광사진업
③ 관광궤도업, 관광식당업, 자동차야영장업
④ 관광궤도업, 관광식당업, 관광사진업

03 다음 중 관광객이용시설업만 고른 것은?

외국인전용 관광기념품판매업, 외국인전용 유흥음식점업, 관광공연장업, 한옥체험업, 종합휴양업, 야영장업

① 외국인전용 관광기념품판매업, 관광공연장업, 종합휴양업
② 외국인전용 유흥음식점업, 관광공연장업, 한옥체험업
③ 야영장업, 관광공연장업, 종합휴양업
④ 외국인전용 관광기념품판매업, 외국인전용 유흥음식점업, 종합휴양업

04 관광진흥법령상 관광통계 작성 범위가 아닌 것은?

① 국민의 관광행태에 관한 사항
② 외국인 방한관광객의 관광행태에 관한 사항
③ 관광지와 관관단지의 지정에 관한 사항
④ 관광사업자의 경영에 관한 사항

05 다음 중 일반여행업, 국외여행업, 국내여행업의 자본금순서로 맞는 것은?

① 3억원 – 1억원 – 5000만원 ② 1억원 – 3000만원 – 1500만원
③ 2억원 – 1억원 – 5000만원 ④ 2억원 – 6000만원 – 3000만원

06 관광진흥법상 기획여행업자의 광고 표시 사항 중 틀린 것은?

① 최대 여행인원　　② 등록번호
③ 여행명과 일정　　④ 여행일정 변경 시 사전 동의 규정

07 관광진흥법령상 관광숙박업자의 등급신청과 관련된 사항으로 틀린 것은?

① 호텔업자는 모두 신규 등록할 경우 등급을 신청해야 한다.
② 문화체육관광부장관은 유효기간을 정하여 등급을 정할 수 있다.
③ 문화체육관광부장관은 등급결정 결과에 관한 사항을 공표할 수 있다.
④ 문화체육관광부장관은 등급결정을 위하여 관계전문가에게 관광숙박업의 시설 및 운영 실태에 관한 조사를 의뢰할 수 있다.

08 A관광통역안내사가 고객을 데리고 호텔에 갔는데 무궁화 수가 5개이고, 바탕색이 금색이다. 몇 등급 호텔로 변경되었나?

① 4성급 호텔　　② 7성급 호텔
③ 5성급 호텔　　④ 3성급 호텔

09 한국관광 품질인증 기준이 아닌 것은?

① 관광객 편의를 위한 시설 및 서비스를 갖출 것
② 해당 사업의 관련 시설 규정을 준수할 것
③ 관광객 응대를 위한 전문인력을 확보할 것
④ 재난 및 안전관리의 위험으로부터 관광객을 보호할 수 있는 사업장 안전관리 방안을 수립할 것

10 관광진흥법령상 카지노업을 할 수 있는 여객선의 규모는?

① 2만 톤급 이상　　② 5천 톤급 이상
③ 3천 톤급 이상　　④ 1만 톤급 이상

11 관광진흥법령상 카지노 사업자의 관광진흥개발기금 납부금 상한선은?

① 1/100　　② 5/100　　③ 10/100　　④ 20/100

12 관광숙박업 및 관광객 이용시설업 등록심의위원회의 위원장과 부위원장의 연결이 맞는 것은?

① 문화체육관광부장관 – 문화체육관광부차관
② 특별시장, 광역시장, 도지사 – 특별시 및 광역시의 부시장, 부지사
③ 부시장, 부군수, 부구청장, 특별자치도 부지사 – 위원 중에서 위원장이 지정
④ 시장, 군수, 구청장 – 부시장, 부군수, 부구청장

13 관광특구의 설명 중 틀린 것은?

① 외국인 관광객 수가 최근 1년간 10만명 이상 온 지역
② 관광안내시설, 공공편익시설 및 숙박시설 등이 갖추어져 외국인 관광객의 관광수요를 충족시킬 수 있는 지역
③ 관광활동과 직접적인 관련성이 없는 토지의 비율이 10%를 초과하지 아니할 것
④ 문화체육관광부장관이 지정한다.

14 외국인 의료관광의 유치 · 지원 관련기관 및 활성화와 관계없는 법은?

① 한국관광공사법, 의료해외진출 및 외국인환자 유치지원에 관한 법률
② 한국관광공사법, 관세법
③ 관광진흥개발기금법, 의료해외진출 및 외국인환자 유치지원에 관한 법률
④ 관광진흥개발기금법, 한국관광공사법

15 관광진흥법령상 관광사업자에 대한 등록기관의 장이 폐쇄조치를 할 수 없는 경우는?

① 허가 또는 신고 없이 영업하는 경우
② 허가의 취소 또는 사업의 정지 명령을 받고 영업하는 경우
③ 해당 영업소가 적법한 영업소가 아니라는 것을 알리는 게시물을 떼고 영업하는 경우
④ 해당 영업소의 간판을 부착하지 않고 영업하는 경우

16 국제회의육성에 관한 법률상 국제회의도시 지정 및 국제회의 기본계획 수립은 누가 하는가?

① 대통령, 대통령
② 문화체육관광부장관, 문화체육관광부장관
③ 대통령, 문화체육관광부장관
④ 문화체육관광부장관, 시 · 도지사

17 국제회의 시설에 대한 설명 중 틀린 것은?

① 전문회의 시설은 2천명 이상 수용할 수 있는 대회의실이 있어야 한다.
② 부대시설은 숙박시설, 주차시설, 음식점시설, 휴식시설, 판매시설 등을 말한다.
③ 준 회의시설은 200명 이상의 인원을 수용할 수 있는 대회의시설이 있어야 한다.
④ 전시시설은 1000제곱미터 이상의 옥내 및 옥외 전시면적이 있어야 한다.

18 다음 중 가장 무거운 벌칙은?

① 허가 받지 않고 유원시설업을 경영한 경우
② 법령에 위반하여 유기기구나 시설 또는 유기기구의 부분품을 설치 사용한 경우
③ 법령에 위반되는 카지노 기구를 설치하거나 사용하는 경우
④ 법령을 위반하여 휴양 콘도미니엄 등을 분양하거나 회원을 모집한 경우

19 관광진흥개발기금의 재원구성이 아닌 것은?

① 정부로부터 받은 출연금 ② 관광진흥 납부금
③ 출국납부금 ④ 기금의 운영에 따라 생기는 수익금

20 관광진흥개발기금이 대여 또는 보조 할 수 있는 내용과 거리가 먼 것은?

① 국제회의 유치 및 개최사업 ② 관광상품 유통사업
③ 관광상품 개발 및 지원사업 ④ 전통관광자원 개발 및 지원사업

21 카지노업에 관한 설명 중 잘못된 것은?

① 사업자는 영업종류별 영업방법 및 배당금 등에 관하여 문화체육관광부장관에게 미리 신고하여야 한다.
② 카지노영업소에 입장할 수 있는 자는 외국인만 가능하다.
③ 카지노 사업자는 총매출액의 100분의 10의 범위 안에서 일정비율에 상당하는 금액을 관광진흥개발기금법에 의한 관광진흥개발기금에 납부해야 한다.
④ 문화체육관광부장관은 과도한 사행심 유발의 방지 및 기타 공익상 필요하다고 인정하는 경우에는 카지노 사업자에 대하여 필요한 지도와 명령을 할 수 있다.

22 관광진흥법령상 호텔업 중 등급결정을 받지 않아도 되는 호텔업의 종류는?

① 관광호텔업, 한국전통호텔업 ② 한국전통호텔업, 의료관광호텔업
③ 수상관광호텔업, 가족호텔업 ④ 호스텔업, 휴양콘도미니엄업

23 관광객의 다양한 관광 및 휴양을 위하여 각종 관광시설을 종합적으로 개발하는 관광거점지역으로서 법의 지정을 받아야 하는 곳을 무엇이라 하는가?

① 관광단지 ② 관광특구 ③ 관광지 ④ 관광휴양지

24 관광진흥법상 반드시 지정을 받아야 하는 관광사업은?

① 국제회의기획업 ② 기타유원시설업
③ 관광펜션업 ④ 야영장업

25 관광진흥법령상 호텔업의 등급결정기준 등에 관한 설명으로 옳지 않은 것은?

① 등급결정을 위한 평가요소에는 객실 및 부대시설의 상태가 포함된다.
② 등급결정을 받은 날부터 5년이 지난 경우 등급결정 신청을 하여야 한다.
③ 시설의 증·개축 또는 서비스 및 운영실태 등의 변경에 따른 등급 조정사유가 발생한 경우 등급결정을 신청하여야 한다.
④ 등급결정의 세부적인 기준 및 절차는 문화체육관광부장관이 정하여 고시한다.

정답 및 해설

ANSWER

01 ③	02 ④	03 ③	04 ③	05 ②	06 ①	07 ①	08 ③	09 ②	10 ①
11 ③	12 ③	13 ④	14 ②	15 ④	16 ②	17 ④	18 ③	19 ②	20 ②
21 ②	22 ④	23 ①	24 ③	25 ②					

02. ④ 관광유람선업과 자동차야영장업은 관광객이용시설업의 종류이다.

03. ③ 외국인전용 관광기념품판매업은 2015년 1월 1일부터 삭제

04. ③ 관광지등의 관리 및 현황에 관한 사항

06. ① 최저 여행인원

07. ① 관광호텔업, 수상관광호텔업, 한국전통호텔업, 소형호텔업, 의료관광호텔업, 가족호텔업만 신청해야한다.

08. ① 무궁화 수가 5개였고 바탕색이 녹색인 특2등급 호텔이 4성급 호텔로 바뀌었다.
② 7성급 호텔은 없다.
④ 무궁화 4개였던 1등급 관광호텔이 3성급으로 바뀌었다.

09. ② 해당 사업의 관련 법령을 준수할 것

13. ④ 시 · 도지사가 지정한다.

14. ② 관세법은 관계없다.

15. ④ 불법영업이 아니다.

17. ④ 2,000㎡ 이상

18. ① 3년 이하의 징역 또는 3000만원 이하의 벌금
② 1년 이하의 징역 또는 1000만원 이하의 벌금
③ 5년 이하의 징역 또는 5000만원 이하의 벌금
④ 3년 이하의 징역 또는 3000만원 이하의 벌금

19. ② 관광진흥법에 따른 카지노사업자의 납부금

21. ② 해외이주자는 입장할 수 있다.

22. ④ 등급결정 신청을 안 해도 된다.

24. ③ 관광편의시설업은 지정을 받아야 한다.

25. ② 3년이 지난 후 신청해야 한다.

Test 04

01 관광기본법에 따라 관광진흥에 관한 기본적이고 종합적인 시책을 실시하기 위하여 법제상, 재정상, 기타 필요한 행정상의 조치를 강구하여야 하는 곳은?

① 정부　② 국가
③ 문화체육관광부　④ 관광정책심의위원회

02 관광진흥법령상 호스텔업의 등록기준과 관계없는 것은?

① 배낭여행객 등 개별관광객의 숙박에 적합한 객실을 30실 이하 갖추고 있을 것
② 이용자의 불편이 없도록 화장실 · 샤워장 · 취사장 등의 편의시설을 갖추고 있을 것
③ 외국인 및 내국인 관광객에게 서비스를 제공할 수 있는 문화 · 정보 교류시설을 갖추고 있을 것
④ 대지 및 건물의 소유권 또는 사용권을 확보할 것

03 관광진흥법령상 의료관광에 관한 설명으로 옳은 것은?

① 문화체육관광부장관은 외국인의료관광의 활성화를 위하여 대통령령으로 정하는 기준을 충족하는 외국인의료관광 유치 · 지원 관련기관에 관광진흥개발기금법에 따른 관광진흥개발기금을 대여하거나 보조할 수 있다.
② 외국인의료관광이란 국내 · 외 의료기관의 진료, 치료, 수술 등 의료서비스를 받는 환자와 그 동반자가 의료서비스와 병행하여 관광하는 것을 말한다.
③ 한국관광공사 사장은 외국인의료관광 안내에 대한 편의를 제공하기 위하여 국내 · 외에 외국인의료관광 유치 안내센터를 설치 · 운영할 수 있다.
④ 문화체육관광부장관은 의료관광의 활성화를 위하여 한국관광공사와 공동으로 해외마케팅 사업을 추진할 수 있다.

04 시 · 도지사가 문화체육관광부장관으로부터 위임받은 사항을 시장 · 군수 · 구청장에게 재위임 시의 절차는?

① 문화체육관광부장관 인가　② 문화체육관광부장관 허가
③ 문화체육관광부장관 승인　④ 문화체육관광부장관 위임

05 관광진흥법령상 관광호텔 등급 결정에 있어서 평가 요원의 자격과 거리가 먼 내용은?

① 호텔업에서 5년 이상 근무한 사람으로서 평가 당시 호텔업에 종사하고 있지 아니한 사람 1명 이상
② 전문대학 이상 또는 이와 같은 수준 이상의 학력이 인정되는 교육기관에서 관광분야에 관하여 5년 이상 강의한 경력이 있는 교수, 부교수, 조교수 또는 겸임교원 1명 이상
③ 소비자단체 등에서 소비자 보호업무를 5년 이상 수행한 경력이 있는 자
④ 호텔 분야에 전문성이 인정되는 사람으로서 등급결정 수탁기관이 공모를 통하여 선정한 사람

06 관광진흥법령상 관광종사원 자격시험 중 면제기준과 거리가 먼 것은?

① 관광통역안내사 시험 응시자로서 4년 이상 해당 언어권의 외국에서 근무 또는 유학한 경력이 있는 자 – 해당 외국어시험 면제
② 4성급 이상 관광호텔의 임원으로 3년 이상 종사한 경력이 있는 호텔경영사 시험응시자 – 필기시험 면제
③ 고등학교 또는 고등기술학교 이상의 학교에서 관광분야의 학과를 졸업하고 호텔서비스사 시험의 응시자 – 필기시험 면제
④ 대학 이상의 학교에서 호텔경영분야를 전공하고 졸업한 자로서 호텔관리사 시험응시자 – 필기시험 면제

07 관광진흥법령상 관광단지에 관한 설명이다. 다음 ( ) 안에 들어갈 내용이 옳게 짝지어진 것은?

관광객의 다양한 관광 및 (ㄱ)을 위하여 각종 관광시설을 종합적으로 개발하는 관광 (ㄴ)으로서 관광진흥법에 따라 지정된 곳

① ㄱ: 운동, ㄴ: 특화지역
② ㄱ: 휴양, ㄴ: 거점지역
③ ㄱ: 오락, ㄴ: 거점지역
④ ㄱ: 휴양, ㄴ: 특화지역

08 일정한 궤도 · 주로 · 지역(공간)을 가지고 있으며 시속 5㎞ 이하 속도로 이용자 스스로 참여하여 운행되는 안전성 검사대상이 아닌 유기기구 또는 유기시설의 유형은?

① 주행형
② 고정형
③ 관람형
④ 놀이형

09 다음 중 관광사업자에 대한 행정처분 기준과 거리가 먼 것은?

① 위반행위가 2 이상일 때는 그 중 가벼운 처분기준에 따른다.
② 처분기준이 모두 사업정지인 경우 중한 처분기준의 2분의 1까지 가중처분 할 수 있다.
③ 위반행위의 횟수에 따른 행정처분의 기준은 최근 1년간 같은 위반행위로 행정처분을 받은 경우에 적용한다.
④ 2분의 1까지 가중처분 할 때 각 처분기준을 합산한 기간을 초과할 수 없다.

10 일반야영장업의 등록기준과 거리가 먼 것은?

① 야영장 천막을 칠 수 있는 공간은 천막 1개당 $15m^2$ 이상 확보할 것
② 야영에 불편이 없도록 하수도시설 및 화장실을 갖출 것
③ 차량 1대당 $50m^2$ 이상의 야영 공간을 확보할 것
④ 긴급상황 발생 시 이용객을 이송할 수 있는 차로를 확보할 것

11 식품위생법령에 의한 일반음식점 영업의 허가를 받은자로서 관광객의 이용에 적합한 음식제공 시설을 갖추고 이들에게 특정국가의 음식을 전문적으로 제공하는 업은?

① 관광유흥음식점업　② 관광식당업
③ 전문관광식당업　④ 관광극장유흥업

12 다음 중 관광사업자의 지위승계 시 신고기관 및 휴 · 폐업 시 통보기관과 관련하여 바르게 짝지어진 것이 아닌 것은?

①관광극장유흥업 – 특별자치도지사 · 시장 · 군수 · 구청장
②국제회의업 – 특별자치도지사 · 시장 · 군수 · 구청장
③ 관광식당업 – 지역별 관광협회
④ 일반여행업 – 시 · 도지사

13 관광진흥법상 관광사업을 경영하고자 하는 자는?

① 신고, 승인을 받는다.　② 인가, 허가를 받으면 된다.
③ 면허, 인가를 받는다.　④ 등록, 허가, 지정, 신고를 한다.

14 관광진흥법령상 특별자치도지사 · 시장 · 군수 · 구청장의 허가를 받아야 경영할 수 있는 관광사업을 모두 고른 것은?

ㄱ. 카지노업	ㄴ. 종합유업시설업
ㄷ. 일반유원시설업	ㄹ. 기타유원시설업

① ㄱ, ㄴ　② ㄱ, ㄷ
③ ㄴ, ㄷ　④ ㄷ, ㄹ

15 관광진흥법령상 등록등 또는 사업계획의 승인이 취소되거나 영업소가 폐쇄된 경우 몇 년이 지나야 관광사업의 등록등이 가능한가?

① 5년　② 4년
③ 3년　④ 2년

16 관광진흥법령상 직전사업년도 매출액이 100억원 이상 1,000억원 미만의 일반여행업에 등록된 여행사가 기획여행을 실시할 경우 보증보험 등에 가입하거나 영업보증금을 예치해야 하는 금액은 모두 얼마인가?

① 5억원 ②10억원
③ 15억 1천만원 ④15억원

17 관광지, 관광단지, 관광특구, 관광시설 등 관광자원을 안내, 홍보하는 내용의 옥외광고물을 설치할 수 있는 내용이 아닌 것은?

① 관광사업자 단체
② 관광사업자
③ 관광지, 관광단지 조성계획의 승인을 얻은 자
④ 지방자치단체의 장

18 관광지 등의 조성계획을 작성할 수 있는 자는?

① 문화체육관광부장관
② 시 · 도지사
③ 시장 · 군수 · 구청장 · 특별자치도지사
④ 한국관광공사 사장

19 관광진흥법령상 등록 전 당해사업에 대한 사업계획을 작성하고 승인을 얻지 않아도 되는 관광사업은 다음 중 어느 것인가?

① 국제회의 기획업 ② 관광객 이용시설업 중 종합휴양업
③ 국제회의 시설업 ④ 전문휴양업

20 관광사업 중 그 손해를 변상할 것을 내용으로 하는 영업보증보험 또는 공제에 가입하여야 하는 사업은?

① 관광숙박업 ② 관광객 이용시설업
③ 여행업 ④ 국제회의업

21 카지노 사업자에 대한 신규 허가제한의 내용과 거리가 먼 것은?

① 외래 관광객이 60만명 이상 증가한 경우에 한한다.
② 60만명당 3개사업자 이하의 범위 안에서 허가 할 수 있다
③ 카지노 이용객의 증가추세나 외래관광객의 증가추세를 고려해야 한다.
④ 미리 세부허가기준이나 허가 가능업체 수 등을 공고해야 한다.

22 관광진흥개발기금법령상 관광진흥개발기금 운용위원회의 구성 중 거리가 먼 것은?

① 위원장 1인을 포함한 10인 이내의 위원으로 구성한다.

② 위원장은 문화체육관광부장관이 되고 위원은 기획재정부 및 문화체육관광부의 고위공무원단에 속하는 공무원 중에서 문화체육관광부장관이 임명 또는 위촉한다.

③ 위원회에 간사 1인을 두며 간사는 문화체육관광부 소속 공무원 중 문화체육관광부장관이 임명한다.

④ 회의는 위원 과반수의 출석으로 개의하고 출석위원 과반수의 찬성으로 의결한다.

23 문화체육관광부장관은 매년 기금운용계획을 수립할 때 어떤 절차를 거쳐야 하나?

① 한국은행총재와 협의 한다.
② 국토교통부장관과 협의 한다.
③ 국가재정법에 따라야 한다.
④ 예산청장과 협의해야 한다.

24 국제회의 시설의 설치자가 국제회의 시설에 대하여 건축법에 의한 사용 승인을 얻은 경우에 검사나 신고를 한 것으로 볼 수 없는 내용은?

① 수도법에 의한 전용상수도의 준공검사

② 대기환경 보전법에 의한 배출시설 등의 가동개시 신고

③ 소방법의 규정에 의한 소방시설의 완공검사

④ 폐기물 관리법 규정에 의한 폐기물처리 시설 설치 신고

25 국제회의 유치 · 개최에 관한 지원을 받고자 하는 자는 관계서류를 누구에게 제출하여야 하는가?

① 문화체육관광부장관
② 한국관광공사 사장
③ 지방자치단체의 장
④ 국제회의전담조직의 장

정답 및 해설

ANSWER

01 ②	02 ①	03 ①	04 ③	05 ③	06 ②	07 ②	08 ①	09 ①	10 ③
11 ②	12 ④	13 ④	14 ③	15 ④	16 ④	17 ①	18 ③	19 ①	20 ③
21 ②	22 ②	23 ③	24 ④	25 ④					

02. ① 객실수에 대한 제한이 없다.

03. ② 국내 · 외 의료기관 → 국내 의료기관
③ 한국관광공사 사장 → 문화체육관광부장관
④ 한국관광공사 → 지방자치단체의 장이나 외국인환자 유치의료기관 또는 유치업자

05. ③ 한국소비자원 또는 소비자 보호와 관련된 단체에서 추천한 사람

06. ② 호텔경영사의 응시자격이다.

09. ① 중한처분기준에 따른다.

10. ③ 자동차야영장업의 등록기준이다.

12. ④ 특별자치도지사 · 시장 · 군수 · 구청장

14. ③ 카지노사업은 문화체육관광부장관의 허가

15. ④ 관광사업자의 결격사유 내용이다.

16. ④ 일반여행업 등록 후 사업개시 전 10억원+기획여행을 실시할 경우 5억원

18. ③ 관광지등 지정 · 고시일부터 2년 이내에 승인을 얻어야 한다.

20. ③ 종합유원시설업과 일반유원시설업도 보험 등에 가입해야 한다.

21. ② 2개 사업자 이하

22. ② 위원장은 문화체육관광부 제1차관이 된다.

24. ④ 건축허가를 받은 경우의 의제사항이다.

Test 05

01 다음 중 관광진흥법의 목적이 아닌 것은?

① 관광여건 조성
② 관광자원 개발
③ 관광사업 육성
④ 관광진흥개발기금 설치

02 관광기본법상 정부시책이 아닌 것은?

① 관광여건의 조성
② 복지관광의 발전
③ 관광종사원의 자질 향상
④ 외국관광객의 유치

03 관광진흥법령상 관광사업자의 종류가 아닌 것은?

① 여행업자
② 관광숙박업자
③ 외국인전용기념품판매업
④ 유원시설업자

04 관광진흥법령상 문화관광해설사에 관한 설명으로 옳지 않은 것은?

① 문화체육관광부장관 또는 지방자치단체의 장은 문화체육관광부장관 또는 시 · 도지사가 문화관광해설사 양성을 위한 교육과정을 이수한 자를 문화관광해설사로 선발하여 활용할 수 있다.
② 문화관광해설사를 선발하는 경우 문화체육관광부령으로 정하는 바에 따라 이론 및 실습을 평가하고, 3개월 이상의 실무수습을 마친자에게 자격을 부여할 수 있다.
③ 문화관광해설사를 선발하려는 경우에는 이론 및 실습 평가항목 각각 60점 이상을 득점한 사람 중에서 선발한다.
④ 문화체육관광부장관 또는 지방자치단체의 장은 예산의 범위에서 문화관광해설사의 활동에 필요한 비용 등을 지원할 수 있다.

05 다음 관광진흥법상 보기가 설명하는 용어는?

> 외국인 관광객의 유치 촉진 등을 위하여 관광활동과 관련된 관계법령의 적용이 배제되거나 완화되고 관광활동과 관련된 서비스 · 안내 체계 및 홍보 등 관광여건을 집중적으로 조성할 필요가 있는 지역으로 이 법에 따라 지정된 곳을 말한다.

① 관광지
② 관광특구
③ 관광단지
④ 국민관광지

06 관광진흥법령상 시장 · 군수 · 구청장 · 특별자치도지사에게 등록해야 하는 사업이 아닌 것은?

① 카지노업
② 여행업
③ 관광숙박업
④ 국제회의업

07 관광진흥법령상 직전사업년도 매출액이 50억원 이상 100억원 미만의 일반여행업에 등록된 여행사가 기획여행을 실시할 경우 보증보험 등에 가입하거나 영업보증금을 예치해야 하는 금액은 모두 얼마인가?

① 3억 5천만원
② 5억원
③ 5억 5천만원
④ 10억원

08 관광진흥법령상 관광사업자가 아닌 자가 사용할 수 없는 상호의 범위가 아닌 것은?

① 관광숙박업과 유사한 영업의 경우 관광호텔
② 관광공연장업과 유사한 영업의 경우 관광공연
③ 관광식당업과 유사한 영업의 경우 관광전통음식
④ 관광펜션업과 유사한 영업의 경우 관광펜션

09 관광진흥법령상 A여행사에서 2개 이상의 기획여행을 동시에 광고하고자 할 경우 공통으로 표시할 수 있는 것은?

① 여행업의 등록번호, 상호, 소재지 및 등록관청
② 기획여행명
③ 여행일정 및 주요 여행지
④ 여행경비

10 관광진흥법령상 외국인의료관광 유치 · 지원 관련 기관이 아닌 것은?

① 「의료해외진출 및 외국인환자 유치지원에 관한 법률」에 따라 등록한 외국인환자 유치 의료기관
② 한국관광공사
③ 종합병원
④ 의료관광의 활성화를 위한 사업의 추진실적이 있는 보건 · 의료 · 관광기관 중 문화체육관광부장관이 고시하는 기관

11 관광진흥법령상 국외여행 인솔자를 채용하려고 할 때 다음 중 해당하는 요건으로 맞는 것은?

> ㄱ. 관광통역안내사 자격을 취득한 자
> ㄴ. 여행업체에서 6개월 이상 근무하고 국외여행 경험이 있는 자로서 문화체육관광부장관이 정하는 소양교육을 이수한 자
> ㄷ. 문화체육관광부장관이 지정하는 교육기관에서 국외여행 인솔에 필요한 양성교육을 이수한 자

① ㄱ ② ㄱ, ㄴ ③ ㄴ, ㄷ ④ ㄱ, ㄴ, ㄷ

12 관광진흥법령상 여행업자가 여행자와 국외여행 계약을 체결할 때에 여행자에게 제공하여야 할 안전정보 내용에 해당하지 않는 것은?

① 여권법에 따른 여권의 사용을 제한하거나 방문 · 체류를 금지하는 국가목록 및 진흥법에 따른 벌칙
② 해외여행자 인터넷 등록 제도에 관한 안내
③ 여행 목적지의 여행경보 단계
④ 국가별 안전정보

13 관광진흥법령상 사업계획 승인 또는 변경 승인을 받은 경우 〈그 사업계획에 따른 관광숙박시설 및 그 시설 안의 위락시설로서 "국토의 계획 및 이용에 관한 법률"에 따라 지정된 용도지역의 시설에 대하여는 적용하지 않는 예외 규정이 있다〉에 해당되는 지역이 아닌 것은?

① 일반주거지역 ② 계획관리지역
③ 준공업지역 ④ 준주거지역

14 호텔등급이 변경되었다. 관광진흥법령상 고객에게 설명할 사유에 해당하지 않는 것은?

① 호텔을 양도 · 양수했을 때
② 호텔을 신규 등록한 경우
③ 등급결정을 받은 날부터 3년이 지난 경우
④ 시설의 증 · 개축 또는 서비스 및 운영실태 등의 변경에 따른 등급 조정사유가 발생한 경우

15 관광진흥법령상 관광종사원의 자격시험과 관련하여 틀린 것은?

① 문화체육관광부장관령으로 따로 정하는 자는 시험의 일부 또는 전부를 면제할 수 있다.
② 자격을 취득하려는 자는 시험에 합격한 후 문화체육관광부장관에게 등록하여야 한다.
③ 문화체육관광부장관은 시험에 합격한 자에게 관광종사원 자격증을 내주어야 한다.
④ 자격증을 잃어버리거나 못쓰게 되면 문화체육관광부장관은 재발급 해주어야 한다.

16 다음 중 문화관광축제의 지정기준이 아닌 것은?

① 축제의 특성 및 콘텐츠 ② 축제의 운영능력
③ 경제적 파급효과 ④ 사회적 파급효과

17 관광진흥법령상 종합유원시설업자가 허가받지 않고 경영했을 경우의 벌칙은?

① 1년 이하의 징역 또는 1천만원 이하의 벌금
② 2년 이하의 징역 또는 2천만원 이하의 벌금
③ 3년 이하의 징역 또는 3천만원 이하의 벌금
④ 5년 이하의 징역 또는 5천만원 이하의 벌금

18 다음 중 한국전통호텔업의 설명으로 틀린 것은?

① 건축물의 외관은 전통가옥의 형태를 갖추고 있어야 한다.
② 욕실이나 샤워시설을 갖추고 있어야 한다.
③ 외국인에게 서비스를 제공할 수 있는 체제를 갖추고 있어야 한다.
④ 객실별 면적이 19㎡이상이어야 한다.

19 관광진흥개발기금법상 통과여객으로서 출국납부금이 면제되는 경우가 아닌 것은?

① 항공기 탑승이 불가능하여 어쩔 수 없이 당일이나 그 다음날 출국하는 경우
② 공항이 폐쇄되거나 기상이 악화되어 항공기의 출발이 지연되는 경우
③ 항공기의 고장 · 납치, 긴급환자 발생 등 부득이한 사유로 항공기가 불시착한 경우
④ 관광을 목적으로 보세구역을 벗어난 후 24시간 이후에 다시 보세구역으로 들어오는 경우

20 다음 중 국제회의산업육성 기본계획의 내용으로 옳지 않은 것은?

① 국제회의의 유치와 촉진에 관한 사항
② 국제회의에 필요한 인력의 양성에 관한 사항
③ 국제회의시설의 설치와 확충에 관한 사항
④ 인터넷 등 정보통신망을 통하여 수행하는 전자국제회의 기반의 구축

21 다음 중 국제회의산업육성기반 조성사업이 가능한 사업시행기관이 아닌 것은?

① 국제회의도시 ② 한국관광공사
③ 한국관광협회중앙회 ④ 대학 · 산업대학 · 전문대학

22 다음 중 관광편의시설업으로 맞는 것은?

① 크루즈업 ② 관광공연장업
③ 자동차야영장업 ④ 관광극장유흥업

23 관광진흥법령상 관광사업의 등록기준 및 지정기준으로 옳지 않은 것은?

① 관광궤도업은 안내방송 등 외국어 안내서비스가 가능한 체제를 갖추어야 한다.
② 외국인관광 도시민박업은 건물의 연면적이 230제곱미터 이상 330제곱미터 미만이어야 한다.
③ 관광유흥음식점업은 영업장 내부의 노래소리 등이 외부에 들리지 아니하도록 할 것
④ 자동차야영장업은 야영에 불편이 없도록 수용인원에 적합한 상 · 하수도시설, 전기시설, 화장실 및 취사시설을 갖출 것

24 다음 중 시장 · 군수 · 구청장 · 특별자치도지사에게 등록하여야 하는 사업은?

① 일반여행업 ② 종합유원시설업
③ 관광유흥음식점업 ④ 여객자동차터미널시설업

25 카지노업사업자가 허가를 받지 않고 경영할 경우 벌칙으로 맞는 것은?

① 1년 이하의 징역 또는 1천만원 이하의 벌금
② 2년 이하의 징역 또는 2천만원 이하의 벌금
③ 3년 이하의 징역 또는 3천만원 이하의 벌금
④ 5년 이하의 징역 또는 5천만원 이하의 벌금

정답 및 해설

ANSWER

01 ④	02 ②	03 ③	04 ③	05 ②	06 ①	07 ③	08 ③	09 ①	10 ③
11 ④	12 ①	13 ②	14 ①	15 ③	16 ④	17 ③	18 ④	19 ④	20 ④
21 ③	22 ④	23 ②	24 ①	25 ④					

01. ④ 관광기본법의 정부시책 내용이다.

02. ② 국민관광발전

03. ③ 2015년 1월 1일부터 폐지된 사업이다.

04. ③ 70점 이상

06. ① 문화체육관광부장관의 허가

07. ① 직전사업년도 매출액이 10억원 이상 50억원 미만인 경우 가입금액이다.
② 직전사업년도 매출액이 100억원 이상 1,000억원 미만인 경우 기획여행 실시자의 가입금액이다.
③ 일반여행업 등록한자가 사업개시 전 가입금액 2억 5000만원 + 기획여행을 실시할 경우 3억원
④ 직전사업년도 매출액이 100억 원이상 1,000억원 미만인 경우 일반여행업등록 후 사업개시 전 가입금액이다.

08. ③ 관광식당

09. ②, ③, ④는 상품마다 개별 표시사항

10. ③ 유치업자가 포함된다.

11. ④ 업종별 관광협회에 등록하고 자격증을 발급할 수 있다.

12. ① 여권법에 따른 벌칙

13. ② 그밖에 상업지역, 자연녹지 지역이 포함된다.

14. ① 호텔 양수시에는 지위승계 신고를 해야 한다.

15. ③ 시험에 합격하면 등록해야 하고 등록한 자에게 자격증을 내주어야 한다.

16. ④ 관광객 유치효과

18. ④ 객실면적이 19㎡ 이상은 가족호텔업과 의료관광호텔업의 등록기준에 포함된다.

19. ④ 24시간 이내에 보세구역으로 들어오는 경우에 면제가 된다.

20. ④ 국제회의산업육성기반 조성사업의 내용이다.

21. ③ 국제회의 전담조직과 대통령령으로 정하는 법인 · 단체가 포함된다.

22. ①, ②, ③은 관광객 이용시설업의 종류

23. ② 건물의 연면적이 230㎡ 이내

24. ② 시장 · 군수 · 구청장 · 특별자치도지사의 허가
③ 시장 · 군수 · 구청장 · 특별자치도지사가 지정
④ 지역별 관광협회장이 지정

25. ④ 병과할 수 있으며 양벌규정을 적용한다.

Test 06

01 다음 중 관광기본법에 관한 설명으로 옳지 않은 것은?

① 국제친선의 증진, 국민경제와 국민복지의 향상, 건전한 국민관광의 발전을 도모하는 것을 목적으로 하고 있다.

② 1975년 12월 31일에 법률 제2877호로 제정 · 공포되었다.

③ 전문 13조 및 부칙으로 구성되어 있다.

④ 우리나라 관광진흥의 방향과 시책에 관한 사항을 규정하고 있다.

02 관광진흥법령상 과징금 징수에 관한 내용 중 잘못된 사항은?

① 사업자의 사업규모, 사업지역의 특수성과 위반행위의 정도 및 회수 등을 참작하여 과징금 금액의 2분의 1 범위 안에서 가중 또는 경감할 수 있다.

② 과징금을 부과할 때에는 위반행위의 종별과 해당 과징금의 금액을 서면으로 명시하여 통지하여야 한다.

③ 과징금 납부는 등록관청이 정하는 수납기관에 납부통지일부터 20일 이내에 납부하여야 한다.

④ 과징금은 이를 2회 분할하여 납부할 수 있다.

03 관광진흥법령상 관광숙박업에서 관광사업자등록 대장의 기재사항이 아닌 것은?

① 객실수

② 종업원수

③ 대지면적 및 건축 연면적

④ 사업계획에 포함된 부대영업을 하기 위하여 다른 법령에 따라 인 · 허가 등을 받았거나 신고 등을 한 사항

04 관광숙박업 및 관광객 이용시설업자가 심의위원회의 심의를 거쳐 등록을 한 경우 소관관청의 허가, 면허, 인가, 승인, 지정 및 신고한 것으로 볼 수 없는 사업은 어느 것인가?

① 식품위생법에 의한 사업

② 주세법에 의한 사업

③ 유통산업 발전법

④ 공중위생관리법에 의한 사업

05 관광진흥법령상 관광사업자의 표식의 부착, 타인 경영금지에 관한 사항 중 틀린 것은?

① 관광사업자는 관광사업의 시설 중 문화체육관광부령이 정하는 시설을 제외한 부대시설에 대하여는 타인으로 하여금 경영하게 할 수 있다.

② 관광사업자는 사업상마다 보기 쉬운 곳에 문화체육관광부령이 정하는 관광 표식을 붙일 수 있다.

③ 관광사업자가 아닌 자는 관광이라는 유사상호를 사용하지 못한다.

④ 관광사업자는 부대시설을 타인에게 처분할 수 없다.

06 관광진흥법령상 문화관광해설사에 관한 설명으로 옳지 않은 것은?

① 문화관광해설사 양성을 위한 교육프로그램을 인증받으려는 자는 문화관광해설사 양성교육프로그램 인증 신청서에 인증받으려는 교육프로그램에 관한 서류를 첨부하여 한국관광공사에 제출하여야 한다.

② 지방자치단체의 장은 문화관광해설사를 선발하는 경우 문화체육관광부령으로 정하는 바에 따라 이론 및 실습을 평가하고, 3개월 이상의 실무수습을 마친 자에게 자격을 부여할 수 있다.

③ 문화체육관광부장관은 관광자원에 대한 지식을 체계적으로 전달하고 지역문화에 대한 올바른 이해를 돕기 위하여 관광진흥법에 따라 개설하여 운영하는 문화관광해설사 교육과정을 이수한 자를 문화관광해설사로 선발하여 활용할 수 있다.

④ 문화체육관광부장관은 문화관광해설사의 활동에 필요한 비용 등을 예산의 범위에서 지원할 수 있다.

07 관광진흥법령상 관할 등록기관등의 장에 대한 설명과 관계없는 내용은?

① 관할 등록기관등의 장은 허가 또는 신고 없이 영업을 하거나 허가의 취소 또는 사업의 정지명령을 받고 계속하여 영업을 하는 때에는 관계기관에 고발을 해야 한다.

② 관할 등록기관등의 장은 관광사업에 사용할 것을 조건으로 관세의 감면을 받은 물품을 보유하고 있는 관광사업자로부터 그 물품의 수입 면허를 받은 날부터 5년 이내에 당해 사업의 양도 · 폐업의 신고 또는 통보를 받거나 등록등의 취소를 할 때에는 관할세관장에게 그 사실을 즉시 통보하여야 한다.

③ 관할 등록기관의 장은 관광사업자에 대하여 등록등을 취소하거나 사업의 전부 또는 일부의 정지를 명할 때 소관행정기관의 장에게 그 사실을 통보할 수 있다.

④ 소관행정기관의 장이 관광사업자에 대하여 그 사업의 정지, 취소 또는 시설의 이용을 금지 · 제한하고자 할 때에는 미리 관할 등록기관의 장과 협의해야 한다.

08 관광진흥법령상 관광특구에 관한 내용으로 옳지 않은 것은?

① 서울특별시의 경우 관광특구 지정 시 문화체육관광부장관이 고시하는 기준을 갖춘 통계전문기관의 통계결과 해당 지역의 최근 1년간 외국인 관광객 수가 50만명 이상이어야 한다.
② 특별자치도지사 · 시장 · 군수 · 구청장은 수립된 관광특구진흥계획에 대하여 10년마다 그 타당성을 검토하고 관광특구진흥계획의 변경 등 필요한 조치를 하여야 한다.
③ 관광특구 지정시 상가시설로서 관광기념품전문판매점, 백화점, 재래시장, 면세점 등의 시설 중 1개소 이상을 갖추어야 한다.
④ 시 · 도지사는 관광특구진흥계획의 집행 상황에 대한 평가 결과 관광특구의 지정요건에 3년 연속 미달하여 개선될 여지가 없다고 판단되는 경우 관광특구 지정을 취소할 수 있다.

09 관광종사원으로서 직무를 수행함에 있어 부정 또는 비위사실이 있을 때에 1차 위반 시 행정처분의 기준은?

① 자격취소
② 자격정지 1월
③ 자격정지 3월
④ 자격정지 5월

10 관광진흥법령상 직전 사업년도 매출액이 50억원 이상 100억원 미만인 국외여행업자 중 기획여행을 실시하려는 자가 추가로 가입하거나 예치하고 유지하여야 할 보증보험 등의 가입금액 또는 영업보증금의 예치금액은?

① 500,000천원
② 200,000천원
③ 700,000천원
④ 300,000천원

11 관광진흥법령상 호텔업의 등급결정시 평가요소에 해당하지 않는 것은?

① 보안시설
② 객실 및 부대시설의 상태
③ 서비스 상태
④ 안전관리 등에 관한 법령 준수 여부

12 관광진흥법령상 국내외를 여행하는 내국인 및 외국인을 대상으로 하는 여행업은?

① 국제여행업
② 일반여행업
③ 국외여행업
④ 국내외여행업

13 관광진흥법령상 카지노 사업자가 지켜야 할 영업 준칙과 거리가 먼 것은?

① 1일 최소 영업시간
② 게임 테이블에 집전함 부착 및 내기 금액 한도액의 표시 의무
③ 슬롯머신 및 비디오 게임의 최대 배당률
④ 카지노 종사원의 게임 참여 불가 등의 행위

14 관광진흥법령상 관광종사원의 자격을 반드시 취소하여야 하는 경우는?

① 관광진흥법을 위반하여 징역 이상의 실형을 선고받고 그 형의 집행유예 기간 중에 있는 경우
② 파산선고를 받고 복권되지 않은 경우
③ 직무를 수행하는데 부정 또는 비위(非違)사실이 있는 경우
④ 거짓이나 그 밖의 부정한 방법으로 자격을 취득한 경우

15 다음 중 관광사업자가 될 수 없는 경우가 아닌 것은?

① 피성년후견인, 피한정후견인
② 파산자로서 복권되지 아니한 자
③ 이 법에 의하여 등록, 지정 또는 사업계획의 승인이 취소된 후 2년이 경과된 자
④ 이 법을 위반하여 징역 이상의 형을 선고받고 그 집행이 종료되거나 집행을 받지 아니하기로 확정된 후 1년이 경과된 자

16 관광진흥법령상 관광펜션업의 지정기준으로 옳지 않은 것은?

① 객실이 30실 이하일 것
② 자연 및 주변 환경과 조화를 이루는 3층 이하의 건축물일 것
③ 취사 · 숙박 및 운동에 필요한 설비를 갖출 것
④ 숙박시설 및 이용시설에 대하여 외국어 안내표기를 할 것

17 관광진흥법에 따른 등록을 하지 아니하고 여행업을 경영한 자가 받게 되는 벌칙기준으로 옳은 것은?

① 1년 이하의 징역 또는 1천만원 이하의 벌금
② 2년 이하의 징역 또는 2천만원 이하의 벌금
③ 3년 이하의 징역 또는 3천만원 이하의 벌금
④ 5년 이하의 징역 또는 5천만원 이하의 벌금

18 관광진흥법령상 관광사업장 표지에 대한 설명으로 틀린 것은?

① 소재는 놋쇠로 한다.
② 그림색은 녹색으로 한다.
③ 표지의 두께는 5㎜로 한다.
④ 가로×세로는 40×30㎝이다.

19 관광진흥법령상 휴양 콘도미니엄업 및 제2종 종합휴양업의 분양 또는 회원을 모집하는 경우 해당 시설공사의 총 공사 공정이 몇 % 이상 진행된 때부터 가능한가?

① 5%
② 10%
③ 15%
④ 20%

20 관광진흥법령상 다음 ( ) 안에 들어갈 내용은?

> 유원시설업의 허가 또는 변경허가를 받으려는 자는 안전성검사 대상 유기시설 · 유기기구에 대하여 검사항목별로 안전성검사를 받아야 하며, 허가를 받은 다음 연도부터는 연 ( )회 이상 안전성검사를 받아야 한다.

① 1　② 2　③ 3　④ 4

21 관광진흥개발기금법령상 관광진흥개발기금의 관리에 관한 설명으로 옳지 않은 것은?

① 기금의 관리자는 문화체육관광부장관이다.
② 민간 전문가는 계약직으로 하며, 계약기간은 2년을 원칙으로 한다.
③ 민간 전문가 고용 시 필요한 경비는 기금에서 사용할 수 있다.
④ 기금의 집행 · 평가 · 결산 및 여유자금 관리 등을 효율적으로 수행하기 위하여 15명 이상의 민간 전문가를 고용한다.

22 관광진흥개발기금법령상 3세의 어린이가 국내항만에서 선박을 이용하여 출국할 경우 기금에 납부하여야 할 금액은?

① 0원　② 1천원　③ 5천원　④ 1만원

23 다음은 관광지 및 관광단지를 지정할 때 고시해야 할 사항이다. 해당되지 않는 것은?

① 고시연월일
② 관광지 등의 위치 및 면적
③ 관광시설계획
④ 관광지 등의 구역이 표시된 축척 2만 5천분의 1 이상의 지형도

24 국제회의산업 육성에 관한 법령상 국제회의 도시를 지정할 수 있는 자는?

① 문화체육관광부장관　② 시 · 도지사
③ 시장 · 군수 · 구청장　④ 한국관광공사 사장

25 국제회의 산업육성에 관한 법률 설명 중 거리가 먼 것은?

① 문화체육관광부장관은 국제회의 유치 · 개최 등의 지원에 관한 업무를 한국관광공사 · 한국관광협회중앙회 등에게 위탁한다.
② 지방자치단체는 국제회의 관련 업무의 효율적인 추진을 위하여 국제회의 전담조직을 설치할 수 있다.
③ 문화체육관광부장관은 국제회의와 관련된 사업에 대해 관광진흥개발기금을 다른 사업에 우선하여 지원할 수 있다.
④ 국가는 국제회의 산업의 육성 · 진흥을 위하여 필요한 계획의 수립 등 행정 · 재정상의 지원 조치를 강구하여 한다.

정답 및 해설

ANSWER

01 ③	02 ④	03 ②	04 ③	05 ④	06 ①	07 ①	08 ②	09 ②	10 ④
11 ①	12 ②	13 ③	14 ④	15 ③	16 ③	17 ③	18 ②	19 ④	20 ①
21 ④	22 ①	23 ③	24 ①	25 ①					

01. ③ 전문 16조 및 부칙으로 구성되어 있다.

02. ④ 분할 납부할 수 없다.

03. ② 신고를 하였거나 인 · 허가 등을 받은 것으로 의제되는 사항, 호텔업의 등급, 운영의 형태 등이 추가된다.

04. ③ 인삼사업법은 존재하지 않는 법이고, 외국환거래법, 담배전매법, 학교보건법, 체육시설 설치 이용에 관한 법률, 해사안전법, 의료법 등에 의한 관계사업에 관하여는 소관 관청의 허가, 면허, 인가, 승인, 지정 및 신고한 것으로 본다.

05. ④ 부대시설은 같은 용도로 계속하여 사용할 것을 조건으로 처분할 수 있다.

06. ① 문화체육관광부장관 또는 시 · 도지사가 개설하여 운영할 수 있다.

07. ① 고발해야 하는 것이 아니고 폐쇄조치를 취해야 한다.

08. ② 5년마다 타당성 여부를 검토해야 한다.

09. ① 4차 위반 시 ③ 2차 위반 시 ④ 3차 위반 시

10. ① 직전사업년도 매출액이 100억원 이상 1000억원 미만인 경우
② 직전사업년도 매출액이 50억원 미만인 경우
③ 직전사업년도 매출액이 1000억원 이상인 경우

11. ① 최근 개정되었다.

12. ③ 내국인의 국외여행업무 및 비자발급 대행업무
④ 내국인의 국내여행업무

13. ③ 최소배당율이다.

14. ① 1차 취소사항 ② 1차 취소사항 ③ 4차 취소 ④ 1차에 반드시 취소사항

15. ③ 2년이 경과되지 아니한 자

16. ③ 취사 · 숙박에 필요한 설비를 갖출 것

17. ③ 징역과 벌금은 병과할 수 있고 양벌규정을 적용한다.

18. ② 그림을 제외한 바탕색이 녹색이다.

20. ① 다만 최초로 안전성검사를 받은 지 10년이 지난 유기시설 · 유기기구에 대하여는 반기별로 1회 이상 안정성검사를 받아야 한다.

21. ④ 10명 이내의 민간전문가를 고용한다.

22. ① 6세 미만의 어린이는 납부면제 대상이다.

23. ③ 시 · 도지사가 고시한다.

25. ① 국제회의 전담조직에 위탁한다.

Test 07

01 관광기본법상 정부가 해야 할 시책에 관한 설명으로 옳지 않은 것은?

① 정부는 관광진흥을 위하여 관광진흥개발기금을 설치하여야 한다.

② 정부는 관광진흥에 관한 기본계획을 5년마다 수립 · 시행하여야 한다.

③ 정부는 매년 관광진흥에 관한 시책과 동향에 대한 보고서를 정기국회가 종료하기 전까지 국회에 제출하여야 한다.

④ 정부는 관광자원을 보호하고 개발하는 데에 필요한 시책을 강구하여야 한다.

02 관광진흥법상 다음 내용 중 승인과 관계없는 사항은?

① 시 · 도지사가 문화체육관광부장관으로 부터 위임받은 권한의 일부를 시장 · 군수 · 구청장에게 재위임 할 때에는 장관의 승인을 받아야 한다.

② 카지노 사업자가 카지노업의 영업종류별 영업 방법 및 배당금 등에 관하여 장관에게 승인을 얻어야 한다.

③ 관광숙박업 등을 경영하려는 자는 그 사업에 대한 사업계획서를 작성하여 시장 · 군수 · 구청장의 승인을 얻어야 한다.

④ 협회가 공제규정을 변경하려면 문화체육관광부장관의 승인을 받아야 한다.

03 관광진흥법령상 가족호텔업의 등록기준으로 옳은 것은?

① 욕실이나 샤워시설을 갖춘 객실이 20실 이상일 것

② 수질오염을 방지하기 위한 오수저장 처리시설과 폐기물 처리시설을 갖추고 있을 것

③ 매점이나 간이매장이 있을 것

④ 객실별 면적이 19제곱미터 이상일 것

04 관광진흥법령상 우리나라와 외국을 왕래하는 여객선에서 카지노업을 하려는 경우의 허가 요건으로 옳지 않은 것은?

① 여객선이 1만톤급 이상일 것

② 외래관광객 유치계획 및 장기수지전망 등을 포함한 사업계획서가 적정할 것

③ 현금 및 칩의 관리 등 영업거래에 관한 내부통제 방안이 수립되어 있을 것

④ 그밖에 카지노업의 건전한 육성을 위하여 문화체육관광부장관이 공고하는 기준에 맞을 것

05 관광진흥법령상 문화관광해설사에 관한 설명으로 옳은 것은?

① 문화체육관광부장관 또는 시 · 도지사는 문화관광해설사 양성을 위한 교육과정을 개설하여 운영할 수 있다.

② 문화관광해설사를 선발하는 경우 문화체육관광부령으로 정하는 바에 따라 이론 및 실습을 평가하고, 5개월 이상의 실무수습을 마친자에게 자격을 부여할 수 있다.

③ 문화관광해설사를 선발하려는 경우에는 평가기준에 따른 평가결과 이론 및 실습 평가항목 각각 60점 이상을 득점한 사람 중에서 각각의 평가항목의 비중을 곱한 점수가 고득점자인 사람 순으로 선발한다.

④ 문화관광해설사의 선발, 배치 및 활용 등에 필요한 사항은 대통령령으로 정한다.

06 관광진흥법령상 분양 또는 회원모집을 할 수 있는 관광사업이 아닌 것은?

① 호텔업
② 휴양콘도미니엄업
③ 제1종 종합휴양업
④ 제2종 종합휴양업

07 관광진흥법령상 식품위생 법령에 따른 유흥주점 영업의 허가를 받은 자가 관광객이 이용하기 적합한 무도(舞蹈)시설을 갖추어 그 시설을 이용하는 자에게 음식을 제공하고 노래와 춤을 감상하게 하거나 춤을 추게 하는 관광사업은?

① 관광유흥음식점업
② 관광극장유흥업
③ 관광식당업
④ 외국인전용 유흥음식점업

08 전문휴양업 중 민속촌의 등록기준으로 다음 괄호 안에 적당한 것은?

> 한국 고유의 건축물(초가집 및 기와집)이 (㉠)으로서 각 건물에는 전래되어 온 생활도구가 비치되어 있거나 한국 또는 외국의 고유문화를 소개할 수 있는 (㉡)의 축소된 건축물 모형이 적정한 장소에 배치되어 있을 것

① ㉠ 10동 이상, ㉡ 30점 이상
② ㉠ 20동 이상, ㉡ 50점 이상
③ ㉠ 30동 이상, ㉡ 50점 이상
④ ㉠ 50동 이상, ㉡ 30점 이상

09 관광진흥법령상 반드시 사업계획의 승인을 얻어야 하는 업종은?

① 국제회의시설업
② 전문휴양업
③ 관광숙박업
④ 종합휴양업

10 문화관광해설사 평가기준 중 기본 소양 세부평가 내용이 아닌 것은?

① 문화관광해설사의 역할과 자세
② 문화관광자원의 가치 인식 및 보호
③ 관광정책 및 관광산업의 이해
④ 관광객의 특성 이해 및 관광약자 배려

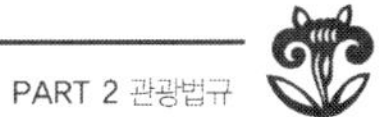

11 다음 중 한국관광협회중앙회의 공제사업의 내용 중 거리가 먼 것은?

① 관광사업자의 관광사업행위와 관련된 사고로 인한 대물 및 대인배상에 대비하는 공제 및 배상업무
② 회원 상호간의 경제적 이익을 도모하기 위한 업무
③ 관광사업행위에 따른 사고로 인하여 재해를 입은 종사원에 대한 보상업무
④ 관광사업자의 주택건설에 관한 공제사업

12 관광진흥법령상 과태료 금액의 2분의 1 범위에서 감경할 수 있는 경우가 아닌 것은? (단, 과태료를 체납하고 있는 위반행위자의 경우는 제외)

① 위반행위자가 처음 해당 위반행위를 한 경우로서 3년 이상 해당 업종을 모범적으로 영위한 사실이 인정되는 경우
② 위반행위자가 법 위반상태를 시정하거나 해소하기 위하여 노력한 것으로 인정되는 경우
③ 위반행위가 사소한 부주의나 오류로 인한 것으로 인정되는 경우
④ 위반행위자가 자연재해 · 화재 등으로 재산에 현저한 손실이 발생하여 사업이 중대한 위기에 처하는 등의 사정이 있는 경우

13 관광진흥법령상 사업계획의 승인을 받았을 때에 관광사업자가 받게 되는 인 · 허가 등의 의제에 해당하는 것은?

① 주세법에 따른 주류판매업의 면허 또는 신고
② 외국환거래법에 따른 환전업무의 등록
③ 해사안전법에 따른 해상 레저활동의 허가
④ 초지법에 따른 초지전용의 허가

14 관광지등 개발 시 이용자 분담금 및 원인자 부담금에 관한 규정과 거리가 먼 내용은?

① 사업시행자는 지원시설의 건설비용의 전부 또는 일부를 그 이용자에게 분담하게 할 수 있다.
② 지원시설 건설의 원인이 되는 공사 또는 행위가 있는 경우에는 비용을 부담하여야 할 자에게 그 비용의 전부 또는 일부를 부담하게 할 수 있다.
③ 관광지 등 안에 있는 공동시설의 유지 · 관리 및 보수에 소요되는 비용의 전부 또는 일부를 관광지 등에서 사업을 경영하는 자에게 분담하게 할 수 있다.
④ 이용자 분담금 및 원인자 부담금은 시 · 도지사가 징수한다.

15 관광진흥법령상 카지노업을 영위하기 위하여 문화체육관광부장관에게 제출하는 사업계획서에 포함되어야 하는 사항이 아닌 것은?

① 카지노영업소 이용객 서비스계획 ② 영업시설의 개요
③ 장기수지 전망 ④ 인력수급 및 관리계획

16 관광진흥법령상 관광펜션업의 지정기준으로 옳지 않은 것은?

① 객실이 30실 이하일 것
② 취사 및 숙박에 필요한 설비를 갖출 것
③ 숙박시설 및 이용시설에 대하여 외국어 안내표기를 할 것
④ 자연 또는 주변 경관을 관람할 수 있도록 개방되어 있거나 밖이 보이는 창을 가진 구조일 것

17 카지노 사업자의 연간 총매출액이 180억원 일 때 관광진흥법령상 카지노사업자가 납부해야 할 관광진흥개발기금의 납부금은?

① 8억원 ② 12억 6천만원
③ 10억 2천만원 ④ 16억원

18 다음 중 징역형과 벌금형의 병과를 받지 아니하는 자는?

① 법령에 위반된 카지노기구를 사용한 자
② 규정에 위반하여 시설을 분양하거나 회원을 모집한 자
③ 유원시설업의 변경허가를 받지 아니하고 영업을 한 자
④ 검사합격필증을 훼손 · 제거한 자

19 관광진흥법령상 중요한 사항의 변경 등록 사항이 아닌 것은?

① 상호 또는 대표자의 변경
② 휴양 콘도미니엄업의 객실 수 및 형태의 변경
③ 관광숙박업 부대시설의 위치 · 면적 및 종류의 변경
④ 여행업 사무실 소재지의 변경

20 국외여행 인솔자 자격요건을 갖추지 못한 자에게 국외여행을 인솔하게 한 경우 행정처분의 내용이 잘못된 것은?

① 1차 : 사업정지 10일 ② 2차 : 사업정지 20일
③ 3차 : 사업정지 1개월 ④ 4차 : 취소

21 관광진흥개발기금법령상 문화체육관광부장관이 출국납부금의 부과 · 징수업무를 위탁할 수 있는 자가 아닌 것은?

① 지방해양수산청장 ② 항만공사법에 따른 항만공사
③ 한국관광공사법에 따른 한국관광공사 ④ 항공사업법에 따른 공항운영자

22 관광진흥개발기금법령상 관광진흥개발기금을 대여 받거나 보조 받을 수 있는 사업이 아닌 것은?

① 관광진흥에 기여하는 문화예술사업
② 전통관광자원 개발 및 지원사업
③ 관광 관련 국제기구의 설치
④ 내국인의료관광 유치 사업

23 일반여행업의 경우 직전사업년도 매출액이 1억원 미만의 경우 영업보증금 또는 보증보험에 가입해야 하는 금액은 얼마인가?

① 5억원
② 1억원
③ 5천만원
④ 3천만원

24 국제회의산업 육성에 관한 법령상 국제회의 전담조직의 담당업무가 아닌 것은?

① 국제회의의 유치 및 개최 지원
② 국제회의 산업의 국내 홍보
③ 국제회의 관련 정보의 수집 및 배포
④ 국제회의 전문인력의 교육 및 수급

25 다음 위탁사항과 관계가 먼 내용을 고르시오.

① 한국관광공사 및 한국관광협회중앙회 업무 중 관광종사원의 자격시험에 관한 업무를 행한 때에는 분기별로 종합하여 다음 분기 10일까지 문화체육관광부장관에게 보고해야 한다.
② 카지노 검사기관은 검사에 관한 업무규정을 정하여 문화체육관광부장관의 승인을 얻어야 한다.
③ 시 · 도지사는 지역별 관광협회로부터 보고 받은 사항을 매분기 종합하여 다음달 10일까지 문화체육관광부장관에게 보고해야 한다.
④ 안전성 검사 및 안전교육을 위탁받은 업무를 행한 업종별 관광협회 및 전문연구 · 검사기관은 그 업무를 수행함에 있어 법령위반 사항을 발견할 때에는 지체 없이 관할시장 · 군수 · 구청장에게 보고해야 한다.

정답 및 해설

ANSWER

01 ③	02 ②	03 ④	04 ①	05 ①	06 ③	07 ②	08 ②	09 ③	10 ③
11 ④	12 ①	13 ④	14 ④	15 ①	16 ④	17 ②	18 ③	19 ②	20 ④
21 ③	22 ④	23 ③	24 ②	25 ③					

01. ③ 시작하기 전까지

02. ② 승인 → 신고

03. ① 크루즈업의 등록기준
② 일반관광유람선업의 등록기준
③ 휴양콘도미니엄의 등록기준

04. ① 2만톤급 이상

05. ② 5개월 이상 → 3개월 이상
③ 60점 → 70점
④ 대통령령 → 문화체육관광부령

09. 국제회의시설업, 전문휴양업, 종합휴양업, 관광유람선업은 승인을 받을 수 있다.

10. ③ 관광정책 및 관광산업의 이해, 한국 주요 문화관광자원의 이해, 지역특화 문화관광자원의 이해 등은 전문지식 세부평가 내용이다.

12. ① 3년 → 5년

13. ①, ②, ③은 등록등 심의위원회의 심의 · 의결을 거치면 의제에 해당하는 내용이다.

14. ④ 시 · 도지사 → 사업시행자

15. ① 이용객 서비스계획 → 이용객 유치계획

16. ④ 관광궤도업의 지정기준이다.

17. ② 연간매출액이 100억 이상일 때는 천만 단위가 6천만원이 보이면 정답이다.

18. ③ 1년 이하의 징역 또는 1000만원 이하의 벌금형은 병과규정을 적용하지 않는다.
① 5년 이하의 징역 또는 5000만원 이하의 벌금형
② 3년 이하의 징역 또는 3000만원 이하의 벌금형
④ 2년 이하의 징역 또는 2000만원 이하의 벌금형

19. ② 휴양콘도미니엄의 객실 수 → 호텔업의 객실 수

20. ④ 사업정지 3개월

22. ④ 내국인 의료관광 → 외국인 의료관광

23. ④ 국외여행업의 가입금액

24. ② 국내홍보 → 국외홍보

25. ③ 매분기 종합하여 → 매월 종합하여

Test 08

01 관광기본법에 의해 관광진흥에 관한 기본적이고 종합적인 시책을 강구해야 하는 곳은 어디인가?

① 한국관광공사 ② 정부
③ 한국관광협회 ④ 지방자치단체

02 관광진흥법령상 관광특구 지정 시 관광특구 전체 면적 중 임야 · 농지 · 공업용지 또는 택지 등 관광활동과 직접적인 관련성이 없는 토지의 비율이 몇 %를 초과해서는 안 되는가?

① 5% ② 10%
③ 15% ④ 20%

03 다음 중 관광과 관련된 국제기구와 협력관계를 증진시키기 위해 문화체육관광부장관이 필요한 사항을 권고 · 조정할 수 있는 것과 무관한 사항은?

① 관광사업자 ② 관광종사원
③ 관광사업자단체 ④ 한국관광공사

04 관광진흥법령상 관광종사원에 대한 행정처분 기준과 거리가 먼 내용은?

① 위반행위가 2 이상일 경우에는 그 중 중한 처분기준에 따른다.
② 위반행위의 횟수에 따른 행정처분의 기준은 최근 1년간 같은 위반행위로 행정처분을 받은 경우에 적용한다.
③ 위반행위가 고의나 중대한 과실이 아닌 사소한 부주의나 오류로 인한 것으로 인정되는 경우 처분의 2분의 1범위에서 그 처분을 감경할 수 있다.
④ 위반행위자가 처음 해당 위반행위를 한 경우로서 5년 이상 관광종사원으로서 모범적으로 일해 온 사실이 인정되는 경우에 처분의 2분의 1 범위에서 그 처분을 감경할 수 있다.

05 관광식당표지에 대한 설명으로 틀린 것은?

① 흰색바탕에 원은 오렌지색, 글씨는 검은색으로 한다.
② 크기와 제작방법은 문화체육관광부장관이 별도로 정한다.
③ 지정권자의 표기는 한글 · 영문 또는 한문 중 하나를 선택하여 사용한다.
④ 소재는 놋쇠로 한다.

06 관광진흥법령상 자동차야영장업의 편의시설 중 갖추지 않아도 되는 시설은?

① 상 · 하수도 시설 ② 전기시설
③ 취사시설 ④ 수질오염 방지시설

07 국제회의산업 육성에 관한 법령상 국제회의시설 중 전문회의시설이 갖추어야 할 요건에 해당하지 않는 것은?

① 2천명 이상의 인원을 수용할 수 있는 대회의실이 있을 것
② 옥내와 옥외의 전시면적을 합쳐서 2천제곱미터 이상을 확보하고 있을 것
③ 1천명 이상의 인원을 수용할 수 있는 실외공연장이 있을 것
④ 30명 이상의 인원을 수용할 수 있는 중 · 소회의실이 10실 이상 있을 것

08 관광사업의 등록을 하고자 하는 자의 등록신청서 첨부서류가 아닌 것은?

① 사업계획서
② 자본금예치 증명
③ 부동산 소유권 또는 사용권 증명서류
④ 외국인 투자기업인 경우 외국인 투자촉진법에 의한 외국인 투자를 증명하는 서류

09 문화체육관광부장관 및 지방자치단체의 장이 관광객의 유치, 관광복지의 증진 및 관광진흥을 위하여 사업을 추진할 수 있는 내용이 아닌 것은?

① 문화, 체육, 레저 및 산업시설 등의 관광자원화 사업
② 관광상품의 생산에 관한 사업
③ 해양관광의 개발사업 및 자연생태의 관광자원화 사업
④ 국민의 관광복지 증진에 관한 사업

10 관광진흥개발기금법상 관광진흥개발기금에 관한 설명으로 옳지 않은 것은?

① 국내 공항과 항만을 통하여 출국하는 자로서 대통령령으로 정하는 자는 1만원의 범위에서 대통령령으로 정하는 금액을 기금에 납부하여야 한다.
② 출국납부금을 부과받은 자가 부과된 납부금에 대하여 이의가 있는 경우에는 부과받은 날부터 60일 이내에 문화체육관광부장관에게 이의를 신청할 수 있다.
③ 문화체육관광부장관은 출국납부금 부과에 대한 이의신청을 받았을 때에는 그 신청을 받은 날부터 15일 이내에 이를 검토하여 그 결과를 신청인에게 서면으로 알려야 한다.
④ 출국납부금의 부과 · 징수의 절차에 필요한 사항은 문화체육관광부령으로 정한다.

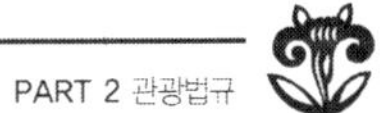

11 국제회의산업육성에 관한 법률의 제정 목적과 거리가 먼 것은?

① 국제회의의 유치를 촉진
② 국제회의 산업을 육성 · 진흥
③ 관광산업의 발전과 국민경제의 향상
④ 관광진흥과 관광시설의 서비스 개선

12 다음 중 폐광지역 카지노 사업자의 영업준칙으로 옳지 않은 것은?

① 카지노 영업소는 회원용 영업장과 일반 영업장으로 구분하여 운영하여야 하며, 주류를 판매하거나 제공하여서는 안 된다.
② 매일 오전 6시부터 오전 10시까지는 영업을 하여서는 아니 된다.
③ 카지노가 있는 호텔이나 영업소의 내부 또는 출입구 등 주요지점에 폐쇄회로 텔레비전을 설치하여 운영하여야 한다.
④ 카지노 이용자에게 자금을 대여하여서는 안 된다.

13 다음 사항 중 관광진흥법령상 시 · 도지사의 권한과 거리가 먼 사항은?

① 지역별 관광협회의 설립 허가
② 호텔서비스사 · 국내여행안내사 자격 취소 시 청문
③ 관광지의 지정 · 지정취소 · 변경지정 및 고시
④ 카지노기구의 검사

14 관광진흥법령상 관광객을 위하여 음식 · 운동 · 오락 · 휴양 · 문화 · 예술 또는 레저 등에 적합한 시설을 갖추어 이를 관광객에게 이용하게 하는 업은?

① 관광객 이용시설업
② 관광 편의시설업
③ 유원시설업
④ 휴양 콘도미니엄업

15 다음 (   ) 안에 들어갈 내용으로 옳게 짝지어진 것은?

> 국제회의산업 육성에 관한 법령상의 국제회의는 국제기구에 가입하지 않은 단체가 개최하는 회의일 경우 아래의 요건을 모두 갖춘 회의이다.
> • 회의 참가자 중 외국인이 (ㄱ)명 이상일 것
> • (ㄴ)일 이상 진행되는 회의일 것

① ㄱ: 100, ㄴ: 2
② ㄱ: 100, ㄴ: 3
③ ㄱ: 150, ㄴ: 2
④ ㄱ: 150, ㄴ: 3

16 관광진흥개발기금법상 문화체육관광부장관이 회계년도마다 기금의 결산보고서를 기획재정부장관에게 언제까지 제출해야 하나?

① 정기국회 개시 전까지　　② 당해 연도 말
③ 다음 년도 2월 20일까지　　④ 다음 년도 2월 말까지

17 관광사업의 양수 또는 합병에 관한 규정 중 틀린 사항은 어느 것인가?

① 관광사업을 양수하고자 하는 자는 등록기관의 장에게 신고해야 한다.
② 관광사업을 경영하는 법인을 합병하고자 할 때는 등록기관의 장에게 신고해야 한다.
③ 관광사업자가 그 사업의 전부 또는 일부를 휴업 또는 폐업할 때에는 관할 등록기관의 장에게 신고해야 한다.
④ 경매, 파산법 등에 의한 사업을 인수한 자는 지위를 승계하며 1월 이내에 등록기관의 장에게 신고하여야 한다.

18 관할 등록기관등의 장은 관광사업의 등록등을 받거나 신고를 한 자 또는 사업계획의 승인을 얻은 자가 다음에 해당하는 때에는 그 등록등 또는 사업계획의 승인을 취소하거나 6월 이내의 기간을 정하여 그 사업의 전부 또는 일부의 정지를 명하거나 시설 · 운영의 개선을 명할 수 있다. 해당되지 않는 사항은?

① 관광통역안내사를 자격이 없는 자로 종사하게 하는 경우
② 사업계획의 승인을 얻은 자가 정당한 사유 없이 2년 이내에 착공 또는 준공을 하지 아니한 때
③ 관광사업의 경영 또는 사업계획을 추진함에 있어서 뇌물을 주고받은 경우
④ 여행자에게 사전 동의없이 여행일정을 변경하거나 여행계약서를 내주지 아니한 경우

19 실외 관광공연장업의 시설기준에 맞는 것은?

① 70㎡ 이상의 무대를 갖출 것
② 우리나라의 전통가무 공연이 총 공연시간의 3분의 1 이상일 것
③ 남녀용으로 구분된 화장실이 있을 것
④ 비상시에 공연장을 손쉽게 탈출할 수 있도록 3개 이상의 출입구를 갖추고 있을 것

20 다음은 어떤 용어에 관한 설명인가?

자연적 또는 문화적 관광자원을 갖추고 관광객을 위한 기본적인 편의시설을 설치하는 지역으로서 진흥법에 따라 지정된 곳

① 관광단지　　② 관광특구
③ 관광지　　④ 관광휴양지역

21 관광진흥법상 다음 용어의 정의 중 잘못된 것은?

① '관광사업'이라 함은 관광객을 위하여 운송 · 숙박 · 음식 · 운동 · 오락 · 휴양 또는 용역을 제공하거나 기타 관광에 부수되는 시설을 갖추어 이를 이용하게 하는 업을 말한다.

② '관광사업자'라 함은 관광사업을 경영하기 위하여 등록 · 허가 또는 지정을 받거나 신고를 한 자를 말한다.

③ '관광단지'라 함은 자연적 또는 문화적 관광자원을 갖추고 관광객을 위한 기본적인 편의시설을 설치하는 지역으로서 이 법에 의해 지정된 곳을 말한다.

④ '여행이용권'이란 관광취약 계층이 관광활동을 영위할 수 있도록 금액이나 수량이 기재(전자적 또는 자기적 방법에 의한 기록을 포함한다)된 증표를 말한다.

22 다음은 사업계획승인을 얻고자 하는 자가 시장 · 군수 · 구청장에게 제출해야 할 서류이다. 해당되지 않는 것은?

① 건설계획서

② 신청인의 성명 · 주민등록번호를 기재한 서류

③ 분양 및 회원모집 계획개요서

④ 사업계획서

23 1년 이하의 징역 또는 1천만 원 이하의 벌금에 처하는 사항이 아닌 것은?

① 유원시설업의 변경허가를 받지 아니하거나 변경신고를 하지 아니하고 영업을 한 자

② 안전성검사를 받지 아니하고 유기시설 또는 유기기구를 설치한 자

③ 시장 · 군수 · 구청장의 허가를 받지 아니하고 조성사업을 한 자

④ 카지노 사업자 외의 관광사업자가 부대시설을 제외한 시설을 타인으로 하여금 경영하게 한 자

24 카지노 전산시설에 포함되어야 할 사항으로 거리가 먼 것은?

① 시스템의 인증에 관한 사항

② 하드웨어의 성능 및 설치방법에 관한 사항

③ 네트워크의 구성에 관한 사항

④ 시스템의 가동 및 장애방지에 관한 사항

25 관광종사원 자격시험 중 등록업무를 문화체육관광부장관이 한국관광공사에 위탁할 수 없는 사항은?

① 관광통역안내사 ② 호텔관리사

③ 호텔경영사 ④ 국내여행안내사

정답 및 해설

ANSWER

01 ②	02 ②	03 ②	04 ④	05 ④	06 ④	07 ③	08 ②	09 ②	10 ④
11 ④	12 ①	13 ④	14 ①	15 ③	16 ④	17 ③	18 ②	19 ①	20 ③
21 ③	22 ④	23 ④	24 ①	25 ④					

04. ④ 5년 → 3년

05. ④ 소재에 대한 규정은 없다.

06. ④ 화장실이 추가된다.

08. ② 신청인의 성명 및 주민등록번호를 기재한 서류 등이 추가(자본금은 여행업자와 국제회의 기획업자만 해당된다)

09. ② 생산에 관한 사업 → 개발에 관한 사업

10. ④ 문화체육관광부령 → 대통령령

12. ① 일반영업장만 주류를 판매하거나 제공해서는 안 된다.

13. ④ 문화체육관광부장관의 권한이다.

17. ③ 휴업 또는 폐업할 때는 관할등록기관의 장에게 알려야 한다.

18. ② 2년 이내 착공, 5년 이내 준공이다. (위반 시 행정처분 : 1차 → 시정명령, 2차 → 사업계획 승인 취소)

	1차	2차	3차	4차
①	시정명령	사업정지 15일	사업정지 1개월	취소
③	시정명령	사업정지 10일	사업정지 20일	취소
④	시정명령	사업정지 10일	사업정지 20일	취소

19. ① 실내관광공연장의 무대도 70㎡ 이상이다.

21. ③ 관광지에 대한 정의이다.
④ 새로 추가된 용어의 정의이다.

22. ④ 그밖에 부동산 소유권 또는 사용권을 증명하는 서류, 인 · 허가 등의 의제를 받거나 신고하려는 경우와 이미 신고하였거나 인 · 허가 등을 받은 경우의 증명서류

23. ④ 벌칙에는 해당 없다.

24. ① 인증 → 보안관리, 환전관리 및 현금과 칩의 수불관리를 위한 소프트웨어에 관한 사항이 추가된다.

25. ④ 국내여행안내사와 호텔서비스사는 한국관광협회에 위탁한다.

Test 09

01 관광기본법 제1조의 목적과 관계가 없는 것은?

① 국제친선의 증진
② 국민경제 및 국민복지의 향상
③ 관광진흥에 기여
④ 건전한 국민관광 발전

02 아래 예문에서 "관광종사원에 대한 행정처분 대상"이 되는 것을 모두 고르면?

> 가. 부정한 방법으로 자격을 취득한 때
> 나. 피성년후견인, 피한정후견인
> 다. 관광종사원으로서 직무수행에 있어 부정 또는 비위사실이 있을 때
> 라. 법규에 적합하지 아니한 자가 국외 여행을 인솔한 경우

① 가, 나
② 가, 나, 다
③ 다, 라
④ 가, 다, 라

03 다음 중 관광진흥법상 용어의 정의가 틀리게 된 것은 어느 것인가?

① "관광단지"란 관광객의 다양한 관광 및 휴양을 위하여 각종 관광시설을 종합적으로 개발하는 관광거점 지역으로서 이 법에 의하여 지정된 곳을 말한다.
② "관광지"란 자연적 또는 문화적 관광자원을 갖추고 관광객을 위한 기본적인 편의시설을 설치하는 지역으로서 관광객이 많이 오는 곳을 말한다.
③ "공유자"란 단독 소유 또는 공유의 형식으로 관광사업의 일부 시설을 관광사업자로부터 분양 받은 자를 말한다.
④ "지원시설"이란 관광지 또는 관광단지의 관리 · 운영 및 기능 활성화에 필요한 관광지 및 관광단지 안팎의 시설을 말한다.

04 관광숙박업의 사업계획 변경에 관한 승인을 얻지 않아도 되는 경우는?

① 부지 및 대지면적의 변경으로서 그 변경 하고자 하는 연면적이 당초 승인을 얻은 계획면적의 100분의 10 이상이 되는 경우
② 객실 수 또는 객실 면적을 변경하고자 하는 경우(휴양콘도미니엄업에 한한다)
③ 변경하고자 하는 업종의 등록기준에 적합한 경우로서 호텔업과 휴양 콘도미니엄업간 또는 호텔업의 종류간의 업종 변경
④ 부대시설의 위치, 면적 및 일반 음식점업 종류의 변경

05 문화체육관광부장관 또는 시 · 도지사 및 시장 · 군수 · 구청장이 한국관광공사 · 한국관광협회중앙회, 지역별 · 업종별 관광협회나 대통령령이 정하는 전문연구, 검사기관에 위탁할 수 있는 사항이 아닌 것은?

① 관광편의시설업의 지정
② 우수 숙박시설의 지정 및 취소
③ 관광숙박업의 등급결정
④ 관광개발기본계획 수립

06 카지노 사업자의 연간 매출액이 90억원일 경우에 관광진흥법령상 카지노 사업자가 납부해야하는 관광진흥개발기금의 납부금은 얼마인가?

① 4억 6천원
② 4억 1천만원
③ 3억 6천만원
④ 3억 1천만원

07 다음 중 유원시설업의 종류가 아닌 것은?

① 종합유원시설업
② 전문유원시설업
③ 일반유원시설업
④ 기타유원시설업

08 다음 사항 중 위탁할 수 있는 내용과 거리가 먼 것은?

① 유기기구의 안전성검사
② 한국관광 품질인증 및 그 취소
③ 관광지 조성계획의 승인 및 변경 승인
④ 관광종사원 자격시험 · 등록 · 자격증의 교부

09 전문휴양업 중 해수욕장의 등록기준으로 틀린 것은?

① 수용인원에 상응하는 간이목욕시설 · 탈의장 등이 있을 것
② 인명구조용 구명보트 · 감시탑 및 응급처리 시 설비 등의 시설이 있을 것
③ 담수욕장시설을 갖추고 있을 것
④ 수영에 필요한 장비대여업체가 입주해 있을 것

10 관광진흥법령상 소형호텔업의 등록기준과 거리가 먼 것은?

① 욕실이나 샤워시설을 갖춘 객실을 20실 이상 30실 미만으로 갖추고 있을 것
② 부대시설의 면적합계가 건축 연면적의 50% 이하일 것
③ 조식 제공, 외국어 구사인력 고용 등 외국인에게 서비스를 제공할 수 있는 체제를 갖추고 있을 것
④ 객실별 면적이 19제곱미터 이상일 것

11 한국관광 품질인증의 인증기준과 거리가 먼 것은?

① 관광객의 편의를 위한 시설 및 서비스를 갖출 것
② 관광객 응대를 위한 전문 인력을 확보할 것
③ 재난 및 안전관리의 위협으로부터 관광객을 보호할 수 있는 사업장 안전관리 방안을 수립할 것
④ 사업계획서와 재정능력을 갖출 것

12 휴양콘도미니엄등 분양 또는 회원모집을 한 자가 공유자, 회원의 권익보호를 위하여 지켜야 할 사항과 거리가 먼 것은?

① 공유자, 회원의 대표기구 구성
② 회원증의 발급 및 확인
③ 시설의 유지, 관리에 필요한 비용의 징수
④ 공유지분 또는 회원자격의 양도, 양수금지

13 다음 중 카지노 사업자의 준수사항과 거리가 먼 것은?

① 법령에 위반되는 카지노기구를 설치하거나 사용하는 행위
② 허가받은 전용영업장 외에서 영업을 하는 행위
③ 내국인을 입장시키는 행위
④ 미성년자를 입장시키는 행위

14 다음 중 관광진흥법령상 수수료를 납부해야 하는 경우가 아닌 것은?

① 관광사업자의 지위 승계를 신고하는 자
② 관광숙박업의 등급 결정을 신청하는 자
③ 유원시설업의 허가 또는 신고하는 자
④ 관광편의시설업의 변경지정을 받고자 하는 자

15 문화체육관광부장관이 한국관광협회중앙회에게 위탁하는 사항으로 맞는 것은?

① 관광통역안내사 및 호텔관리사의 자격시험 등록 및 자격증 발급
② 국내여행안내사의 자격시험 등록 및 자격증 발급
③ 관광식당업의 지정 · 지정취소
④ 관광사진업의 지정 · 지정취소

16 다음 중 관광지 조성계획 승인을 얻으면 의제와 관계없는 법률은?

① 국토의 계획 및 이용에 관한 법률
② 관광단지 개발촉진법
③ 수도법
④ 산지관리법

17 다음 편의시설업 중 지정 및 지정취소 권한을 특별자치도지사 · 시장 · 군수 · 구청장이 가지고 있는 사업은?

① 관광순환버스업　　② 관광식당업
③ 관광사진업　　④ 여객사동차터미널 시설업

18 관광진흥법령상 내용이 틀린 사항은 어느 것인가?

① 소관관청이 관광사업자에 대하여 그 사업의 정지, 취소 또는 시설의 이용을 금지, 제한하고자 할 때에는 미리 관할등록기관의 장과 협의하여야 한다.
② 소속공무원은 명을 받고 즉시 사무소나 사업장에 출입하여 장부, 서류 등을 조사 또는 검사할 수 있다.
③ 관할등록기관의 장은 관광사업자에 대하여 등록 등을 취소하거나 사업의 전부 또는 일부의 정지를 명할 때에는 소관행정기관의 장에게 그 사실을 통보할 수 있다.
④ 관할등록기관의 장은 허가 없이 또는 신고 없이 영업을 하거나 허가의 취소 또는 사업의 정지명령을 받고 계속 영업을 할 때에는 공무원으로 하여금 영업소를 폐쇄하게 할 수 있다.

19 관광진흥법령상 3년 이하의 징역 또는 3천만원 이하의 벌금형에 처할 수 없는 것은?

① 허가를 받지 아니하고 유원시설업을 경영한 자
② 휴양콘도미니엄 또는 이와 유사한 명칭을 사용하여 휴양콘도미니엄이 아닌 숙박시설의 분양 또는 회원모집을 하는 행위
③ 변경허가나 변경신고를 하지 아니하고 영업을 한 자
④ 휴양콘도미니엄의 시설과 휴양콘도미니엄이 아닌 숙박시설을 혼합 또는 연계하여 이를 이용할 수 있는 회원을 모집하는 행위

20 관광진흥개발기금법령상 문화체육관광부장관은 기금수입징수관, 기금재무관, 기금지출관과 기금출납공무원을 임명한 때에는 누구에게 통지하지 않아도 되는가?

① 행정안전부장관　　② 한국은행총재
③ 감사원장　　④ 기획재정부장관

21 다음 중 관광진흥개발기금의 관련업무와 관계기관이 잘못 연결된 것은?

① 기금의 회계기관 – 기획재정부장관
② 기금 계정이 설치되는 곳 – 한국은행
③ 기금의 운영계획 수립 – 문화체육관광부장관
④ 기금 대여업무의 취급기관 – 한국산업은행

22 관광진흥법령상 여행업자가 여행지에 대한 안전정보나 변경된 안전정보를 제공하지 아니할 경우 3차 행정처분 기준은?

① 시정명령　　② 사업정지 5일
③ 사업정지 10일　　④ 사업정지 20일

23 다음 시설 중 국제회의시설과 관계없는 시설은?

① 일반회의시설　　② 전문회의시설
③ 부대시설　　④ 전시시설

24 관광숙박업의 등급 결정권한을 위탁할 수 있는 단체 내용과 거리가 먼 것은?

① 평가요원을 50명 이상 확보할 것
② 문화체육관광부장관이 정하여 고시하는 법인
③ 영리법인일 것
④ 관광숙박업의 육성과 서비스 개선 등에 관한 연구 및 계몽활동 등을 하는 법인일 것

25 다음 국제회의산업육성에 관한 법률 용어의 정의가 잘못 설명된 것은?

① '국제회의'라 함은 상당수의 외국인이 참가하는 회의로서 대통령령이 정하는 종류와 규모에 해당하는 것을 말한다.
② '국제회의산업'이라 함은 국제회의의 유치 및 개최에 필요한 국제회의시설 · 서비스 등과 관련된 산업으로서 대통령령에 의해서 정해진 산업을 말한다.
③ '국제회의시설'이라 함은 국제회의의 개최에 필요한 회의시설 · 전시시설 및 이와 관련된 부대시설 등으로 대통령령이 정하는 종류와 규모에 해당하는 것을 말한다.
④ '국제회의도시'라 함은 국제회의산업의 육성 · 진흥을 위하여 지정된 특별시 · 광역시 또는 시를 말한다.

정답 및 해설

ANSWER

01 ③	02 ②	03 ②	04 ④	05 ④	06 ②	07 ②	08 ③	09 ④	10 ④
11 ④	12 ④	13 ④	14 ④	15 ②	16 ②	17 ①	18 ②	19 ③	20 ①
21 ①	22 ③	23 ①	24 ③	25 ②					

01. ③ 관광진흥법의 목적이다.

02. ② 라의 내용은 관광사업자가 행정처분 대상이 된다.

03. ② 관광객이 많이 오는 곳 → 이법에 의하여 지정된 곳을 말한다.

04. ④ 변경등록사항이다.

05. ④ 문화체육관광부장관이 수립한다. ① 지역별관광협회에 위탁 ② 한국관광공사에 위탁 ③ 비영리법인에 위탁

06. ① 100억원일 경우 ③ 80억원일 경우 ④ 70억원일 경우

08. ③ 시 · 도지사의 권한이다.
① 업종별 관광협회나 전문 · 연구 검사기관에 위탁
② 한국관광공사에 위탁
④ 한국관광공사 또는 한국관광협회, 한국산업인력공단 등에 위탁

09. ④ 인명구조원을 배치하고 있을 것, 수영을 하기에 적합한 해변이 있을 것 등이 추가된다.

10. ④ 객실별 면적은 등록기준에 포함 안 된다.

11. ④ 해당 사업의 관련 법령을 준수할 것이 포함된다.

12. ④ 양도 · 양수를 금지해서는 안 된다.

13. ④ 19세 미만의 자를 입장시키는 행위

14. ④ 변경 지정이란 절차가 없다. ① 수수료 20,000원 ② 수수료 30,000원 ③ 조례로 정한다.

15. ① 한국관광공사, ③ ④ 지역별관광협회

16. ② 그밖에 하수도법, 공유수면 매립법, 하천법, 도로법, 항만법, 사도법, 공유수면관리법, 농지법, 공익사업을 위한 토지 등의 취득 및 보상에 관한 법률, 초지법, 사방사업법, 장사에 관한 법률, 폐기물관리법, 자연공원법, 온천법, 유통산업발전법 등도 조성계획을 승인한 때에는 허가, 인가, 면허, 승인, 동의한 것으로 본다.

17. ②, ③, ④는 지역별관광협회장이 지정한다.

18. 즉시 → 해당 공무원은 그 권한을 표시하는 증표를 지니고 이를 관계인에게 내보여야 한다.

19. ③ 카지노사업자가 변경허가나 변경신고를 하지 않으면 2년 이하의 징역 또는 2000만원 이하의 벌금형이고, 종합유원시설업자나 일반유원시설업자는 1년 이하의 징역 또는 1000만원 이하의 벌금형에 처한다.

21. ① 기획재정부장관 → 문화체육관광부장관

22. ① 1차 ② 2차 ④ 취소 : 4차 위반 시

23. ① 준회의시설이 포함된다.

24. ③ 영리법인일 것 → 비영리법인일 것

25. ② 대통령령에 의해서 정해진 산업이 아니다.

Test 10

01 어느 법에서 국민관광이라는 용어가 처음 사용 되었는가?

① 관광기본법 ② 관광사업법
③ 관광진흥법 ④ 관광사업진흥법

02 관광진흥법령상 의료관광호텔업이 등록기준과 거리가 먼 것은?

① 의료관광객이 이용할 수 있는 취사시설이 객실별로 설치되어 있거나 층별로 공동취사장이 설치되어 있을 것
② 객실별 면적이 19제곱미터 이상일 것
③ 조식제공, 외국어 구사인력 고용 등 외국인에게 서비스를 제공할 수 있는 체제를 갖추고 있을 것
④ 욕실이나 샤워시설을 갖춘 객실이 20실 이상일 것

03 관광진흥법령상 여행업자가 가입해야 하는 보험, 공제, 영업보증금 예치 금액 중 최고 금액은 얼마까지 인가?

① 15억 ② 15억 1천만원
③ 22억 1천만원 ④ 7억원

04 관광진흥법령상 관광편의시설업의 지정기준 설명이 잘못된 것은?

① 관광유흥음식점업 – 건물 연면적은 서울은 330제곱미터 이상, 그 밖의 지역은 200제곱미터 이상
② 관광극장유흥업 – 건물 연면적은 1,000제곱미터 이상, 홀면적은 500제곱미터 이상
③ 외국인전용유흥음식점업 – 홀면적은 100제곱미터 이상, 무대는 20제곱미터 이상
④ 관광펜션업 – 건물 높이는 3층 이하, 객실수는 30실 이하

05 관광진흥법령상 여행업자가 기획여행의 실시요건 또는 실시방법을 위반한 경우 과징금 부과 내용이 올바른 것은?

① 일반여행업 – 400만원, 국외여행업 – 200만원
② 일반여행업 – 400만원, 국외여행업 – 200만원, 국내여행업 – 100만원
③ 일반여행업 – 800만원, 국외여행업 – 400만원, 국내여행업 – 200만원
④ 일반여행업 – 800만원, 국외여행업 – 400만원

06 카지노사업자가 허가를 받을 수 있는 결격사유와 거리가 먼 것은?

① 19세 미만의 자
② 금고 이상의 형을 받고 그 집행이 종료되거나 집행을 받지 아니하기로 확정된 후 2년이 경과된 자
③ 금고 이상의 형의 선고 유예를 받고 그 유예기간 중에 있는 자
④ 금고 이상의 형의 집행유예 선고를 받고 그 유예기간 중에 있는 자

07 관광지등 사업시행자가 조성계획과 관련된 개발사업의 시행에 따른 이주대책의 내용과 거리가 먼 것은?

① 택지 및 농경지의 매입
② 이주 보상금
③ 선수금 지급
④ 택지조성 및 주택의 건설

08 관광진흥법령상 전문휴양업 중 온천장의 등록기준으로 틀린 것은?

① 온천수를 이용한 대중목욕시설이 있을 것
② 실내 수영장이 있을 것
③ 유원시설업 시설이 있을 것
④ 정구장 · 탁구장 · 볼링장 · 활터 · 미니골프장 · 배드민턴장 · 롤러스케이트장 · 보트장 등의 레크리에이션 시설 중 두 종류 이상의 시설을 갖출 것

09 관광진흥법령상 크루즈업의 등록기준과 거리가 먼 것은?

① 욕실이나 샤워시설을 갖춘 객실을 30실 이상 갖추고 있을 것
② 체육시설 · 미용시설 · 오락시설 · 쇼핑시설 중 두 종류 이상의 시설을 갖추고 있을 것
③ 이용객의 숙박 또는 휴식에 적합한 시설을 갖추고 있을 것
④ 수세식 화장실과 냉 · 난방 설비를 갖추고 있을 것

10 관광진흥법령상 관광사업자가 사업장에 붙일 수 있는 관광표지가 아닌 것은?

① 관광사업장 표지
② 관광사업등록증 또는 지정증
③ 유원시설업지정증
④ 관광식당표지(관광식당업에 한한다)

11 관광진흥법령상 휴양콘도미니엄 시설의 분양 및 회원모집 기준에 대한 설명으로 틀린 것은?

① 대지가 저당권의 목적물로 되어 있는 경우에는 그 저당권을 말소할 것
② 당해 휴양콘도미니엄이 건설되는 대지의 소유권을 확보할 것
③ 1개의 객실에 공유제 또는 회원제를 혼합하여 분양하지 아니할 것
④ 1개의 객실당 분양 인원은 5인 이상일 것

12 관광진흥법령상 관광사업의 종류에 해당되지 않는 것은?

① 유원시설업 ② 관광교통업
③ 관광숙박업 ④ 관광객 이용시설업

13 관광사업자 중 등록 전에 등록심의위원회의 심의를 거치지 않아도 되는 사업자는 누구인가?

① 국제회의 시설업 ② 관광공연장업
③ 관광유람선업 ④ 전문휴양업

14 다음 중 카지노업의 영업 종류가 아닌 것은?

① 포커(poker) ② 세븐카드(Seven Card)
③ 슬롯머신(Slot Machine) ④ 마작(MahJong)

15 관광진흥법령상 관광편의시설업의 지정권자 연결이 잘못된 것은?

① 관광펜션업 – 시 · 도지사
② 한옥체험업 – 특별자치도지사 · 시장 · 군수 · 구청장
③ 관광유흥음식점 – 시장 · 군수 · 구청장, 특별자치도지사
④ 관광사진업 – 지역별 관광협회장

16 문화체육관광부장관이 국제회의 산업의 육성재원을 관광진흥개발기금법에 따른 국외여행자의 출국납부금 총액의 얼마까지 지원할 수 있나?

① 20/100 ② 10/100
③ 30/100 ④ 50/100

17 관광진흥법령상 사위, 기타 부정한 방법으로 관광종사원 자격을 취득한 자에 대한 행정처분은?

① 자격정지 1월 ② 자격정지 3월
③ 자격정지 5월 ④ 자격취소

18 다음 중 관광협회중앙회의 정관에 기재할 사항이 아닌 것은?

① 명칭 ② 회계에 관한 사항
③ 영업에 관한 사항 ④ 사무소의 소재지

19 관광진흥법령상 등록기관등의 장이 관광사업자 또는 관광종사원의 의견을 들어야 하는 경우가 아닌 것은 어떤 경우인가?

① 등록 취소 ② 자격의 취소
③ 과징금 부과 ④ 조성계획 승인 취소

20 관광진흥개발기금법상 관광진흥개발기금의 수입계정에 포함사항이 아닌 것은?

① 정부로부터의 출연금
② 관광사업자의 찬조금
③ 관세법에 따른 보세판매장 특허수수료의 100분의 50
④ 관광진흥법에 따른 카지노 사업자의 납부금

21 관광진흥법령상 유원시설업자의 준수사항으로 틀린 내용은?

① 이용자를 태우는 유기시설 및 유기기구의 경우 정원을 초과하여 손님을 태우지 아니하도록 하고, 운전개시 전에 안전상태를 확인하여야 한다.
② 이용자가 보기 쉬운 곳에 이용요금표, 준수사항 및 이용 시 주의하여야 할 사항을 게시하여야 한다.
③ 유원시설업자는 종사자에 대한 안전교육을 매주 1회 이상 실시하도록 하고, 그 교육일지를 기록 · 비치하여야 한다.
④ 조명은 80럭스 이상이 되도록 유지하여야 한다.

22 다음 중 관광사업의 양도 · 양수에 관한 설명으로 가장 알맞은 것은?

① 관광사업시설을 인수받은 자가 관광사업을 지속하고자 할 경우 법인등기부 등 소정의 서류를 갖추어 해당등록기관에 제출하여 신규등록절차를 거쳐야한다.
② 휴양콘도미니엄의 인수자는 본인의 의사에 관계없이 당연히 그 관광사업자와 공유자 또는 회원간에 약정한 사항을 계승한다.
③ 양수전에 당해 사업자에 행하여진 행정처분은 양수되지 않는다.
④ 법인 합병은 관광사업의 양수에 속하지 않는다.

23 관광진흥개발기금법상 문화체육관광부장관은 기금지출한도액을 배정할 때에는 누구에게 통지하지 않아도 되나?

① 한국산업은행의 은행장 ② 감사원장
③ 기획재정부장관 ④ 한국은행총재

24 관광진흥법령상 보조금의 지급과 관계없는 내용은?

① 지방자치단체도 관광사업자단체 또는 관광사업자에게 보조금을 지급할 수 있다.
② 보조금은 사업개시 전에 지급함을 원칙으로 한다.
③ 보조사업자가 사업계획을 변경 또는 폐지하거나 그 사업을 중지하고자 할 때에는 문화체육관광부장관의 승인을 얻어야 한다.
④ 보조사업자는 보조금의 지급조건에 위반했을 때 보조금의 지급정지 또는 이미 지급한 보조금의 전부 또는 일부를 반환해야 한다.

25 관광진흥법령상 관광종사원의 자격시험 중 합격결정기준과 거리가 먼 것은?

① 전과목의 점수가 배점비율로 환산하여 6할 이상이어야 한다.
② 필기시험에서의 과락은 매 과목 4할 이상이다.
③ 영어 · 일어 · 중국어 등 외국어 시험은 타 시험 점수로 대체한다.
④ 면접시험의 합격기준은 그 점수가 면접 시험총점의 6할 이상이어야 한다.

정답 및 해설

ANSWER

01 ①	02 ③	03 ③	04 ④	05 ④	06 ②	07 ③	08 ②	09 ①	10 ③
11 ③	12 ②	13 ②	14 ②	15 ①	16 ②	17 ④	18 ③	19 ③	20 ②
21 ④	22 ②	23 ②	24 ②	25 ②					

01. ① 1조와 13조에 두 번 사용되었다.

02. ③ 조식제공은 소형호텔업만 해당된다.

03. ③ 일반여행업자가 직전사업년도 매출액이 1000억 이상일 경우 사업개시 전 가입금액이 15억 1천만원이고, 기획여행을 실시할 경우 7억원이다. 전부 가입할 시에 최고금액은 22억 1천만원이 된다.

04. ④ 건물 높이는 4층 이하이다. (2018. 6. 30 까지)

06. ② 2년이 지나지 아니한 자가 결격사유에 해당된다.

07. ③ 그밖에 이주방법 및 이주시기, 이주대책에 따른 비용 등의 대책을 수립해야 한다.

08. ② 실내수영장이 삭제됨

09. ① 객실 수 30실 → 20실

10. ③ 유원시설업지정증 → 호텔등급 표지

11. ③ 혼합하여 분양할 수 있다.

12. ② 여행업, 국제회의업, 카지노업, 관광편의시설업 등이 추가된다.

13. ② 사업계획 승인을 얻어야하는 사업과 같다.

14. ② 조커세븐 등 20개 종류가 있다.

15. ① 특별자치도지사, 시장, 군수, 구청장이 지정권자이다.

17. ④ 1차 취소 사항이다.

18. ③ 영업에 관한 사항 → 업무에 관한 사항

19. ③ 취소할 경우에만 청문을 실시한다.

20. ② 국외여행자의 출국납부금

21. ④ 조명은 60럭스이다.

22. ① 양수인의 경우 신고 ③ 양수된다 ④ 법인합병도 양수이다.

24. ② 원칙적으로 사업완료 전에 지급하되, 필요한 경우 사업완료 후에 지급할 수 있다.

25. ② 4할 미만이다.

Test 11

01 관광기본법은 언제 법률 몇 호로 제정 공포되었는가?

① 1975년 12월 31일 법률 제2878호
② 1986년 12월31일 법률 제3910호
③ 1962년 4월 24일 법률 제1060호
④ 1975년 12월 31일 법률 제2877호

02 다음 중 관광사업의 사업계획 승인기준에 적합하지 않은 것은?

① 사업계획의 시행에 필요한 자금의 조달능력 및 방안이 있을 것
② 사업계획 내용이 관계법령의 규정에 적합할 것
③ 일반주거지역 및 준주거지역 안에서는 주거환경보호를 위해 일정한 제한이 있다.
④ 등록기준에 맞아야 한다.

03 관광진흥법상 관광숙박업 및 관광객 이용시설업 등록심의위원회의 구성은 몇 명인가?

① 위원장, 부위원장 각 1인 및 10인 이내의 위원
② 위원장, 부위원장 및 10인 이상의 위원
③ 위원장, 부위원장 각 1인 포함 10인 이상의 위원
④ 위원장, 부위원장 각 1인 포함 10인 이내의 위원

04 다음 중 관광홍보에 관한 내용 중 틀린 사항은?

① 문화체육관광부장관은 국내외 관광홍보 활동을 조정하거나 관광선전물의 심사 기타 필요한 사항을 지원할 수 있다.
② 문화체육관광부장관은 관광사업자, 관광사업자단체 또는 한국관광공사 등에 필요한 사항을 권고 · 조정할 수 있다.
③ 한국관광공사에 관광홍보 협의회를 둔다.
④ 문화체육관광부장관은 관광사업자 등에게 관광홍보물 제작, 관광안내소의 운영 등을 권고 · 지도할 수 있다.

05 관광진흥법령상 관광사업자에 대한 등록등을 취소나 6개월 이내의 사업정지를 명할 수 있는 내용과 거리가 먼 것은?

① 등록을 하지 않은 자에게 국외여행을 인솔하게 한 경우
② 고의로 여행계약을 위반한 경우
③ 보험, 공제 등에 가입하지 아니한 경우
④ 여행 계약서를 여행자에게 내주지 아니한 경우

06 카지노 사업자에게 2년 이하의 징역이나 2천만원 이하의 벌금에 처할 수 없는 내용은?

① 지위승계 신고를 하지 아니하고 영업을 한자
② 부대시설을 제외한 시설을 타인으로 하여금 경영하게 한자
③ 관광사업의 경영 또는 사업계획을 추진함에 있어서 뇌물을 주고받은 경우
④ 정당한 사유 없이 그 년도 안에 60일 이상 휴업하는 경우

07 관광사업자가 관광사업체를 양도 · 양수 시에 양도 전에 발생한 행정적 처분의 책임은 누가 지는가?

① 양도인 ② 양수인
③ 양도인 · 양수인이 합의 하여 정한다. ④ 누구에게도 책임이 없다.

08 관광진흥법령상 과태료는 누가 부과, 징수하는가?

① 문화체육관광부장관 ② 관할법원
③ 등록기관등의장 ④ 시 · 도지사

09 카지노 사업자의 관광진흥 개발기금에의 납부금과 관련된 내용으로 거리가 먼 것은?

① 총매출액은 카지노영업과 관련하여 고객으로부터 수입한 총금액에서 고객에게 지불한 총금액을 공제한 금액이다.
② 연간 총매출액이 10억 이하인 경우는 총매출액의 100분의 1을 납부하면 된다.
③ 납부금은 4회 분할하여 납부할 수 있다.
④ 매년 3월말까지 공인회계사의 감사보고서가 첨부된 전년도의 재무제표를 문화체육관광부장관에게 제출하여야 한다.

10 관광특구 지정권자와 관광특구 진흥계획 수립자의 연결이 맞는 것은?

① 문화체육관광부장관 – 시 · 도지사
② 시장 · 군수 · 구청장 – 부시장 · 부군수 · 부구청장
③ 시 · 도지사 – 시장 · 군수 · 구청장, 특별자치도지사
④ 문화체육관광부장관 – 시장 · 군수 · 구청장

11 다음 중 사업시행자가 조성사업의 시행에 필요한 것 중 수용 및 사용할 수 없는 것은?

① 토지에 관한 소유권 외의 권리

② 물의 사용에 관한 권리

③ 토지에 속한 토석 또는 모래와 조약돌

④ 농업용수권 기타 농지개량 시설

12 관광진흥법령상 입장료,관람료 또는 이용료의 징수대상 시설의 범위나 그 금액은 누가 정하는가?

① 문화체육관광부장관

② 시장 · 군수 · 구청장, 특별자치도지사

③ 시 · 도지사

④ 관광협회

13 관광진흥법령상 관광협회중앙회를 설립코자 하는 자는 어떤 절차를 거쳐야 하나?

① 문화체육관광부장관에게 신고를 하면 된다.

② 시도지사에게 신고를 하면 된다.

③ 문화체육관광부장관의 허가를 받아야 한다.

④ 시도지사의 허가를 받아야 한다.

14 관광진흥법령상 호텔업 등급결정 수탁기관이 등급결정 기준에 따라 등급을 결정하여 신청일로부터 며칠 이내에 통지해야 하나?

① 30일

② 60일

③ 150일

④ 90일

15 관광진흥법령상 관광지 등 조성계획의 시행에 관계없는 내용은 어느 것인가?

① 원칙적으로 조성계획의 승인을 얻은 자가 한다.

② 조성계획 승인 전에 시 · 도지사의 승인을 얻어 당해 조성사업에 필요한 토지를 매입할 경우 사업시행자로서 토지를 매입한 것으로 본다.

③ 사업시행자가 아닌 자는 조성사업을 할 수 없다.

④ 공공법인 또는 민간개발자가 조성계획의 승인을 얻은 경우에는 사업시행자와 협의하여 조성사업을 할 수 있다.

16 100만원 이하의 과태료에 처하는 경우가 아닌 것은?

① 관광통역안내사가 자격증을 패용하지 않고 안내를 할 경우

② 관광사업자가 아닌 자가 관광을 포함한 상호를 사용하는 경우

③ 유원시설업의 신고를 하지 아니하고 영업을 한 자

④ 영업준칙을 준수하지 아니한 자

17 관광진흥개발기금법은 몇 조로 구성되어 있는가?

① 21조 ② 15조
③ 13조 ④ 18조

18 다음 사항 중 벌칙이 다른 하나는?

① 검사를 받지 아니한 카지노기구를 이용하여 영업을 한 자
② 사업정지처분에 위반하여 사업정지 기간 중에 카지노영업을 한 자
③ 규정에 위반하여 조성사업을 한 자
④ 카지노사업자가 개선명령을 위반한 자

19 관광진흥법령상 카지노업사업자의 영업준칙으로 틀린 내용은?

① 카지노 사업자는 카지노업의 건전한 발전과 원활한 영업활동, 효율적인 내부 통제를 위하여 이사회, 카지노총지배인 · 영업부서 · 안전관리부서 · 환전 · 전산전문요원 등 필요한 조직과 인력을 갖추어 1일 6시간 이상 영업하여야 한다.
② 카지노사업자는 전산시설 · 출납창구 · 환전소 · 카운트룸 · 폐쇄회로 · 고객편의시설 · 통제구역 등 영업시설을 갖추어 영업을 하고, 관리기록을 유지하여야 한다.
③ 카지노영업장에는 게임기구와 칩스 · 카드 등의 기구를 갖추어 게임진행의 원활을 기하고, 게임테이블에는 드롭박스를 부착하여야 하며, 베팅금액 한도표를 설치하여야 한다.
④ 카지노사업자는 고객출입관리, 환전, 재환전, 드롭박스의 보관, 관리와 계산요원의 복장 및 근무요령을 마련하여 영업의 투명성을 제고하여야 한다.

20 관광진흥법령상 다음 중 행정처벌을 할 수 있는 내용 가운데 가장 중한 처분은 어느 것인가?

① 관광사업자 또는 사업계획 승인을 얻은 자의 지위를 승계한 후 승계 신고를 하지 아니한 때
② 기획여행의 실시요건 또는 실시 방법에 위반하여 기획여행을 실시한 때
③ 등록을 하지 않은 자에게 국외여행을 인솔하게 한 경우
④ 타인경영이 금지된 시설을 타인으로 하여금 경영하게 한 때

21 다음 중 관광진흥법령상 과징금 부과 최고금액인 2000만원에 해당하지 않는 내용은?

① 유원시설업자가 안전관리자를 상시 배치하지 아니할 때
② 유원시설업자가 영업질서를 유지하지 않았을 때
③ 카지노 사업자가 준수사항을 준수치 않았을 때
④ 유원시설 또는 유기기구의 안전성 검사를 받지 아니한 때

22 카지노업의 허가를 받고자 하는 자의 제출서류와 관계가 없는 것은?

① 정관 (법인만 해당한다)

② 사업계획서

③ 신청인의 성명 · 주민등록번호를 기재한 서류

④ 부동산 소유권 또는 사용권 증명서류

23 관광진흥법령상 카지노업의 허가를 받고자 하는 자가 갖추어야 할 시설기준과 거리가 먼 내용은?

① 330제곱미터 이상의 전용영업장

② 1개소 이상의 외국환 환전소

③ 1개소 이상의 출납창구

④ 카지노의 영업종류 중 4종류 이상의 영업을 할 수 있는 게임기구 및 시설

24 관광진흥법령상 유기기구의 안전성 검사와 거리가 먼 것은?

① 안정성검사 대상 기구는 검사항목별로 안전성검사를 받아야 한다.

② 허가를 받은 후에는 연1회 이상 실시하는 안전성검사를 받아야 한다.

③ 안정성검사를 받은 유기기구 중 부적합판정을 받은 유기기구나 사고가 발생한 유기기구에 대하여는 폐기 처분해야 한다.

④ 기타유원시설업의 신고를 하고자 하는 자는 안전성검사 대상 유기기구가 아님을 확인하는 검사를 받아야 한다.

25 관광단지를 개발할 수 있는 공공법인과 거리가 먼 것은?

① 한국관광공사

② 한국관광공사 자회사

③ 제주국제자유도시 개발센터

④ 지방공사 및 지방공단

정답 및 해설

ANSWER

01 ④	02 ④	03 ④	04 ③	05 ①	60 ④	07 ②	08 ③	09 ③	10 ③
11 ④	12 ②	13 ③	14 ④	15 ③	16 ③	17 ③	18 ③	19 ①	20 ④
21 ②	22 ④	23 ③	24 ③	25 ②					

01. ① 폐지된 관광사업법의 제정 · 공포일 ② 관광진흥법 제정 · 공포일 ③ 한국관광공사법 제정 · 공포일

02. ④ 의료광광호텔업에서 연간 내국인투숙객 수가 객실의 연간 수용가능 총인원의 40%를 초과하지 아니할 것이 추가된다.

04. ③ 관계가 없는 내용이다.

05. ① 등록등을 취소시킬 수 없고, 6개월 이내의 사업정지만 할 수 있다.

	1차	2차	3차	4차
①	사업정지 10일	사업정지 20일	사업정지 1개월	사업정지 3개월
②	시정명령	사업정지 10일	사업정지 20일	취소
③	시정명령	사업정지 1개월	사업정지 2개월	취소
④	시정명령	사업정지 10일	사업정지 20일	취소

06. ④ 카지노사업자의 준수사항 중 유일하게 벌칙사항이 아니다.

07. ② 다만 그 승계한 관광사업자가 양수나 합병 당시 그 처분 · 명령이나 위반사실을 알지 못하였음을 증명하면 그러하지 아니하다.

09. ③ 2회 분할하여 납부할 수 있다.

10. ③ 5년마다 타당성 여부를 검토해야 한다.

11. ④ 농업용수권이나 그 밖의 농지개량시설을 수용 또는 사용하려는 경우에는 미리 농림축산식품부장관의 승인을 받아야 한다.

12. ② 징수할 수 있는 자는 조성사업을 하거나 건축, 그 밖의 시설을 한 자이다.

13. ③ 업종별관광협회 → 문화체육관광부장관, 지역별 관광협회 → 시 · 도지사

14. ④ 부득이한 경우 60일의 범위에서 연장할 수 있다.

15. ③ 사업시행자가 아닌 자로서 조성사업을 행하고자하는 자는 시장 · 군수 · 구청장의 허가 또는 관광단지 개발자와 협의하여 조성사업을 할 수 있다.

16. ③ 1년 이하의 징역 또는 1천만원 이하의 벌금에 해당되는 내용이다. ① 과태료 30만원 이하 ② 과태료 30만원 이하 ④ 과태료 100만원 이하

18. ③ 1년 이하의 징역 또는 1천만원 이하의 벌금형. ①, ②, ④는 2년 이하의 징역 또는 2천만원 이하의 벌금형

19. ① 1일 8시간 이상 영업하여야 한다.

20. ④ 1차 기준으로 중한처분을 정해야 한다.

	1차	2차	3차	4차
①	시정명령	사업정지 1개월	사업정지 2개월	취소
②	사업정지 15일	사업정지 1개월	사업정지 3개월	취소
③	사업정지 10일	사업정지 20일	사업정지 1개월	사업정지 3개월
④	사업정지 1개월	사업정지 3개월	사업정지 5개월	취소

21. ① 종합유원시설업 : 2,000만원, 일반유원시설업 : 1,600만원
② 종합유원시설업 : 1,200만원, 일반유원시설업 : 800만원, 기타유원시설업 : 400만원
③ 카지노사업자 : 2,000만원
④ 종합유원시설업 : 2,000만원, 일반유원시설업 : 1,600만원, 기타유원시설업 : 1,200만원

22. ④ 타인소유 부동산을 사용하는 경우에는 그 사용권을 증명하는 서류

23. ③ 카지노 전산시설이 포함된다.

24. ③ 재검사를 받아야 한다.

25. ② 한국관광공사가 관광단지 개발을 위하여 출자한 법인

Test 12

01 관광기본법의 목적을 달성하기 위하여 정부가 강구해야 할 시책이 아닌 것은?

① 관광진흥 계획의 수립
② 법제상 · 재정상 · 행정상의 조치
③ 외국 관광객의 유치
④ 관광종사자의 자질 향상

02 관광진흥개발기금법상 기금지출관이 관광진흥개발기금의 계정을 설치하는 기관으로 옳은 것은?

① 한국산업은행
② 기금운용위원회
③ 한국외환은행
④ 한국은행

03 관광진흥법상 호텔업의 종류에 해당되는 것을 모두 고른 것은?

ㄱ. 의료관광호텔업	ㄴ. 호스텔업	ㄷ. 소형호텔업	ㄹ. 한옥체험업

① ㄱ, ㄴ, ㄷ
② ㄱ, ㄹ
③ ㄴ, ㄷ
④ ㄱ, ㄷ, ㄹ

04 관광진흥법상 호텔업 등록을 한 자가 등급결정을 신청하여야 하는 사유에 해당하는 것은?

① 등급결정을 받은 날부터 60일이 지난 경우
② 등급결정을 받은 날부터 1년이 지난 경우
③ 등급결정을 받은 날부터 2년이 지난 경우
④ 등급결정의 유효기간이 만료된 경우

05 관광진흥법상 관광특구에 있는 관광숙박업 중 관광호텔업의 부대시설에서 카지노업을 하려는 경우의 허가요건으로 옳지 않은 것은?

① 사업계획의 수행에 필요한 재정능력이 있을 것
② 외래관광객 유치계획 및 장기수지전망 등을 포함한 사업계획서가 적정할 것
③ 반드시 최상등급의 관광호텔일 것
④ 현금 및 칩의 관리 등 영업거래에 관한 내부 통제방안이 수립되어 있을 것

06 관광진흥법상 문화관광해설사 선발 및 활용으로 옳지 않은 것은?

① 문화관광해설사를 선발하는 경우 이론 및 실습을 평가하고 3개월 이상 실무 수습을 마친자에게 자격을 부여한다.

② 문화관광해설사는 국민을 대상으로 역사, 문화, 예술, 자연 등 관광자원에 대한 지식을 체계적으로 전달하고 지역문화에 대한 올바른 이해를 돕기 위하여 문화관광해설사 교육과정을 이수한 자를 선발 · 활용한다.

③ 문화관광해설사의 원활한 활동을 위해 필요한 비용을 지원한다.

④ 문화관광해설사의 선발, 배치 및 활용 등이 필요한 사항은 한국관광공사 사장이 한다.

07 국제회의산업육성에 관한 법률에 따라 국제기구에 가입한 기관 또는 법인, 단체가 개최하는 회의 규모로 옳은 것은?

ㄱ. 당해 회의에 5개국 이상의 외국인이 참가할 것
ㄴ. 회의참가자가 300명 이상이고, 그중 외국인이 100명 이상일 것
ㄷ. 회의참가자 중 외국인이 150명 이상일 것
ㄹ. 회의는 3일 이상 진행될 것

① ㄱ, ㄴ, ㄹ
② ㄱ, ㄷ, ㄹ
③ ㄴ, ㄹ
④ ㄷ, ㄹ

08 다음 사항 중 서로 연결이 바르게 된 것은?

① 관광특구 지정 – 시장, 군수, 구청장

② 문화관광축제 지정 – 문화체육관광부장관

③ 문화관광해설사 배치 – 지역별관광협회장

④ 의료관광유치업자 및 유치기관 지정 – 한국관광공사 사장

09 관광진흥법상 여행업의 종류에 관한 설명으로 옳지 않은 것은?

① 일반여행업 – 국내외를 여행하는 내국인 및 외국인을 대상으로 하는 여행업으로 사증을 받는 절차를 대행하는 행위를 포함한다.

② 기획여행업 – 외국인을 대상으로 상품을 기획하여 판매하는 여행업으로 외국인 유치 업무 행위를 포함한다.

③ 국외여행업 – 국외를 여행하는 내국인을 대상으로 하는 여행업으로 사증을 받는 절차를 대행하는 행위를 포함한다.

④ 국내여행업 – 국내를 여행하는 내국인을 대상으로 하는 여행업을 말한다.

10 관광진흥법상 관광개발 기본계획 수립 시 포함되어야만 하는 사항으로 옳지 않은 것은?

① 관광자원의 보호 · 개발 · 이용 · 관리 등에 관한 사항
② 관광권역의 설정에 관한 사항
③ 전국의 관광 수요와 공급에 관한 사항
④ 전국의 관광 여건과 관광 동향에 관한 사항

11 다음 ( ) 안에 들어갈 내용으로 옳은 것은?

> 관광진흥법상 유원시설업의 조건부 영업허가 기간은 일반유원시설업을 하려는 경우는 (ㄱ)년 이내이며, 종합유원시설업을 하려는 경우는 (ㄴ)년 이내이다.

① ㄱ : 1, ㄴ : 2
② ㄱ : 2, ㄴ : 3
③ ㄱ : 3, ㄴ : 5
④ ㄱ : 5, ㄴ : 7

12 관광진흥법상 관광사업의 등록등을 받거나 신고를 한 자가 결격사유에 해당되면 등록기관등의 장이 그 등록등 또는 사업계획의 승인을 취소하거나 영업소를 폐쇄하도록 정한 기간은?

① 1개월 이내
② 2개월 이내
③ 3개월 이내
④ 6개월 이내

13 관광진흥법상 관광숙박업에 관한 등급을 정할 수 있는 자를 모두 고른 것은?

> ㄱ. 문화체육관광부장관
> ㄴ. 한국관광공사 사장
> ㄷ. 시장 · 군수 · 구청장
> ㄹ. 한국관광협회중앙회장

① ㄱ
② ㄴ
③ ㄴ, ㄹ
④ ㄷ, ㄹ

14 관광진흥법상 외국인 의료관광 지원사항으로 옳지 않은 것은?

① 문화체육관광부장관은 외국인 의료관광 전문인력을 양성하는 전문 교육기관 중에서 우수 전문교육기관이나 우수 교육과정을 선정하여 지원할 수 있다.
② 문화체육관광부장관은 외국인 의료관광 안내에 대한 편의를 제공하기 위하여 국내 · 외에 외국인 의료관광 유치 안내센터를 설치 · 운영할 수 있다.
③ 문화체육관광부장관은 의료관광의 활성화를 위하여 지방자치단체의 장이나 외국인환자 유치 의료기관 또는 유치업자와 공동으로 해외마케팅 사업을 추진할 수 있다.
④ 문화체육관광부장관은 외국인 의료관광 시설의 규모에 따라서 예산을 차등 지원할 수 있다.

15 관광진흥법상 분양 또는 회원모집을 하는 관광사업자가 회원증을 발급하는 경우 그 회원증에 포함되어야 할 사항이 아닌 것은?

① 공유자 또는 회원의 번호
② 공유자 또는 회원과 그 가족의 성명과 주민등록번호
③ 사업장의 상호 · 명칭 및 소재지
④ 분양일 또는 입회일

16 다음 중 여행업자가 기획여행 시 광고 표시사항으로 옳지 않은 것은?

① 여행업의 등록번호, 상호, 소재지 및 등록관청
② 여행목적지에 대한 안전 정보
③ 기획여행명, 여행일정 및 주요 여행지
④ 여행 경비 및 최저 여행 인원

17 다음 중 관광기본법에 해당하는 사항으로 옳은 것은?

① 관광사업의 종류
② 카지노 사업의 허가 요건
③ 관광특구 지정
④ 관광종사자의 자질 향상

18 관광진흥법상 관광편의시설업의 종류가 아닌 것은?

① 관광펜션업
② 한옥체험업
③ 크루즈업
④ 관광면세업

19 관광진흥법상 카지노 사업자의 준수사항에 해당하지 않는 것은?

① 19세 미만의 자를 입장하게 하는 행위
② 허가받은 전용 영업장 외에서 영업하는 행위
③ 법령에 위반되는 카지노기구 또는 시설을 사용하는 자
④ 정당한 사유없이 30일 이상 영업하지 않는 행위

20 관광진흥법상 지정을 받을 수 있는 관광사업으로 옳은 것은?

① 유원시설업
② 관광편의시설업
③ 여행업
④ 관광객 이용시설업

21 관광진흥법상 안전성검사대상 유기기구 11종 이상 20종 이하를 운영하는 사업자가 상시 배치하여야 하는 안전관리자의 배치 기준은?

① 1명 이상 ② 2명 이상
③ 3명 이상 ④ 4명 이상

22 관광진흥법상 카지노 사업자의 연간 총매출액이 200억원 일 때 카지노 사업자가 납부해야 하는 관광진흥개발기금은 얼마인가?

① 1억원 ② 10억 6천만원
③ 14억 6천만원 ④ 20억원

23 국제회의산업 육성에 관한 법률상 용어 정의로 옳지 않은 것은?

① 국제회의산업 : 국제회의의 유치와 개최에 필요한 국제회의시설, 서비스 등과 관련된 산업
② 국제회의 : 상당수의 외국인이 참가하는 회의(세미나 · 토론회 · 전시회 등 포함)로서 대통령령으로 정하는 종류와 규모에 해당하는 것
③ 국제회의 전담조직 : 국제회의산업의 진흥을 위하여 각종 사업을 수행하는 조직
④ 국제회의시설 : 국제회의의 개최에 필요한 회의시설, 전시시설 및 이와 관련된 부대시설 등으로서 지방자치단체가 정하는 종류와 규모에 해당하는 것

24 국제회의산업 육성에 관한 법률의 목적으로 옳은 것은?

① 국제회의의 유치 촉진과 원활한 개최 지원
② 관광을 통한 외화 수입의 증대
③ 국제친선을 증진하고 국민복지 향상
④ 관광여건의 조성과 관광자원 개발

25 관광진흥개발기금법상 기금의 여유자금의 운용 방법으로 옳은 것은?

① 국 · 공채 등 유가증권 매입
② 관광상품개발 및 지원사업
③ 국민관광진흥사업 및 외래관광객 유치지원사업
④ 국제회의유치 및 개최사업

정답 및 해설

ANSWER

01 ②	02 ④	03 ①	04 ④	05 ③	06 ④	07 ①	08 ②	09 ②	10 ①
11 ③	12 ③	13 ①	14 ④	15 ②	16 ②	17 ④	18 ③	19 ④	20 ②
21 ②	22 ③	23 ④	24 ①	25 ①					

01. ② 국가가 강구해야 할 시책이다.

02. ④ 계정은 수입계정과 지출계정으로 나눈다.

03. ① 한옥체험업은 관광편의시설업의 종류다.

05. ③ 시 · 도 안에 관광숙박업 중 최상등급의 호텔이 없으면 그 다음 등급의 시설만 해당된다.

06. ④ 한국관광공사 사장 → 문화체육관광부령으로 정한다.

07. ㄷ은 국제기구에 가입하지 아니한 기관 또는 법인 · 단체가 개최하는 회의규모이다.

08. ① 시 · 도지사
③ 문화체육관광부장관, 지방자치단체의 장
④ 문화체육관광부장관

09. ② 기획여행업은 없다.

10. ① 권역별 개발계획에 포함되는 사항이다.

11. ③ 카지노업의 조건부 영업허가 기간은 1년이다.

12. ③ 임원이 해당되는 경우에는 3개월 이내에 임원을 바꾸어 임명하면 취소는 안된다.

13. ① 비영리 법인에 등급결정 권한이 위탁된다.

14. ④ 관광진흥개발기금법에 따라 의료관광의 활성화를 위해 기금을 대여 또는 보조할 수 있다.

15. ② 공유자 또는 회원의 성명과 주민등록번호, 공유자 회원의 구분, 발행일자 · 면적 등이 포함된다.

16. ② 여행계약을 체결하면 제공해야 하는 사항이다.

17. ①, ②, ③은 관광진흥법에 해당하는 사항이다.

18. ③ 관광객 이용시설업의 종류이다.

19. ④ 60일 이상이다.

21. ① 유기기구 1종 이상 10종 이하
③ 유기기구 21종 이상

22. ②는 160억원일 경우

23. ④ 지방자치단체 → 대통령령

24. ② 관광진흥개발기금법 목적
③ 관광기본법 목적
④ 관광진흥법 목적

25. ②, ③, ④는 대여 및 보조할 수 있는 내용이다.

Test 13

01 관광기본법에서 규정하고 있는 정부의 시책으로 옳지 않은 것은?

① 관광지의 지정 및 개발
② 외국 관광객의 유치
③ 관광정책 심의위원회
④ 관광진흥개발기금 설치

02 관광진흥법상 관광객 이용시설업에 속하지 않는 사업은?

① 자동차야영장업
② 종합휴양업
③ 외국인전용관광기념품판매업
④ 관광유람선업

03 외국인 관광객을 대상으로 하는 여행사가 관광통역안내 자격이 없는 사람으로 하여금 외국인의 관광 안내에 종사하게 하여 최근 1년 동안 같은 위반행위로 세 번의 행정처분을 받게 되었다. 관광진흥법상 여행사가 세 번째로 받게 되는 행정처분으로 옳은 것은?

① 사업정지 1개월
② 사업정지 3개월
③ 사업정지 6개월
④ 등록의 취소

04 관광종사원 자격시험 중 면접시험의 평가 항목으로 옳지 않은 것은?

① 의사발표의 정확성과 논리성
② 국가관 · 사명감 등 정신자세
③ 예의 · 품행 및 성실성
④ 일반상식 및 교양

05 관광진흥법령상 관광업과 관련한 등록기관등의 장이 위탁한 기관과 위탁한 권한이 잘못 연결된 것은?

① 지역별 관광협회 – 관광식당업 · 관광사진업의 지정 및 지정 취소에 관한 권한
② 업종별 관광협회 – 호텔경영사 및 호텔관리사의 자격시험, 등록 및 자격증의 발급에 관한 권한
③ 지역별 관광협회 – 여객자동차터미널시설업의 지정 및 지정 취소에 관한 권한
④ 업종별 관광협회 – 국외여행 인솔자의 등록 및 자격증 발급에 관한 권한

06 관광진흥법상 문화관광해설사를 선발하는 경우, 평가기준으로 옳지 않은 것은?

① 수화
② 해설안내기법
③ 안전관리 및 응급처치
④ 관광객의 심리 및 특성

07 관광진흥법상 직전사업년도 매출액이 100억원 이상 1,000억원 미만의 일반여행업에 등록된 여행사가 기획여행을 실시하지 않은 경우 보증보험 등에 가입하거나 영업보증금을 예치해야 하는 금액의 기준은 얼마인가?

① 5억원 ② 10억원
③ 15억원 ④ 20억원

08 관광진흥법상 관광특구에 대한 평가결과 지정요건이 맞지 않거나 추진실적이 미흡한 경우 대통령령에 정하는 바에 따라 시 · 도지사가 취할 수 있는 조치로 옳지 않은 것은?

① 지정 취소 ② 과징금 부과
③ 면적 조정 ④ 개선권고

09 관광진흥개발기금법상 관광진흥개발기금의 용도로 옳지 않은 것은?

① 호텔을 비롯한 각종 관광시설의 건설 또는 개수의 대여
② 관광을 위한 교통수단의 확보 또는 개수의 대여
③ 국내여행자의 건전한 관광을 위한 교육 및 관광정보의 제공 사업에 대여 및 보조
④ 관광상품 개발 및 지원사업의 대여 및 보조

10 관광진흥법상 휴양콘도미니엄업의 등록기준으로 옳지 않은 것은?

① 같은 단지 안에 객실이 30실 이상 있을 것
② 매점이나 간이매장이 있을 것(다만 여러 개의 동으로 단지를 구성할 경우에는 공동으로 설치할 수 있음)
③ 관광객의 취사 · 체류 및 숙박에 필요한 설비를 갖추고 있을 것
④ 관광지 · 관광단지 또는 종합휴양업의 시설 안에 있는 경우에는 문화체육 공간을 1개소 이상 갖출 것

11 관광진흥법상 관광사업을 경영하려는 자가 진행하는 행정절차가 잘못 연결된 것은?

① 관광객이용시설업 – 등록 ② 종합유원시설업 – 허가
③ 관광펜션업 – 등록 ④ 일반유원시설업 – 허가

12 관광진흥법상 관광사업의 등록기준 중 자본금에 대한 법적 기준으로 옳지 않은 것은?

① 국내여행업 – 3000만원 이상 ② 국외여행업 – 6천만원 이상
③ 일반여행업 – 2억원 이상 ④ 국제회의기획업 – 9천만원 이상

13 관광진흥법상 다음의 〈가〉와 〈나〉 안에 들어갈 내용으로 옳은 것은?

관광지 및 관광단지는 문화체육관광부령으로 정하는 바에 따라 〈가〉의 신청에 의하여 〈나〉(이)가 지정한다.

① 〈가〉 : 시장 · 군수 · 구청장 〈나〉 : 시 · 도지사
② 〈가〉 : 시장 · 군수 · 구청장 〈나〉 : 대통령
③ 〈가〉 : 문화체육관광부장관 〈나〉 : 대통령
④ 〈가〉 : 시 · 도지사 〈나〉 : 문화체육관광부장관

14 관광사업에 사용할 것을 조건으로 관세의 감면을 받은 물품의 수입면허를 받은 날부터 5년 이내에 그 사업의 양도 · 폐업의 신고 또는 통보를 받거나 그 관광사업자의 등록 등의 취소를 한 경우 관광 등록기관장이 즉시 통보해야 할 대상은?

① 국세청장 ② 관할 세관장
③ 법무부장관 ④ 문화체육관광부장관

15 관광진흥법상 한국관광협회중앙회의 업무로 옳지 않은 것은?

① 관광산업에 관한 정보의 수집 · 분석 및 연구
② 관광사업 진흥에 필요한 조사 · 연구 및 홍보
③ 관광종사원의 교육과 사후 관리
④ 국가나 지방자치단체로부터 위탁받은 업무

16 관광진흥법상 카지노업에 관한 설명으로 옳지 않은 것은?

① 카지노업을 경영하려는 자는 문화체육관광부장관의 허가를 받아야 한다.
② 관광진흥법에서 규정하고 있는 카지노업의 영업 종류는 19가지이다.
③ 카지노 사업자는 정당한 사유 없이 그 연도 안에 60일 이상 휴업해서는 안된다.
④ 카지노 사업자는 19세 미만인 자를 입장시키는 행위를 하여서는 안된다.

17 관광진흥법상 외국인관광도시민박업에 대해 옳지 않은 것은?

① 사업은 도시 지역의 아파트, 연립주택, 다가구 주택 등에서 가능하다.
② 등록기준의 요건을 갖추기 위해서는 외국어 안내 서비스가 가능한 체제를 갖추어야 한다.
③ 등록기준의 요건을 갖추기 위해서는 건물의 연면적이 230제곱미터 이상이어야 한다.
④ 관광진흥법상 관광이용시설업에 해당된다.

18 다음은 국제회의산업육성에 관한 법률상 용어의 정의 중 하나이다. 무엇을 설명한 것인가?

> 이 용어는 국제회의시설, 국제회의 전문인력, 전자국제회의체제, 국제회의 정보 등 국제회의의 유치 · 개최를 지원하고 촉진하는 시설, 인력, 체제, 정보 등을 말한다.

① 국제회의산업
② 국제회의시설
③ 국제회의 전담조직
④ 국제회의산업 육성 기반

19 국제회의산업 육성에 관한 법률상 문화체육관광부장관이 국제회의 정보의 공급 · 활용 및 유통을 촉진하기 위하여 사업시행 기관의 사업을 지원할 수 있다. 지원대상 사업으로 옳지 않은 것은?

① 국제회의 전문 인력 및 정보의 국제 교류
② 국제회의 정보 및 통계의 수집 · 분석
③ 국제회의 정보의 가공 및 유통
④ 국제회의 정보망의 구축 및 운영

20 다음 중 관광진흥법에 의해 관광 특구로 지정된 곳으로 옳지 않은 것은?

① 서울 잠실
② 부산 해운대
③ 대전 유성
④ 전주 한옥마을

21 국제회의산업육성에 관한 법률상 국제회의에 관한 설명으로 옳은 것은?

① 국제기구에 가입한 법인 · 단체가 개최하는 회의의 경우 회의의 기간은 최소 2일 이상 진행되어야 한다.
② 국제기구에 가입하지 아니한 기관에서 개최하는 회의의 경우 회의 참가자 중 외국인이 최소 100인 이상이어야 한다.
③ 국제기구에 가입하지 아니한 법인 · 단체가 개최하는 회의의 경우 당해 회의에 5개국 이상의 외국인이 참가하여야 한다.
④ 국제기구에 가입한 기관에서 개최하는 회의의 경우, 회의참가자가 300인 이상이고 그 중 외국인이 100인 이상이어야 한다.

22 관광진흥개발기금의 민간자본 유치를 위한 사업이나 출자에 해당되지 않는 것은?

① 국 · 공채 등 유가증권의 매입과 그 밖의 금융상품의 매입
② 관광지 및 관광단지의 조성사업
③ 관광사업에 투자하는 것을 목적으로 하는 투자조합
④ 국제회의시설의 건립 및 확충 사업

23 관광진흥법상 외국인의료관광 유치 및 지원 관련 기관과 관련된 법으로만 묶인 것은?

ㄱ. 의료해외진출 및 외국인환자 유치지원에 관한 법률	ㄴ. 한국관광공사법	ㄷ. 관광진흥개발기금법

① ㄱ, ㄷ
② ㄱ, ㄴ
③ ㄴ, ㄷ
④ ㄱ, ㄴ, ㄷ

24 관광진흥법상 관계기관의 장이 작성해야 하는 관광사업자 등록대장에 포함되지 않는 사항은?

① 관광숙박업의 경우 객실 종류
② 관광사업자의 상호 또는 명칭
③ 대표자의 성명, 주소 및 사업장의 소재지
④ 휴양콘도미니엄 및 호텔의 경우 분양 또는 회원모집과 관련된 운영의 형태

25 관광진흥법상 일반 여행업자가 관광통역안내사 자격이 없는 자로 하여금 안내를 하게한 경우 과징금은 얼마인가?

① 500만원
② 600만원
③ 700만원
④ 800만원

정답 및 해설

ANSWER

01 ③	02 ③	03 ④	04 ④	05 ②	06 ②	07 ②	08 ②	09 ③	10 ④
11 ③	12 ④	13 ①	14 ②	15 ①	16 ②	17 ③	18 ④	19 ①	20 ④
21 ④	22 ①	23 ②	24 ①	25 ④					

01. ③ 관광정책심의위원회는 삭제된 내용이다.

02. ③ 2015년 1월 1일부터 삭제된 사업이다.

03. ① 1차 : 시정명령, 2차 : 사업정지 15일, 3차 : 취소

04. ④ 전문지식과 응용능력

05. ② 한국관광공사에 위탁하는 내용이다.

06. ② 문화관광해설사 양성교육과정 인증기준에 속한다.

07. ① 기획여행만 실시할 경우 가입금액
② 일반여행업자가 등록 후 사업개시 전의 가입금액
③ 일반여행업자가 등록 후 사업개시 전의 가입금액과 기획여행을 실시할 경우 가입금액

09. ③ 국내여행자 → 국외여행자

10. ④ 문화체육공간이 필요 없다.

11. ③ 지정이다.

12. ④ 5천만원 이상

15. ① 한국관광공사의 업무이다.

16. ② 영업종류는 20가지이다.

17. ③ 230㎡미만이다.

19. ① 국제협력을 촉진하기 위하여 지원할 수 있는 사업이다.

20. ④ 슬로우시티로 지정됐다.

21. ④ 5개국 이상이 참가하는 회의는 3일 이상 진행해야 한다.

22. ① 여유자금 운용방법이다.

23. ② 외국인 의료관광활성화가 포함되면 관광진흥개발기금법이 해당된다.

24. ① 숙박업의 경우 객실 수

Test 14

01 관광진흥법령상 관광사업자가 해당사업과 관련하여 사고가 발생했을 경우를 대비한 손해배상 확보장치가 아닌 것은?

① 보증보험 가입 ② 공제회 가입
③ 영업보증금 예치 ④ 관광진흥출연금 신청

02 관광진흥개발기금을 관리하는 자는?

① 문화체육관광부장관 ② 국무총리
③ 기획재정부장관 ④ 한국은행총재

03 다음 중 편의시설업에 해당하는 것을 모두 고르면?

ㄱ. 관광시진업	ㄴ. 관광공연장업	ㄷ. 관광극장유흥업
ㄹ. 관광순환버스업	ㅁ. 야영장업	ㅂ. 한옥체험업

① ㄱ, ㄴ, ㄷ, ㄹ ② ㄱ, ㄷ, ㄹ, ㅂ
③ ㄴ, ㄷ, ㅁ, ㅂ ④ ㄴ, ㄹ, ㅁ, ㅂ

04 관광진흥법상 징역 또는 벌금처분의 사유가 아닌 것은?

① 카지노 사업자가 허가를 받지 않고 경영 했을 때
② 유원시설업의 변경허가나 변경신고를 하지 않고 영업하는 경우
③ 관광사업자가 아닌 자가 관광표지를 사업장에 붙인 경우
④ 유원시설업을 신고하지 않고 영업한 경우

05 국제회의산업육성에 관한 법률상 문화체육관광부장관이 국제회의산업육성기반 조성과 관련된 국제협력을 추진하기 위해 지원할 수 있는 사업시행 기관의 추진사업이 아닌 것은?

① 국제회의 관련 국제협력을 위한 조사, 연구
② 시설확충을 위한 자금지원 알선
③ 국제회의 전문 인력 및 정보의 국제교류
④ 외국의 국제회의 관련 기관, 단체의 국내 유치

06 관광기본법상 정부가 매년 관광진흥에 관한 시책 및 동향보고서를 제출해야하는 기관은?

① 국민권익위원회　　② 감사원
③ 한국관광공사　　④ 국회

07 관광진흥법령상 한국관광 품질인증을 받은 시설에 대하여 문화체육관광부장관이 지원할 수 없는 내용은?

① 관광진흥법에 따른 관광진흥개발기금의 대여 또는 보조
② 국내에서의 홍보
③ 국외에서의 홍보
④ 시설의 운영 및 개선을 위해 필요한 사항

08 관광통역안내사에 관한 설명으로 옳지 않은 것은?

① 외국인의 국내관광 안내
② 내국인의 국내여행 안내 가능
③ 국외여행인솔자 자격증 취득자는 관광통역안내사 업무자격을 동시에 얻는다.
④ 국가관, 사명감 등 정신자세를 가져야 한다.

09 관광진흥법상 관광숙박업등의 등록심의위원회에 관한 규정으로 옳지 않은 것은?

① 시장, 군수, 구청장, 제주특별자치도지사에 관광숙박업등의 등록 후 위원회의 심의를 거쳐야 한다.
② 위원회는 위원장, 부위원장 각 1인 포함 10명 이내로 구성하고 위원장은 부시장, 부군수, 부구청장, 제주특별자치도 부지사가 된다.
③ 위원회는 관광숙박업등의 등록기준 등에 관한사항을 심의 한다.
④ 관광숙박업등의 등록에 관한 사항을 심의하기 위하여 특별자치도지사, 시장, 군수, 구청장 소속으로 관광숙박업 및 관광객이용시설업 등록심의위원회를 둔다.

10 관광진흥법령에 따라 관광통역안내사 시험에 합격하면 며칠 이내에 등록하고 자격증 발급 신청을 해야 하나?

① 20일　　② 30일
③ 60일　　④ 90일

11 관광진흥법상 여행일정 변경 시 필요한 절차는?

① 여행자에게 보고 한다.　　② 여행자의 사전 동의를 얻어야 한다.
③ 문화체육관광부장관에게 신고한다.　　④ 사후에 여행자에게 설명하면 된다.

12 관광진흥법령상에 의료관광에 대한 설명으로 옳지 않은 것은?

① 의료관광이란 국내의료기관의 진료, 치료, 수술 등 의료서비스를 받는 환자와 그 동반자가 의료서비스와 병행하여 관광하는 것을 말한다.

② 문화체육관광부장관은 외국인 의료관광유치, 지원 관련기관에 관광진흥개발기금을 대여하거나 보조할 수 있다.

③ 문화체육관광부장관은 외국인 의료관광 안내에 대한 편의를 제공하기 위하여 국내 · 외에 외국인 의료기관 유치 안내센터를 설치, 운영할 수 있다.

④ 의료관광 유치, 지원 관련기관은 보건복지부와 한국관광공사이다.

13 관광진흥법령에 규정하고 있는 관광종사원에 대한 설명 중 잘못된 것은?

① 직무를 수행하는데 부정 또는 비위사실이 있을 경우 자격을 취소할 수 있다.

② 문화체육관광부장관 또는 시, 도지사는 관광종사원의 업무능력 향상을 위한 교육에 필요한 지원을 할 수 있다.

③ 모든 관광종사원은 반드시 자격을 가진 자가 해당업무에 종사하여야 한다.

④ 관광종사원 자격을 취득하려는 자가 따로 정하는 조건에 맞으면 시험의 전부 또는 일부를 면제할 수 있다.

14 다음 보기 중 여행업자가 여행자와 여행 계약을 체결 시 지켜야 할 사항으로만 묶인 것은?

ㄱ. 여행일정 변경 시 여행자의 사전 동의를 받아야 한다.
ㄴ. 여행계약서에 여행일정표 및 약관을 포함시켜야 한다.
ㄷ. 보험가입 등을 증명할 수 있는 서류

① ㄱ, ㄷ　　② ㄴ, ㄷ
③ ㄱ, ㄴ　　④ ㄱ, ㄴ, ㄷ

15 다음 사항 중 관광개발기본계획 수립시기와 권역별개발계획 수립시기로 옳은 것은?

ㄱ. 관광개발기본계획은 매10년　　ㄴ. 관광개발기본계획은 매5년
ㄷ. 권역별개발계획은 매5년　　ㄹ. 권역별개발계획은 매10년

① ㄱ, ㄷ　　② ㄱ, ㄹ
③ ㄴ, ㄷ　　④ ㄴ, ㄹ

16 관광진흥법령상 카지노 사업자의 관광진흥개발기금 납부금으로 옳은 것은?

① 총매출액의 10/100의 범위에서 내야한다.
② 연간 총매출액이 10억 이하인 경우 2/10를 내야한다.
③ 연간 총매출액이 10억 초과 100억 이하인 경우: 1천만원 + 총매출액 중 10억원을 초과하는 금액의 1/100을 내야한다.
④ 연간 총매출액이 100억을 초과한 경우: 4억 6천만원 + 총매출액 중 100억원을 초과하는 금액의 1/100을 내야한다.

17 관광진흥법령상 관광사업의 종류가 아닌 것은?

① 관광객이용시설업 ② 항공업
③ 국제회의업 ④ 카지노업

18 여행업의 행정절차는?

① 등록 ② 허가
③ 신고 ④ 지정

19 관광진흥법상 여행업에 관한 설명으로 옳지 않은 것은?

① 일반여행업 자본금은 2억원이다.
② 국외여행업은 6천만원이다.
③ 국내여행업은 3천만원이다.
④ 여행업 종류에 관계없이 보증보험 등의 가입금액이 동일하다.

20 관광진흥법상 업종별관광협회는 누구에게 설립허가를 받아야 하는가?

① 시 · 도지사 ② 문화체육관광부장관
③ 시장 · 군수 · 구청장 ④ 한국관광협회중앙회

21 관광진흥법령상 2종 종합휴양업의 면적은 얼마인가?

① 50,000㎡ ② 100,000㎡
③ 200,000㎡ ④ 500,000㎡

22 관광진흥개발기금법에 따라 국내공항을 통해 출국 시 출국납부금 납부제외 대상이 아닌 것은?

① 외교관 여권이 있는 자 ② 3세 미만의 어린이
③ 국비로 강제 출국하는 외국인 ④ 국외로 입양되는 어린이와 호송인

23 관광진흥개발기금법상 관광진흥개발기금의 대여 용도로 옳지 않은 것은?

① 기금수입 증대를 위한 투자

② 호텔을 비롯한 각종 관광시설 건설 또는 개수

③ 관광지, 관광특구에서의 편의시설 건설 또는 개수

④ 관광을 위한 교통수단 확보 또는 개수

24 관광진흥법상 여행업자가 여행계약서에 명시한 내용을 변경할 경우 서면 동의서에 포함할 내용이 아닌 것은?

① 변경 일시

② 변경 내용

③ 변경으로 발생되는 비용

④ 변경할 경우 발생될 민사상 책임

25 다음 사항 중 관광진흥개발기금법과 관련 업무로 옳지 않은 것은?

① 관광진흥개발기금 계정은 한국은행에 설치한다.

② 관광진흥개발기금은 문화체육관광부장관이 관리한다.

③ 관광진흥개발기금을 대여 받은 자는 대여받을 때에 지정된 목적 이외의 용도로 사용하지 못한다.

④ 관광진흥개발기금의 회계연도와 일반결산 회계연도는 다르다.

정답 및 해설

ANSWER

01 ④	02 ①	03 ②	04 ③	05 ②	06 ④	07 ①	08 ③	09 ①	10 ③
11 ②	12 ④	13 ③	14 ④	15 ①	16 ①	17 ②	18 ①	19 ④	20 ②
21 ④	22 ②	23 ①	24 ④	25 ④					

03. ② 관광공연장업과 야영장업은 관광객 이용시설업이다.

04. ③ 과태료 30만원 부과 사항이다.
① 5년 이하의 징역 또는 5000만원 이하의 벌금
② 1년 이하의 징역 또는 1000만원 이하의 벌금
④ 1년 이하의 징역 또는 1000만원 이하의 벌금

06. ④ 정기국회 시작 전까지 제출해야 한다.

07. ① 관광진흥개발기금법에 따른 기금의 대여

08. ③ 관광통역안내사 자격을 취득하면 국외여행인솔자 자격요건이 된다.

09. ① 위원회의 심의를 거치면 등록한 것으로 본다.

10. ② 일정 시작 전 자필서명 서면동의를 얻어야 한다.

12. ④ 보건복지부 → 유치의료기관, 유치업자, 문화체육관광부장관이 고시하는 보건 · 의료 · 관광관련 기관

13. ③ 관광통역안내사만 의무고용규정에 해당한다.

15. ① 관광개발기본계획 : 문화체육관광부장관, 권역별 개발계획 : 시 · 도지사가 수립한다.

16. ② 1/100, ③ 5/100, ④ 10/100

18. ② 카지노업, 종합유원시설업, 일반유원시설업
③ 기타유원시설업
④ 관광편의시설업

20. ② 지역별관광협회는 시 · 도지사의 설립허가를 받는다.

21. ④ 관광단지 면적도 같다.

22. ② 2세 미만의 어린이(선박이용 시 6세 미만)

24. ④ 일정시작 전 자필동의서를 받아야 한다.

25. ④ 기금의 회계연도는 정부의 회계연도에 따른다.

Test 15

01 관광기본법상 정부가 외국관광객의 유치를 촉진하기 위하여 강구해야 할 사항과 거리가 먼 것은?

① 출입국절차의 개선 ② 필요한 시책
③ 비자발급 완화 ④ 해외홍보의 강화

02 관광진흥법령상 관광지나 관광단지의 보호 및 이용을 증진하기 위하여 필요한 관광시설의 조성과 관리에 관한 계획을 무엇이라 하는가?

① 실시계획 ② 조성계획
③ 기본계획 ④ 개발계획

03 관광진흥법령상 관광객의 숙박과 취사에 적합한 시설을 갖추어 이를 그 시설의 회원이나 공유자, 그 밖의 관광객에게 제공하거나 숙박에 딸리는 음식, 운동, 오락, 휴양, 공연 또는 연수에 적합한 시설 등을 함께 갖추어 이를 이용하게 하는 업은?

① 가족호텔업 ② 의료관광호텔업
③ 휴양콘도미니엄업 ④ 소형호텔업

04 관광진흥법령상 관광종사원 자격시험의 실시 횟수와 공고일의 연결이 모두 맞는 것은?

① 매년 1회 이상 – 시험 시행일 60일 전
② 매년 2회 이상 – 시험 시행일 90일 전
③ 매년 2회 이상 – 시험 시행일 60일 전
④ 매년 1회 이상 – 시험 시행일 90일 전

05 관광진흥법령상 문화체육관광부장관 등의 권한 중 관광편의시설업 지정 위탁과 관련있는 협회는?

① 한국일반여행업협회 ② 지역별관광협회
③ 업종별관광협회 ④ 한국관광협회중앙회

06 관광진흥법령상 일반야영장업의 등록기준과 거리가 먼 것은?

① 야영용 천막을 칠 수 있는 공간은 천막 1개당 15제곱미터 이상을 확보할 것
② 야영에 불편이 없도록 하수도 시설 및 화장실을 갖출 것
③ 긴급상황 발생 시 이용객을 이송할 수 있는 차로를 확보할 것
④ 야영장 입구까지 1차선 이상의 차로를 확보하고, 1차선 차로를 확보한 경우에는 적정한 곳에 차량의 교행(交行)이 가능한 공간을 확보할 것

07 관광진흥법령상 한옥체험업에서 갖추어야 할 시설이 아닌 것은?

① 숙박 체험시설 ② 식사 체험시설
③ 전통음식조리 체험시설 ④ 전통문화 체험시설

08 관광진흥법령상 관광객 이용시설업의 설명 중 틀린 사항은?

① 전문휴양업 : 숙박업시설이나 음식점시설 등 영업의 신고에 필요한 시설을 갖추고 전문휴양시설 중 1종류의 시설을 갖추어 이를 관광객에게 이용하게 하는 업
② 전문휴양업 : 숙박업시설이나 음식점시설을 갖추고 전문휴양시설 중 2종류의 시설을 갖추고 이를 관광객에게 이용하게 하는 업
③ 제1종종합휴양업 : 숙박업시설 또는 음식점시설을 갖추고 전문휴양시설 중 2종류 이상의 시설을 갖추거나 또는 전문휴양시설 중 1종류 이상의 시설과 종합유원시설업의 시설을 갖추어 관광객에게 이용하게 하는 업
④ 제2종종합휴양업 : 관광숙박업 등록에 필요한 시설과 전문휴양시설 중 2종류 이상의 시설 또는 전문휴양시설 중 1종류 이상의 시설과 종합유원시설업의 시설을 함께 갖추어 이를 관광객에게 이용하게 하는 업

09 다음 중 한국관광협회중앙회에 관하여 관광진흥법에 규정된 것 외에는 민법 중 어느 규정을 준용하는가?

① 재단법인 ② 특수법인
③ 사단법인 ④ 조합

10 관광진흥법령상 국제회의 시설업의 등록대장에 포함되지 않는 사항은?

① 대지면적 및 건축연면적
② 회의실별 동시수용인원
③ 사업계획에 포함된 부대영업을 하기 위하여 다른 법령에 따라 인 · 허가 등을 받았거나 신고 등을 한 사항
④ 관광사업자의 상호 또는 영업소 명칭

11 관광진흥법령상 카지노업자가 신규허가를 신청할 때 수수료는 얼마인가?

① 100,000원 ② 50,000원
③ 30,000원 ④ 135,000원

12 관광진흥법령상 여행이용권을 지급받을 수 있는 관광취약계층의 범위와 거리가 먼 것은?

① 「국민기초생활 보장법」에 따른 수급자

② 「국민연금법」에 따른 기초노령연금 수급자

③ 「한부모가족지원법」에 따른 지원대상자

④ 경제적 · 사회적 제약 등으로 인하여 관광 활동을 영위하기 위하여 지원이 필요한 사람으로서 문화체육관광부장관이 정하여 고시하는 기준에 해당하는 사람

13 관광진흥법령상 유원시설업의 허가를 받으려는 자가 제출하여야 하는 서류가 아닌 것은?

① 영업시설 및 설비개요서

② 보험가입 등을 증명하는 서류

③ 안전관리자의 명단

④ 신청인의 성명 및 주민등록번호를 기재한 서류

14 관광진흥법령에 따라 문화체육관광부령으로 정하는 주요한 관광사업 시설이 아닌 것은?

① 관광사업에 사용되는 사무실(여행사만 해당된다)

② 관광사업의 등록기준에서 정한 시설(등록대상 관광사업만 해당한다)

③ 카지노업 전용 영업장(카지노업만 해당한다)

④ 유원시설업의 시설 및 설비기준에서 정한 시설(유원시설업만 해당한다)

15 관광진흥법령상 문화체육관광부장관이 권한의 일부를 누구에게 위임할 수 있는가?

① 시장 · 군수 · 구청장　② 한국관광공사

③ 한국관광협회중앙회　④ 시 · 도지사

16 문화체육관광부장관은 호텔업의 등급결정권을 고시하는 법인이나 공공기관에 위탁할 수 있는데 평가기관은 평가요원을 몇 명 이상 확보해야 하나?

① 50명　② 10명

③ 30명　④ 20명

17 국제회의산업육성에 관한 법률에 따라 문화체육관광부장관이 국제회의의 전문인력의 양성 등을 위하여 사업시행기관이 추진하는 사업을 지원할 수 있다. 거리가 먼 내용은?

① 국제회의의 전문인력 교육과정의 개발, 운영

② 국제회의의 전문인력의 양성

③ 국제회의의 전문인력의 교육, 훈련

④ 국제회의의 전문인력 양성을 위한 인턴사원제도 등 현장실습의 기회를 제공하는 사업

18 국제회의 도시를 지정하면 고시를 해야 한다. 누가 하는가?

① 국제회의시설 설치자　② 시 · 도지사
③ 시장 · 군수 · 구청장　④ 문화체육관광부장관

19 관광진흥개발기금법령상 기금운용위원회의 직무와 관련해 틀린 내용은?

① 위원장은 위원회를 대표하고, 위원회의 사무를 총괄 한다.
② 위원장이 부득이한 사유로 직무를 수행할 수 없을 때에는 위원장이 지정한 위원이 그 직무를 대행한다.
③ 위원회의 회의는 문화체육관광부장관이 소집한다.
④ 회의는 재적위원 과반수의 출석으로 개의하고, 출석위원 과반수의 찬성으로 의결한다.

20 다음 중 관광진흥법령 상 객실 수의 연결이 맞는 것은?

① 휴양콘도미니엄업 – 20실 이상
② 크루즈업 – 30실 이상
③ 의료관광호텔업 – 30실 이상
④ 소형호텔업 – 20실 이상 30실 미만

21 관광진흥법령상 관광지등으로 지정 · 고시된 관광지등에 대하여 그 고시일부터 몇 년 이내에 조성계획의 승인신청이 없으면 취소할 수 있는가?

① 3년　② 2년
③ 5년　④ 1년

22 관광진흥법령에 따라 관광단지개발자는 조성사업을 위한 용지의 매수업무와 손실보상 업무를 관할 지방자치단체의 장에게 위탁할 수 있다. 위탁수수료 기준이 잘못된 것은?

① 용지매수금액이 10억원 이하인 경우 2.0퍼센트 이내
② 용지매수금액이 10억원 초과 30억원 이하인 경우 1.7퍼센트 이내
③ 용지매수금액이 30억원 초과 50억원 이하인 경우 1.5퍼센트 이내
④ 용지매수금액이 50억원 초과인 경우 1.0퍼센트 이내

23 관광진흥법령상 여행업자가 보험 또는 공제에 가입하지 아니하거나 영업보증금을 예치하지 아니한 경우 2차 행정처분 기준은?

① 사업정지 20일　② 사업정지 1개월
③ 사업정지 2개월　④ 사업정지 3개월

24 다음 중 관광진흥법령의 내용과 거리가 먼 것은?

① 문화체육관광부장관은 지역축제의 통폐합 등을 포함한 그 발전 방향에 대하여 지방자치단체의 장에게 의견을 제시하거나 권고할 수 있다.

② 문화체육관광부장관은 다양한 지역관광자원을 개발 · 육성하기 위하여 우수한 지역축제를 문화관광축제로 지정하고 지원할 수 있는데, 등급별로 구분하여 지정하거나 등급별로 차등을 두어 지원할 수 없다.

③ 관광단지에 전기를 공급하는 전기 간선시설 및 배전시설의 설치비용은 전기를 공급하는 자가 부담한다.

④ 사업시행자가 관광지등 조성사업의 전부 또는 일부를 완료한 때에는 지체없이 시 · 도지사에게 준공검사를 받아야 한다.

25 국외여행업자가 여행계약서를 여행자에게 내주지 아니한 경우 과징금 금액은 얼마인가?

① 2,000만원 ② 800만원

③ 400만원 ④ 200만원

정답 및 해설

ANSWER

01 ③	02 ②	03 ③	04 ④	05 ②	06 ④	07 ③	08 ②	09 ③	10 ④
11 ①	12 ②	13 ③	14 ①	15 ④	16 ①	17 ②	18 ④	19 ③	20 ④
21 ②	22 ③	23 ②	24 ②	25 ③					

01. 관광기본법 7조 내용이다.

05. ③ 국외여행인솔자 등록 및 자격증 발급 권한 위탁기관
④ 국내여행안내사, 호텔서비스사의 등록 및 자격증 발급 권한 위탁기관

06. ④ 자동차야영장업의 등록기준이다.

08. ② 1종류이다.

10. ④ 영업소의 명칭 → 명칭

11. ① 변경허가 : 50,000원
② 사업계획 승인 시, 사업계획 변경 승인 시 수수료
③ 여행업등 등록 시 수수료
④ 카지노기구 1대당 검사수수료

12. ② 「국민기초생활보장법」에 따른 차상위 수급자

13. ③ 안전관리자에 대한 인적사항

14. ① 관광사업에 사용되는 토지 및 건물

16. ① 10명에서 50명으로 법이 개정되었다.

19. ③ 위원장(문화체육관광부 차관)이 소집한다.

20. ① 30실 이상
② 20실 이상
③ 20실 이상

22. ③ 1.3퍼센트

23. 1차 → 시정명령, 2차 → 사업정지 1개월, 3차 → 사업정지 2개월, 4차 → 취소

24. ② 등급별로 차등을 두어 지원할 수 있다.

25. ① 과징금 부과 최고금액
② 일반여행업 과징금
④ 국내여행업 과징금

PART 3

관광학개론
관광법규

2015년~2019년도 기출문제

2015년도 9월 기출문제

제1과목 : 관광법규

01 관광진흥법령상 관광편의시설업으로 옳은 것은?

① 외국인전용 유흥음식점업
② 관광공연장업
③ 호스텔업
④ 일반관광유람선업

02 관광진흥법령상 분양 및 회원 모집을 할 수 있는 관광사업으로 옳은 것은?

① 야영장업
② 제2종 종합휴양업
③ 전문휴양업
④ 종합유원시설업

03 관광진흥법령상 폐광지역 카지노사업자의 영업준칙으로 옳지 않은 것은?

① 카지노 이용자에게 자금을 대여하여서는 아니 된다.
② 머신게임의 이론적 배당률을 60% 이상으로 하여야 한다.
③ 매일 오전 6시부터 오전 10시까지는 영업을 하여서는 아니 된다.
④ 회원용이 아닌 일반 영업장에서는 주류를 판매하거나 제공하여서는 아니 된다.

04 국제회의산업 육성에 관한 법령상 국제회의 도시의 지정기준으로 옳은 것은?

① 지정대상 도시에 숙박시설 · 교통시설 · 교통 안내체계 등 국제회의 참가자를 위한 편의시설이 갖추어져 있을 것
② 지정대상 도시에 국제회의시설의 조성계획이 있고, 해당 시에서 관광개발계획을 수립하고 있을 것
③ 지정대상 도시의 국제회의 유치실적이 연간 30건 이상일 것
④ 지정대상 도시의 외래 관광객 방문자 수가 연간 100만 명 이상일 것

05 관광진흥법상 여행이용권의 지급 및 관리에 관한 설명으로 옳지 않은 것은?

① 국가 및 지방자치단체는 대통령령으로 정하는 관광 취약계층에게 여행이용권을 지급할 수 있다.
② 국가 및 지방자치단체는 여행이용권의 수급자격 및 자격유지의 적정성을 확인하기 위하여 필요한 가족관계증명 자료 등 대통령령으로 정하는 자료를 관계 기관의 장에게 요청할 수 있다.
③ 국가 및 지방자치단체는 여행이용권의 발급 등 여행이용권 업무의 효율적 수행을 위하여 전담기관을 지정할 수 있다.
④ 국가 및 지방자치단체는 여행이용권의 이용 기회 확대 및 지원 업무의 효율성을 제고하기 위하여 여행이용권과 문화이용권을 통합하여 운영할 수 있다.

06 관광진흥법령상 도시지역의 주민이 거주하고 있는 주택을 이용하여 외국인 관광객에게 한국의 가정문화를 체험할 수 있도록 숙식 등을 제공하는 업은?

① 한옥체험업
② 관광식당업
③ 한국전통호텔업
④ 외국인관광 도시민박업

07 관광진흥법상 관광체험교육프로그램을 개발 · 보급할 수 있는 자로 옳은 것은?

① 한국관광공사의 사장
② 관광협회중앙회의 회장
③ 일반여행업협회의 회장
④ 지방자치단체의 장

08 관광기본법의 목적으로 옳은 것을 모두 고른 것은?

ㄱ. 관광 여건의 조성	ㄴ. 국제친선을 증진
ㄷ. 국민경제와 국민복지를 향상	ㄹ. 지역의 균형발전

① ㄱ, ㄴ
② ㄱ, ㄹ
③ ㄴ, ㄷ
④ ㄴ, ㄹ

09 국제회의산업 육성에 관한 법령상 (   ) 안에 들어갈 내용으로 옳은 것은?

> 국제기구나 국제기구에 가입한 기관 또는 법인 · 단체가 개최하는 회의로서 아래 요건을 모두 갖춘 회의를 국제회의라고 말한다.
> – 해당 회의에 (ㄱ) 이상의 외국인이 참가할 것
> – 회의 참가자가 (ㄴ) 이상이고 그 중 외국인이 (ㄷ) 이상일 것
> – (ㄹ) 이상 진행되는 회의일 것

① ㄱ : 5개국 ㄴ : 300명 ㄷ : 100명 ㄹ : 3일
② ㄱ : 3개국 ㄴ : 300명 ㄷ : 150명 ㄹ : 5일
③ ㄱ : 5개국 ㄴ : 500명 ㄷ : 100명 ㄹ : 3일
④ ㄱ : 3개국 ㄴ : 500명 ㄷ : 150명 ㄹ : 5일

10 관광진흥법상 여행이용권의 지급대상으로 옳은 것은?

① 관광사업자
② 관광종사원
③ 관광취약계층
④ 외국인 관광객

11 관광진흥법령상 외국인 의료관광 지원과 관련된 내용으로 옳지 않은 것은?

① 문화체육관광부장관이 정하는 기준을 충족하는 외국인 의료관광 관련 기관에 관광진흥개발 기금을 대여할 수 있다.
② 문화체육관광부장관은 외국인 의료관광 전문 인력을 양성하는 전문교육기관 중에서 우수전문교육기관이나 우수 교육과정을 선정하여 지원할 수 있다.
③ 문화체육관광부장관은 외국인 의료관광 안내에 대한 편의를 제공하기 위하여 국내외에 외국인 의료관광 유치 안내센터를 설치 · 운영할 수 있다.
④ 문화체육관광부장관은 의료관광의 활성화를 위하여 지방자치단체의 장이나 외국인환자 유치 의료기관 또는 유치업자와 공동으로 해외마케팅사업을 추진할 수 있다.

12 관광진흥법령상 호텔업의 등급결정에 관한 설명으로 옳지 않은 것은?

① 문화체육관광부장관은 등급결정권을 위탁할 수 있다.
② 관광숙박업 중 호텔업의 등급은 5성급 · 4성급 · 3성급 · 2성급 및 1성급으로 구분한다.
③ 관광호텔업의 등록을 한 자는 호텔을 신규 등록한 경우 그 사유가 발생한 날부터 60일 이내에 등급결정을 신청하여야 한다.
④ 가족호텔업, 의료관광호텔업의 등록을 한 자는 등급결정을 신청하여야 한다.

13 관광진흥법령상 국외여행 인솔자의 자격요건으로 옳은 것은?

① 여행업체에서 3개월 이상 근무하고 국외여행 경험이 있는 자
② 관광통역안내사 자격을 취득한 자
③ 여행업체에서 근무하고 국외여행 경험이 있는 자로서 시 · 도지사가 지정하는 양성교육을 이수한 자
④ 대통령령으로 정하는 교육기관에서 국외여행 인솔에 필요한 양성교육을 이수한 자

14 관광진흥법령상 관광숙박업의 사업계획 변경에 관한 승인을 받아야 하는 경우로 옳지 않은 것은?

① 휴양 콘도미니엄업의 객실 수 또는 객실면적을 변경하려는 경우
② 부지 및 대지 면적을 변경할 때에 그 변경하려는 면적이 당초 승인받은 계획면적의 100분의 10 이상이 되는 경우
③ 건축 연면적을 변경할 때에 그 변경하려는 연면적이 당초 승인받은 계획면적의 100분의 5 이상이 되는 경우
④ 변경하려는 업종의 등록기준에 맞는 경우로서, 호텔업과 휴양 콘도미니엄업 간의 업종변경

15 관광진흥개발기금법상 기금의 용도로서 옳지 않은 것은?

① 해외자본의 유치를 위하여 필요한 경우 문화체육관광부령으로 정하는 사업에 투자할 수 있다.
② 관광을 위한 교통수단의 확보 또는 개수(改修)에 대여할 수 있다.
③ 관광정책에 관하여 조사 · 연구하는 법인의 기본재산 형성 및 조사 · 연구사업, 그 밖의 운영에 필요한 경비를 보조할 수 있다.
④ 국내외 관광안내체계의 개선 및 관광홍보사업에 대여하거나 보조할 수 있다.

16 관광진흥법령상 소형호텔업의 등록기준에 관한 설명으로 옳은 것을 모두 고른 것은?

ㄱ. 욕실이나 샤워시설을 갖춘 객실을 20실 이상 30실 미만으로 갖추고 있을 것
ㄴ. 부대시설의 면적 합계가 건축 연면적의 50퍼센트 이하일 것
ㄷ. 한 종류 이상의 부대시설을 갖출 것

① ㄱ, ㄴ
② ㄱ, ㄴ, ㄷ
③ ㄱ, ㄷ
④ ㄴ, ㄷ

17 관광진흥법상 과태료의 부과 대상으로 옳지 않은 것은?

① 문화체육관광부령으로 정하는 영업준칙을 지키지 아니한 카지노사업자
② 문화체육관광부장관의 인증을 받지 아니한 문화관광해설사 양성을 위한 교육프로그램에 인증표시를 한 자
③ 관광사업자가 아닌 자가 문화체육관광부령으로 정하는 관광표지를 사업장에 붙인 경우
④ 관광숙박업으로 등록하지 않거나 사업계획의 승인을 받지 않은 자가 그 사업의 시설에 대하여 회원모집을 한 경우

18 관광진흥법령상 관광종사원의 자격 등에 관한 내용으로 옳지 않은 것은?

① 파산선고를 받고 복권되지 아니한 자는 취득하지 못한다.
② 관광종사원의 자격을 취득하려는 자는 문화체육관광부장관이 실시하는 시험에 합격한 후 문화체육관광부장관에게 등록하여야 한다.
③ 관광종사원의 자격증을 분실하게 되면 한국관광공사의 사장에게 재교부를 신청하여야 한다.
④ 관할 등록기관등의 장은 대통령령으로 정하는 관광 업무에는 관광종사원의 자격을 가진 자가 종사하도록 해당 관광사업자에게 권고할 수 있다.

19 관광진흥개발기금법상 기금의 재원으로 옳은 것을 모두 고른 것은?

ㄱ. 관광사업자의 과태료	ㄴ. 정부로부터 받은 출연금
ㄷ. 카지노사업자의 납부금	ㄹ. 관광복권사업자의 납부금

① ㄱ, ㄴ
② ㄱ, ㄹ
③ ㄴ, ㄷ
④ ㄷ, ㄹ

20 관광진흥법령상 권한의 위탁에 관한 설명으로 옳은 것은?

① 국외여행 인솔자의 등록 및 자격증 발급에 관한 권한은 지역별 관광협회에 위탁한다.
② 우수숙박시설의 지정 및 지정취소에 관한 권한은 한국관광공사에 위탁한다.
③ 관광통역안내사의 자격시험, 등록 및 자격증의 발급에 관한 권한은 한국산업인력공단에 위탁한다.
④ 문화관광해설사의 양성교육과정 등의 인증 및 인증의 취소에 관한 권한은 업종별 관광협회에 위탁한다.

21 관광진흥법령상에 제시된 내용 중 사업시행자가 조성사업의 시행에 따른 토지 · 물건 또는 권리를 제공함으로써 생활의 근거를 잃게 되는 자를 위하여 수립하는 이주대책으로 옳지 않은 것은?

① 택지 조성 및 주택 건설
② 이주대책에 따른 비용
③ 이주방법 및 이주시기
④ 생계해결을 위한 직업교육 비용

22 관광진흥개발기금법의 목적으로 옳은 것은?

① 문화관광축제 활성화
② 관광을 통한 외화 수입의 증대
③ 관광개발의 진흥
④ 국제수지 향상

23 국제회의산업 육성에 관한 법령상 국제회의 전담조직에 대한 내용으로 옳은 것은?

① 외교부장관은 국제회의 유치 · 개최의 지원업무를 국제회의 전담조직에 위탁할 수 있다.
② 산업통상자원부장관이 국제회의 전담조직을 지정한다.
③ 국제회의 전담조직은 국제회의 관련 정보의 수집 및 배포업무를 담당한다.
④ 국제회의 전담조직은 국제회의도시를 지정할 수 있다.

24 관광진흥법령상 유원시설업자 중 물놀이형 유기시설 또는 유기기구를 설치한 자가 지켜야 하는 안전 · 위생기준으로 옳지 않은 것은?

① 영업 중인 사업장에 의사를 1명 이상 배치하여야 한다.
② 이용자가 쉽게 볼 수 있는 곳에 수심 표시를 하여야 한다.
③ 풀의 물이 1일 3회 이상 여과기를 통과하도록 하여야 한다.
④ 음주 등으로 정상적인 이용이 곤란하다고 판단될 때에는 음주자 등의 이용을 제한하여야 한다.

25 관광진흥법령상 관광통계 작성 범위로 옳지 않은 것은?

① 국민의 관광행태에 관한 사항
② 외국인 방한 관광객의 경제수준에 관한 사항
③ 관광사업자의 경영에 관한 사항
④ 관광지와 관광단지의 현황 및 관리에 관한 사항

제2과목 : 관광학개론

26 호텔 객실요금에 식비가 전혀 포함되지 않은 요금제도는?

① American Plan
② European Plan
③ Continental Plan
④ Modified American Plan

27 매킨토시(R. W. McIntosh)가 분류한 관광동기가 아닌 것은?

① 신체적 동기
② 문화적 동기
③ 대인적 동기
④ 자아실현 동기

28 여행업의 특성으로 옳지 않은 것은?

① 창업이 용이하다.
② 수요 탄력성이 높다.
③ 고정자산의 비중이 높다.
④ 노동집약적이다.

29 환경보호와 자연 보존을 중시하는 지속가능한 관광의 유형으로 옳지 않은 것은?

① 생태관광
② 녹색관광
③ 연성관광
④ 위락관광

30 항공기 위탁수하물로 반입이 가능한 물품은?

① 연료가 포함된 라이터
② 70도(%)이상의 알코올성 음료
③ 공기가 1/3 이상 주입된 축구공
④ 출발 신호용 총

31 다음에서 설명하고 있는 호텔경영 방식은?

본사와 가맹점 간 계약을 맺어 본사는 상표권과 전반적 시스템 및 경영노하우를 제공하고, 가맹점은 그에 따른 수수료를 지불하는 형태로 가맹점의 경영권은 독립성이 유지된다.

① 단독경영
② 임차경영
③ 위탁경영
④ 프랜차이즈경영

32 호텔정보시스템 중 다음의 업무를 처리하는 것은?

· 인사/급여관리	· 구매/자재관리
· 원가관리	· 시설관리

① 프론트 오피스 시스템(front office system)
② 백 오피스 시스템(back office system)
③ 인터페이스 시스템(interface system)
④ 포스 시스템(POS system)

33 테마파크의 본질적 특성으로 옳지 않은 것은?

① 주제성
② 이미지 통일성
③ 일상성
④ 배타성

34 국제회의 산업의 파급효과 중 사회문화적 효과로 옳지 않은 것은?

① 세수(稅收) 증대
② 국제친선 도모
③ 지역문화 발전
④ 상호이해 증진

35 Intrabound 관광의 범위로 옳은 것은?

① 국내거주 외국인 국내관광 + 외국인 국내관광
② 국내거주 외국인 국내관광 + 내국인 국내관광
③ 내국인 국내관광 + 내국인 국외관광
④ 외국인 국외관광 + 내국인 국외관광

36 관광수요의 정성적 수요예측방법이 아닌 것은?

① 시계열법
② 델파이법
③ 전문가 패널
④ 시나리오 설정법

37 유네스코(UNESCO) 등재유산의 분류 유형으로 옳지 않은 것은?

① 종교유산
② 세계유산
③ 인류무형유산
④ 세계기록유산

38 문화체육관광부가 수립하는 관광개발기본 계획에 관한 설명으로 옳지 않은 것은?

① 1992년에 시작되었다.
② 5년 주기로 수립한다.
③ 현재 제3차 기본계획이 실행 중에 있다.
④ 법정계획으로 규정되어 있다.

39 신속해외송금제도에서 허용하고 있는 송금 한도액으로 옳은 것은?

① 미화 1,000달러 이하
② 미화 2,000달러 이하
③ 미화 3,000달러 이하
④ 미화 5,000달러 이하

40 다음 설명에 해당하는 제도는?

> 해외여행을 하는 우리 국민들을 위해 세계 각 국가와 지역의 위험수준에 따라 단기적인 위험상황이 발생하는 경우에 발령한다.

① 여행경보신호등제도
② 특별여행경보제도
③ 여행금지제도
④ 여행자사전등록제도

41 우리나라 관세법령상 기본면세 범위에 관한 설명이다. (　　) 안에 들어갈 내용으로 옳은 것은?

> 관세의 면제 한도는 여행자 1명의 휴대품 또는 별송품으로서 각 물품의 과세가격 합계 기준으로 미화 (　　　) 이하로 한다.

① 400달러
② 500달러
③ 600달러
④ 800달러

42 다음에서 설명하고 있는 서비스 제공 방식은?

> · 고객이 직접 조리과정을 보면서 식사를 할 수 있는 형태
> · 주로 바, 라운지, 스낵바 등에서 볼 수 있음
> · 조리사가 요리를 직접 제공함

① 카운터 서비스(counter service)
② 러시안 서비스(Russian service)
③ 뷔페 서비스(buffet service)
④ 플레이트 서비스(plate service)

43 '항공운임 등 총액표시제'에 관한 설명으로 옳지 않은 것은?

① 항공권 및 항공권이 포함된 여행상품의 구매 · 선택에 중요한 영향을 미치는 가격정보를 총액으로 제공토록 의무화 한 것이다.

② 항공운임 및 요금, 공항시설사용료, 해외공항의 시설사용료, 출국납부금, 국제빈곤퇴치기여금 등이 포함된다.

③ '항공운임 등 총액표시제' 이행대상 상품은 국제 항공권 및 국제 항공권이 포함되어 있는 여행상품으로 제한하고 있다.

④ 항공 소비자 편익 강화를 위해 2014년 7월 15일부터 시행되고 있다.

44 공금으로 하는 관용여행 중 호화 유람여행을 일컫는 용어는?

① junket ② pilgrimage

③ jaunt ④ voyage

45 다음에서 설명하고 있는 여행형태는?

여행 출발 시 안내원을 동반하지 않고 목적지에 도착 후 현지 가이드 서비스를 받는 형태

① FIT여행(Foreign Independent Tour)

② IIT여행(Inclusive Independent Tour)

③ ICT여행(Inclusive Conducted Tour)

④ PT여행(Package Tour)

46 자동출입국심사(Smart Entry Service)에 관한 설명으로 옳지 않은 것은?

① 사전에 여권정보와 바이오정보(지문, 안면)를 등록한 후 자동출입국심사대에서 출입국심사가 진행된다.

② 심사관의 대면심사를 대신해 자동출입국심사대를 이용하여 출입국 심사가 이루어지는 시스템이다.

③ 복수여권 소지자는 물론 단수여권 소지자도 자동출입국심사대를 이용할 수 있다.

④ 취득한 바이오 정보로 본인확인이 가능해야 하며 바이오 정보 제공 및 활용에 동의하여야 한다.

47 행정기관과 관광 관련 주요 기능의 연결이 옳지 않은 것은?

① 법무부 – 여행자의 출입국 관리

② 외교부 – 비자면제 협정체결

③ 관세청 – 여행자의 휴대품 통관업무

④ 문화체육관광부 – 항공협정의 체결

48 항공권 예약 담당자의 비행편 스케줄 확인 방법으로 옳지 않은 것은?

① 항공사별 비행 시간표(Time Table) 이용
② OAG(Official Airlines Guide) 이용
③ BSP(Bank Settlement Plan) 이용
④ CRS(Computer Reservation System) 이용

49 관광객의 다양한 관광 및 휴양을 위하여 각종 관광시설을 종합적으로 개발하는 관광거점지역으로서, 관광진흥법에 의해 지정된 곳은?

① 관광단지
② 자연공원
③ 관광지
④ 관광특구

50 다음 설명에 해당하는 호텔 객실은?

> · 여행객 갑(甲)과 을(乙)이 옆방으로 나란히 객실을 배정받고 싶을 때 이용된다.
> · 객실 간 내부 연결통로가 없다.

① 커넥팅 룸(connecting room)
② 핸디캡 룸(handicap room)
③ 팔러 룸(parlour room)
④ 어드조이닝 룸(adjoining room)

정답

ANSWER

01 ①	02 ②	03 ②	04 ①	05 ④	06 ④	07 ④	08 ③	09 ①	10 ③
11 ①	12 ④	13 ②	14 ③	15 ①	16 ①	17 ④	18 ③	19 ③	20 ②
21 ④	22 ②	23 ③	24 ①	25 ②	26 ②	27 ④	28 ③	29 ④	30 ④
31 ④	32 ②	33 ③	34 ①	35 ②	36 ①	37 ①	38 ②	39 ③	40 ②
41 ③	42 ①	43 ③	44 ①	45 ②	46 ③	47 ④	48 ③	49 ①	50 ④

2016년도 4월 기출문제

제1과목 : 관광법규

01 관광기본법의 내용으로 옳지 않은 것은?

① 정부는 관광진흥장기계획과 연도별 계획을 각각 수립하여야 한다.
② 정부는 매년 관광진흥에 관한 시책의 추진성과를 정기국회가 폐회되기 전까지 국회에 보고하여야 한다.
③ 지방자치단체는 관광에 관한 국가시책에 필요한 시책을 강구하여야 한다.
④ 정부는 관광진흥을 위하여 관광진흥개발기금을 설치하여야 한다.

02 관광진흥법의 목적으로 명시되지 않은 것은?

① 관광경제 활성화
② 관광자원 개발
③ 관광사업 육성
④ 관광 여건 조성

03 관광진흥법령상 관광객 이용시설업에 해당하지 않는 것은?

① 외국인관광 도시민박업
② 관광공연장업
③ 관광유람선업
④ 관광펜션업

04 관광진흥법령상 관광숙박업 및 관광객 이용시설업 등록심의위원회(이하 “위원회”라 함)에 관한 내용으로 옳지 않은 것은?

① 위원회는 위원장과 부위원장 각 1명을 포함한 위원 10명 이내로 구성한다.
② 위원회를 군수 소속으로 둘 경우 부군수가 부위원장이 된다.
③ 위원회의 회의는 재적위원 3분의 2 이상의 출석과 출석위원 3분의 2 이상의 찬성으로 의결한다.
④ 위원회의 서무를 처리하기 위하여 위원회에 간사 1명을 둔다.

05 관광진흥법령상 유기기구의 안전성검사 등에 관한 내용이다. (   )에 들어갈 내용이 순서대로 옳은 것은?

안전성검사를 받은 유기기구 중 (   ) 이상 운행을 정지하거나 최근 (   )간의 운행정지기간의 합산일이 (   ) 이상인 유기기구는 재검사를 받아야 한다

① 30일, 3개월, 30일
② 30일, 6개월, 3개월
③ 3개월, 6개월, 3개월
④ 3개월, 1년, 3개월

06 관광진흥법상 카지노사업자가 준수하여야 하는 영업준칙에 포함되어야 하는 것을 모두 고른 것은?

ㄱ. 1일 최대 영업시간
ㄴ. 게임 테이블의 집전함(集錢函) 부착 및 내기금액 한도액의 표시 의무
ㄷ. 슬롯머신 및 비디오게임의 최소배당률
ㄹ. 카지노 종사원의 게임참여 불가 등 행위금지사항

① ㄱ, ㄷ
② ㄴ, ㄹ
③ ㄴ, ㄷ, ㄹ
④ ㄱ, ㄴ, ㄷ, ㄹ

07 관광진흥법상 카지노사업자에게 금지되는 행위가 아닌 것은?

① 카지노영업소에 입장하는 자의 신분 확인에 필요한 사항을 묻는 행위
② 총매출액을 누락시켜 관광진흥개발기금 납부금액을 감소시키는 행위
③ 선량한 풍속을 해칠 우려가 있는 광고를 하는 행위
④ 19세 미만인 자를 입장시키는 행위

08 관광진흥법령상 관광숙박업에 대한 사업계획의 승인을 받은 경우, 그 사업계획에 따른 관광숙박시설을 학교환경위생 정화구역 내에 설치할 수 있는 요건에 해당하지 않는 것은?

① 관광숙박시설의 객실이 100실 이상일 것
② 특별시 또는 광역시 내에 위치할 것
③ 관광숙박시설 내 공용공간을 개방형 구조로 할 것
④ 학교보건법에 따른 학교 출입문 또는 학교설립예정지 출입문으로부터 직선거리로 75미터 이상에 위치할 것

09 관광진흥법상 관할 등록기관등의 장이 등록등 또는 사업계획의 승인을 취소할 수 있는 경우가 아닌 것은?

① 기획여행의 실시방법을 위반하여 기획여행을 실시한 경우
② 관광표지에 기재되는 내용을 사실과 다르게 표시 또는 광고하는 행위를 한 경우
③ 여행자의 사전 동의 없이 여행일정을 변경하는 경우
④ 국외여행 인솔자의 등록을 하지 아니한 자에게 국외여행을 인솔하게 한 경우

10 관광진흥법령상 특별자치도지사 · 시장 · 군수 · 구청장(자치구의 구청장을 말함)의 허가가 필요한 관광사업의 종류는?

① 국제회의시설업
② 국외여행업
③ 일반유원시설업
④ 전문휴양업

11 관광진흥법령상 관광숙박업의 등급에 관한 내용으로 옳지 않은 것은?

① 문화체육관광부장관은 관광숙박업에 대한 등급결정을 하는 경우 유효기간을 정하여 등급을 정할 수 있다.

② 관광숙박업 중 호텔업의 등급은 5성급 · 4성급 · 3성급 · 2성급 및 1성급으로 구분한다.

③ 문화체육관광부장관은 관광숙박업에 대한 등급결정 결과에 관한 사항을 공표할 수 있다.

④ 의료관광호텔업의 등록을 한 자는 등급결정을 받은 날로부터 2년이 지난 경우 희망하는 등급을 정하여 등급결정을 신청해야 한다.

12 관광진흥법령상 의료관광호텔업의 등록기준의 내용으로 옳지 않은 것은?

① 욕실이나 샤워시설을 갖춘 객실을 20실 이상 30실 미만으로 갖추고 있을 것

② 외국어 구사인력 고용 등 외국인에게 서비스를 제공할 수 있는 체제를 갖추고 있을 것

③ 객실별 면적이 19제곱미터 이상일 것

④ 대지 및 건물의 소유권 또는 사용권을 확보하고 있을 것

13 관광진흥법상 관광종사원에 관한 내용으로 옳지 않은 것은?

① 외국인 관광객을 대상으로 하는 여행업자는 관광통역안내의 자격을 가진 사람을 관광안내에 종사하게 하여야 한다.

② 관광종사원 자격증을 가진 자는 그 자격증을 못 쓰게 되면 문화체육관광부장관에게 그 자격증의 재교부를 신청할 수 있다.

③ 관광종사원이 거짓이나 그 밖의 부정한 방법으로 자격을 취득한 경우에는 그 자격을 취소하여야 한다.

④ 관광종사원으로서 직무를 수행하는 데에 비위(非違) 사실이 있는 경우에는 1년 이내의 기간을 정하여 그 관광종사원의 자격의 정지를 명하여야 한다.

14 관광진흥법상 국외여행 인솔자의 자격요건으로 옳은 것을 모두 고른 것은?

ㄱ. 국내여행안내사 자격을 취득할 것
ㄴ. 관광통역안내사 자격을 취득할 것
ㄷ. 여행업체에서 3개월 이상 근무하고 국외여행 경험이 있는 자로서 문화체육관광부장관이 정하는 소양교육을 이수할 것
ㄹ. 문화체육관광부장관이 지정하는 교육기관에서 국외여행 인솔에 필요한 양성교육을 이수할 것

① ㄱ, ㄷ
② ㄴ, ㄹ
③ ㄱ, ㄴ, ㄹ
④ ㄴ, ㄷ, ㄹ

15 관광진흥법상 우수숙박시설로 지정된 숙박시설이 문화체육관광부장관 또는 지방자치단체의 장으로부터 지원받을 수 있는 사항으로 명시되지 않은 것은?

① 관광진흥개발법에 따른 관광진흥개발기금의 대여
② 국내 또는 국외에서의 홍보
③ 숙박시설의 운영 및 개선을 위하여 필요한 사항
④ 숙박시설 등급의 상향 조정

16 관광진흥법상 한국관광협회중앙회가 수행하는 업무로 명시된 것을 모두 고른 것은?

ㄱ. 관광통계	ㄴ. 관광종사원의 교육과 사후관리
ㄷ. 관광 수용태세 개선	ㄹ. 관광안내소의 운영
ㅁ. 관광 홍보 및 마케팅 지원	

① ㄱ, ㄴ, ㄷ
② ㄱ, ㄴ, ㄹ
③ ㄴ, ㄹ, ㅁ
④ ㄷ, ㄹ, ㅁ

17 관광진흥법령상 관광지 등의 개발에 관한 내용으로 옳은 것은?

① 관광지 및 관광단지는 시 · 도지사의 신청에 의하여 문화체육관광부장관이 지정한다.
② 관광지로 지정 · 고시된 날부터 5년 이내에 조성계획의 승인신청이 없으면 그 고시일로부터 5년이 지난 다음 날에 그 지정의 효력이 상실된다.
③ 사업시행자는 그가 개발하는 토지를 분양받으려는 자와 그 금액 및 납부방법에 관한 협의를 거쳐 그 대금의 전부 또는 일부를 미리 받을 수 있다.
④ 관광단지 조성사업의 시행자의 요청에 따라 관광단지에 전기를 공급하는 자가 설치하는 전기간선시설의 설치비용은 관광단지 조성사업의 시행자가 부담한다.

18 관광진흥법령상 관광특구의 지정요건 중 하나이다. ( )에 들어갈 숫자가 순서대로 옳은 것은? (단, 서울특별시 이외의 지역임)

문화체육관광부장관이 고시하는 기준을 갖춘 통계전문기관의 통계결과 해당지역의 최근 ( )년간 외국인 관광객 수가 ( )만명 이상일 것

① 1, 10
② 1, 20
③ 2, 30
④ 2, 50

19 관광진흥법상 청문을 하여야 하는 처분으로 명시되지 않은 것은?

① 관광사업의 등록 취소
② 관광종사원 자격의 취소
③ 우수숙박시설 지정의 취소
④ 민간개발자에 대한 관광단지 조성계획 승인의 취소

20 관광진흥개발기금법령상 국내 공항과 항만을 통하여 출국하는 자로서 출국납부금의 납부대상자는?

① 대한민국에 주둔하는 외국 군인의 배우자
② 선박을 이용하여 출국하는 6세 미만인 어린이
③ 항공기를 이용하여 출국하는 2세 미만인 어린이
④ 입국이 거부되어 출국하는 자

21 관광진흥개발기금법령상 기금에 관한 내용으로 옳지 않은 것은?

① 기금은 문화체육관광부장관이 관리한다.
② 기금의 회계연도는 정부의 회계연도에 따른다.
③ 기금운용위원회의 위원장은 문화체육관광부장관이 된다.
④ 기금은 관광진흥법에 따라 카지노업을 허가받은 자의 해외지사 설치 사업에 대여하거나 보조할 수 있다.

22 관광진흥개발기금법령상 기금 대여의 취소 및 회수에 관한 내용으로 옳은 것은?

① 기금을 목적 외의 용도에 사용한 자는 그 사실이 발각된 날부터 3년 이내에 기금을 대여 받을 수 없다.
② 대여금 또는 보조금의 반환 통지를 받은 자는 그 통지를 받은 날부터 2개월 이내에 해당 대여금 또는 보조금을 반환하여야 한다.
③ 대여조건을 이행하지 아니하였음을 이유로 그 대여를 취소하거나 지출된 기금을 회수할 수 없다.
④ 기금을 보조받은 자는 문화체육관광부장관의 승인을 얻은 경우에 한하여 지정된 목적 외의 용도에 기금을 사용할 수 있다.

23 국제회의산업 육성에 관한 법령상 국제회의복합지구에 관한 설명으로 옳지 않은 것은?

① 국제회의복합지구의 지정요건 중 하나로 지정대상 지역 내에 전문회의시설이 있을 것을 요한다.
② 국제회의복합지구의 지정면적은 400만 제곱미터 이내로 한다.
③ 시·도지사는 국제회의복합지구를 지정한 날로부터 1개월 내에 국제회의복합지구 육성·진흥계획을 수립하여 문화체육관광부장관의 승인을 받아야 한다.
④ 시·도지사는 수립된 국제회의복합지구 육성·진흥계획에 대하여 5년마다 그 타당성을 검토하여야 한다.

24 국제회의산업 육성에 관한 법령상 국제회의복합지구의 국제회의시설에 대하여 감면할 수 있는 부담금을 모두 고른 것은?

ㄱ. 초지법에 따른 대체초지조성비 ㄴ. 농지법에 따른 농지보전부담금 ㄷ. 산지관리법에 따른 대체산림자원조성비 ㄹ. 도시교통정비 촉진법에 따른 교통유발부담금

① ㄷ, ㄹ
② ㄱ, ㄴ, ㄷ
③ ㄱ, ㄴ, ㄹ
④ ㄱ, ㄴ, ㄷ, ㄹ

25 국제회의산업 육성에 관한 법령상 국제회의에 관한 설명으로 옳지 않은 것은?

① 국제기구나 국제기구에 가입한 기관 또는 법인 · 단체가 개최하는 회의의 경우에는 3일 이상 진행되는 회의일 것을 요한다.
② 국제기구에 가입하지 아니한 기관 또는 법인 · 단체가 개최하는 회의의 경우에는 5개국 이상의 외국인이 참가할 것을 요한다.
③ 2일 이상 진행되지 않는 회의는 국제회의에 해당하지 않는다.
④ 회의 참가자 중 외국인이 100명 미만인 회의는 국제회의에 해당하지 않는다.

제2과목 : 관광학개론

26 매킨토시(R. W. McIntosh)가 분류한 관광동기 유형 중 대인적 동기에 해당되는 것은?

① 육체적 휴식
② 온천의 이용
③ 스포츠참여
④ 친구나 친지방문

27 관광주체와 관광객체 사이를 연결해주는 관광매체가 아닌 것은?

① 관광목적지
② 여행사
③ 관광안내소
④ 교통수단

28 세계관광기구(UNWTO)에서 정한 관광객 범주에 포함되는 자를 모두 고른 것은?

ㄱ. 2주간의 국제회의 참석자
ㄴ. 1개월간의 성지순례자
ㄷ. 3개월 재직 중인 외교관
ㄹ. 1주간의 스포츠행사 참가자
ㅁ. 4시간 이내의 국경통과자

① ㄱ, ㄴ, ㅁ
② ㄱ, ㄴ, ㄹ
③ ㄱ, ㄷ, ㄹ
④ ㄷ, ㄹ, ㅁ

29 관광의 환경적 측면에서의 효과가 아닌 것은?

① 관광자원의 보호와 복원
② 환경정비와 보전
③ 관광승수효과
④ 환경에 대한 인식증대

30 1970년대 한국관광발전사의 주요 내용이 아닌 것은?

① 교통부 관광과를 관광국으로 승격
② 관광호텔의 등급심사제도 도입
③ 세계관광기구(UNWTO) 가입
④ 경주 보문관광단지 개장

31 세계관광 발전사 단계 중 'Mass Tourism' 시기에 관한 설명이 아닌 것은?

① 시기는 1840년대 초부터 제1차 세계대전까지이다.
② 대상은 대중을 포함한 전 국민이다.
③ 조직자는 기업, 국가, 공공단체로 확대되었다.
④ 조직 동기는 이윤추구와 국민후생증대 중심이다.

32 한국관광공사의 국제관광진흥 사업이 아닌 것은?

① 외국인 관광객의 유치를 위한 홍보
② 국제관광시장의 조사 및 개척
③ 국제관광에 관한 지도 및 교육
④ 국제관광정책의 심의 및 의결

33 관광정책과정을 단계별로 옳게 나열한 것은?

① 정책 의제설정 → 정책 집행 → 정책 평가 → 정책 결정
② 정책 의제설정 → 정책 평가 → 정책 집행 → 정책 결정
③ 정책 의제설정 → 정책 결정 → 정책 집행 → 정책 평가
④ 정책 수요파악 → 정책 평가 → 정책 집행 → 정책 결정

34 다음 설명에 해당하는 것은?

전 국민이 일상 생활권을 벗어나 자력 또는 정책적 지원으로 국내 · 외를 여행하거나 체제하면서 관광하는 행위로, 그 목적은 국민 삶의 질을 제고하는 데 있음

① 대안관광
② 국민관광
③ 보전관광
④ 국내관광

35 다음 설명에 해당하는 것은?

1980년 세계관광기구(UNWTO) 107개 회원국 대표단이 참석한 가운데 개최된 세계관광대회(WTC)에서 관광활동은 인간존엄성의 정신에 입각하여 보장되어야 하며 세계평화에 기여해야 함을 결의함

① 마닐라 선언
② 시카고 조약
③ 교토 협약
④ 리우 회의

36 문화체육관광부의 외국인 의료관광 활성화를 위한 지원사업 내용이 아닌 것은?

① 외국인 의료관광 전문인력을 양성하는 우수교육기관 지원
② 외국인 의료관광 유치 안내센터의 설치 운영
③ 의료관광 전담 여행사 선정 및 평가관리
④ 외국인환자 유치 의료기관과 공동으로 해외마케팅사업 추진

37 관광관련 국제기구 중 동아시아관광협회를 뜻하는 용어는?

① ESTA
② ASTA
③ EATA
④ PATA

38 문화체육관광부에서 선정한 '2016년도 문화관광 대표축제'만으로 묶인 것은?

ㄱ. 김제지평선축제	ㄴ. 화천산천어축제
ㄷ. 춘천마임축제	ㄹ. 영덕대게축제
ㅁ. 자라섬국제재즈페스티벌	

① ㄱ, ㄴ, ㄷ
② ㄱ, ㄴ, ㅁ
③ ㄱ, ㄷ, ㄹ
④ ㄴ, ㄹ, ㅁ

39 관광진흥법령상 여행업 등록을 위한 자본금 기준으로 옳은 것은?

① 일반여행업 – 1억 5천만원 이상　　② 일반여행업 – 1억원 이상
③ 국외여행업 – 5천만원 이상　　④ 국내여행업 – 3천만원 이상

40 2016년 4월 기준 인천공항 이용 시 항공기 내 반입 가능한 휴대수하물이 아닌 것은?

① 휴대용 담배 라이터 1개　　② 휴대용 일반 소형 배터리
③ 접이식 칼　　④ 와인 오프너

41 인천공항을 통한 출입국 시 다음 설명 중 옳지 않은 것은?

① 출국하는 내국인의 외환신고 대상은 미화 1만 달러를 초과하는 경우이다.
② 출국하는 내국인의 구입한도 면세물품은 미화 600달러까지이다.
③ 입국하는 외국인의 면세범위는 미화 600달러 까지이다.
④ 입국하는 내국인의 면세범위는 미화 600달러 까지이다.

42 다음에서 설명하는 용어는?

국제회의 개최와 관련한 다양한 업무를 주최 측으로부터 위임받아 부분적 또는 전체적으로 대행해 주는 영리업체

① CVB　　② NTO
③ TIC　　④ PCO

43 IATA 기준 우리나라 항공사 코드가 아닌 것은?

① 8B　　② ZE
③ 7C　　④ LJ

44 항공기 탑승 시 타고 왔던 비행기가 아닌 다른 비행기로 갈아타는 환승을 뜻하는 용어는?

① transit　　② transfer
③ stop-over　　④ code share

45 2015년 변경된 호텔 신등급(별등급)에서 등급별 표지 연결이 옳지 않은 것은?

등급 – 별개수 – 표지바탕색상　　등급 – 별개수 – 표지바탕색상
① 5성급 – 별 5개 – 고궁갈색　　② 4성급 – 별 4개 – 고궁갈색
③ 3성급 – 별 3개 – 전통감청색　　④ 2성급 – 별 2개 – 전통감청색

46 저가항공사의 일반적 특성이 아닌 것은?

① point to point 운영
② secondary airport 이용
③ online sale 활용
④ hub & spoke 운영

47 예약한 좌석을 이용하지 않는 노쇼(no-show)에 대비한 항공사의 대응책은?

① tariff
② travel's check
③ security check
④ overbooking

48 국제회의의 형태별 분류 중 다음 설명에 해당하는 것은?

> 문제해결능력의 일환으로서 참여를 강조하고 소집단(30~35명) 정도의 인원이 특정문제나 과제에 관해 새로운 지식 · 기술 · 아이디어 등을 교환하는 회의로서 강력한 교육적 프로그램

① 세미나(seminar)
② 컨퍼런스(conference)
③ 포럼(forum)
④ 워크숍(workshop)

49 이벤트의 분류상 홀마크 이벤트(hallmark event)가 아닌 것은?

① 세계육상선수권대회
② 브라질리우축제
③ 뮌헨옥토버페스트
④ 청도소싸움축제

50 관광산업에서 고객에게 직접 서비스를 제공하는 직원을 대상으로 하는 마케팅 용어는?

① 포지셔닝 전략(positioning strategy)
② 관계 마케팅(relationship marketing)
③ 내부 마케팅(internal marketing)
④ 직접 마케팅(direct marketing)

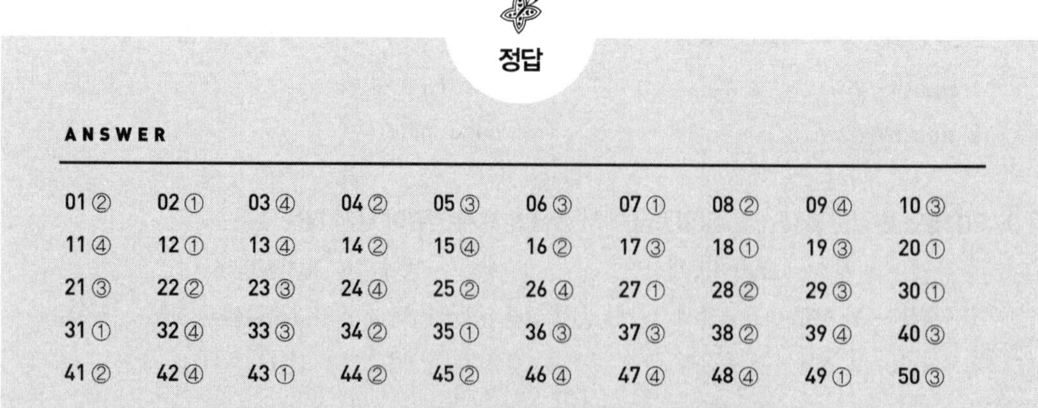

정답

ANSWER

01 ②	02 ①	03 ④	04 ②	05 ③	06 ③	07 ①	08 ②	09 ④	10 ③
11 ④	12 ①	13 ④	14 ②	15 ④	16 ②	17 ③	18 ①	19 ③	20 ①
21 ③	22 ②	23 ③	24 ④	25 ②	26 ④	27 ①	28 ②	29 ③	30 ①
31 ①	32 ④	33 ③	34 ②	35 ①	36 ③	37 ③	38 ②	39 ④	40 ③
41 ②	42 ④	43 ①	44 ②	45 ②	46 ④	47 ④	48 ④	49 ①	50 ③

2016년도 9월 기출문제

제1과목 : 관광법규

01 관광진흥법령상 특별자치도지사 · 시장 · 군수 · 구청장의 허가를 받아야 하는 관광사업은?

① 종합유원시설업
② 국제회의업
③ 카지노업
④ 휴양 콘도미니엄업

02 관광진흥법령상 식품위생 법령에 따른 유흥주점 영업의 허가를 받은 자가 관광객이 이용하기 적합한 한국 전통 분위기의 시설을 갖추어 그 시설을 이용하는 자에게 음식을 제공하고 노래와 춤을 감상하게 하거나 춤을 추게 하는 관광사업은?

① 관광극장유흥업
② 관광유흥음식점업
③ 외국인전용 유흥음식점업
④ 관광공연장업

03 관광진흥법령상 지역별 관광협회에 지정 신청을 해야 하는 관광 편의시설업은?

① 관광순환버스업
② 여객자동차터미널시설업
③ 관광궤도업
④ 관광면세업

04 관광진흥법령상 관광사업자가 아닌 자가 상호에 포함하여 사용할 수 없는 명칭을 모두 고른 것은?

ㄱ. 관광숙박업과 유사한 영업의 경우 관광호텔과 휴양 콘도미니엄
ㄴ. 관광공연장업과 유사한 영업의 경우 관광공연
ㄷ. 관광펜션업과 유사한 영업의 경우 관광펜션
ㄹ. 관광면세업과 유사한 영업의 경우 관광면세

① ㄱ, ㄷ
② ㄴ, ㄹ
③ ㄱ, ㄴ, ㄹ
④ ㄱ, ㄴ, ㄷ, ㄹ

05 **관광진흥법상 관광시설의 타인 경영 및 처분과 위탁 경영에 관한 설명으로 옳지 않은 것은?**

① 관광진흥법에 따른 안전성검사를 받아야 하는 유기시설 및 유기기구는 타인에게 경영하도록 할 수 없다.

② 카지노업의 허가를 받는 데 필요한 시설과 기구는 그 용도로 계속하여 사용하는 것을 조건으로 타인에게 처분할 수 없다.

③ 관광사업자가 관광숙박업의 객실을 타인에게 위탁하여 경영하게 하는 경우, 해당 시설의 경영은 관광사업자의 명의로 하여야 한다.

④ 관광사업자가 관광숙박업의 객실을 타인에게 위탁하여 경영하게 하는 경우, 이용자 또는 제3자와의 거래행위에 따른 대외적 책임은 위탁받은 자가 부담하여야 한다.

06 **관광진흥법령상 관광숙박업 등의 등급결정에 관한 설명으로 옳지 않은 것은?**

① 호텔업 등급결정의 유효기간은 등급결정을 받은 날부터 3년으로 한다.

② 관광호텔업 등급결정 보류의 통지를 받은 신청인은 그 보류의 통지를 받은 날부터 60일 이내에 신청한 등급과 동일한 등급 또는 낮은 등급으로 호텔업 등급결정의 재신청을 하여야 한다.

③ 관광펜션업을 신규 등록한 경우 희망하는 등급을 정하여 등급결정을 신청하여야 한다.

④ 등급결정 수탁기관은 평가의 공정성을 위하여 필요하다고 인정하는 경우에는 평가를 마칠 때까지 평가의 일정 등을 신청인에게 알리지 아니할 수 있다.

07 **관광진흥법령상 손익계산서에 표시된 직전사업연도의 매출액이 2천억원인 일반여행업자가 기획여행을 실시하려는 경우 추가로 가입하거나 예치하고 유지하여야 할 보증보험등의 가입금액 또는 영업보증금의 예치금액은?**

① 2억원　　② 3억원

③ 5억원　　④ 7억원

08 **관광진흥법령상 폐광지역 카지노사업자의 영업준칙에 관한 설명으로 옳지 않은 것은?**

① 매일 오전 6시부터 오전 10시까지는 영업을 하여서는 아니 된다.

② 머신게임의 게임기 전체 수량 중 2분의 1 이상은 그 머신게임기에 거는 금액의 단위가 100원 이하인 기기를 설치하여 운영하여야 한다.

③ 카지노 이용자에게 자금을 대여하여서는 아니 된다.

④ 모든 카지노 영업장에서는 주류를 판매하거나 제공하여서는 아니 된다.

09 관광진흥법령에 따른 행정처분 시 법령에 명시된 처분감경 사유가 아닌 것은?

① 위반행위가 고의나 중대한 과실이 아닌 사소한 부주의나 오류로 인한 것으로 인정되는 경우
② 위반행위를 즉시 시정하고 소비자 피해를 보상한 경우
③ 위반의 내용 · 정도가 경미하여 소비자에게 미치는 피해가 적다고 인정되는 경우
④ 위반 행위자가 처음 해당 위반행위를 한 경우로서, 5년 이상 관광사업을 모범적으로 해 온 사실이 인정되는 경우

10 관광진흥법상 관할 등록기관등의 장이 관광사업의 등록등을 취소할 수 있는 사유가 아닌 것은?

① 등록기준에 적합하지 아니하게 된 경우
② 관광진흥법을 위반하여 관광사업의 시설을 타인에게 처분하거나 타인에게 경영하도록 한 경우
③ 지나친 사행심 유발을 방지하기 위한 문화체육관광부장관의 지도와 명령을 카지노사업자가 이행하지 아니한 경우
④ 관광진흥법에 따른 보험 또는 공제에 가입하지 아니하거나 영업보증금을 예치하지 아니한 경우

11 관광진흥법상 관할 등록기관등의 장이 영업소를 폐쇄하기 위하여 취할 수 있는 조치로서 명시되지 않은 것은?

① 해당 영업소의 간판이나 그 밖의 영업표지물의 제거 또는 삭제
② 영업에 사용되는 시설물 또는 기구 등에 대한 압류
③ 해당 영업소가 적법한 영업소가 아니라는 것을 알리는 게시물 등의 부착
④ 영업을 위하여 꼭 필요한 시설물 또는 기구 등을 사용할 수 없게 하는 봉인

12 관광진흥법상 (　　)에 들어갈 내용이 순서대로 옳은 것은?

관할 등록기관등의 장은 관광사업자에게 사업 정지를 명하여야 하는 경우로서 그 사업의 정지가 그 이용자 등에게 심한 불편을 주거나 그 밖에 공익을 해칠 우려가 있으면 사업 정지 처분을 갈음하여 (　　) 이하의 (　　)을(를) 부과할 수 있다.

① 1천만원, 벌금　　② 1천만원, 과태료
③ 2천만원, 과징금　　④ 3천만원, 이행강제금

13 관광진흥법령상 관할 등록기관등의 장이 4성급 이상의 관광호텔업의 총괄관리 및 경영업무에 종사하도록 해당 관광사업자에게 권고할 수 있는 관광종사원의 자격은?

① 호텔경영사　　② 호텔관리사
③ 관광통역안내사　　④ 호텔서비스사

14 관광진흥법령상 관광숙박업에 해당하는 것을 모두 고른 것은?

ㄱ. 한옥체험업	ㄴ. 호스텔업
ㄷ. 의료관광호텔업	ㄹ. 외국인관광 도시민박업

① ㄱ, ㄴ　　② ㄴ, ㄷ
③ ㄱ, ㄷ, ㄹ　　④ ㄴ, ㄷ, ㄹ

15 관광진흥법령상 여행계약 등에 관한 설명으로 옳지 않은 것은?

① 여행업자는 여행자와 계약을 체결할 때에는 여행자를 보호하기 위하여 해당 여행지에 대한 안전정보를 서면으로 제공하여야 한다.
② 여행업자는 해당 여행지에 대한 안전정보가 변경된 경우에는 여행자에게 이를 서면으로 제공하지 않아도 된다.
③ 여행업자는 여행자와 여행계약을 체결하였을 때에는 그 서비스에 관한 내용을 적은 여행 계약서 및 보험 가입 등을 증명할 수 있는 서류를 여행자에게 내주어야 한다.
④ 여행업자는 천재지변, 사고, 납치 등 긴급한 사유가 발생하여 여행자로부터 사전에 일정변경 동의를 받기 어렵다고 인정되는 경우에는 사전에 일정변경 동의서를 받지 아니할 수 있다.

16 관광진흥법령상 유기시설 또는 유기기구로 인하여 중대한 사고가 발생한 경우 특별자치도지사 · 시장 · 군수 · 구청장이 자료 및 현장조사 결과에 따라 유원시설업자에게 명할 수 있는 조치에 해당하지 않는 것은?

① 배상 명령　　② 개선 명령
③ 철거 명령　　④ 사용중지 명령

17 관광진흥법령상 관광특구에 관한 설명으로 옳은 것은?

① 국가나 지방자치단체는 관광특구를 방문하는 외국인 관광객의 관광 활동을 위한 편의 증진 등 관광특구 진흥을 위하여 필요한 지원을 할 수 있다.
② 문화체육관광부장관은 관광특구를 방문하는 외국인 관광객의 유치 촉진 등을 위하여 관광특구진흥계획을 수립하고 시행하여야 한다.
③ 문화체육관광부장관은 수립된 진흥계획에 대하여 5년마다 그 타당성을 검토하고 진흥계획의 변경 등 필요한 조치를 하여야 한다.
④ 관광특구는 시 · 도지사의 신청에 따라 문화체육관광부장관이 지정한다.

18 관광진흥법령상 관광개발계획에 관한 설명으로 옳지 않은 것은?

① 문화체육관광부장관은 관광자원을 효율적으로 개발하고 관리하기 위하여 전국을 대상으로 관광개발기본계획을 수립하여야 한다.

② 시 · 도지사(특별자치도지사 제외)는 관광개발 기본계획에 따라 구분된 권역을 대상으로 권역별 관광개발계획을 수립하여야 한다.

③ 관광개발기본계획은 10년마다, 권역별 관광개발계획은 5년마다 수립한다.

④ 둘 이상의 시 · 도에 걸치는 지역이 하나의 권역계획에 포함되는 경우에는 문화체육관광부장관이 권역별 관광개발계획을 수립하여야 한다.

19 국제회의산업 육성에 관한 법령상 국제회의 전담조직의 업무로 옳지 않은 것은?

① 국제회의의 유치 및 개최 지원

② 국제회의 전문인력의 교육 및 수급

③ 국제회의산업육성기본계획의 수립

④ 지방자치단체의 장이 설치한 전담조직에 대한 지원 및 상호 협력

20 국제회의산업 육성에 관한 법령상 (　　)에 들어갈 내용이 순서대로 옳은 것은?

> 국제회의시설 중 준회의시설은 국제회의 개최에 필요한 회의실로 활용할 수 있는 호텔연회장 · 공연장 · 체육관 등의 시설로서 다음의 요건을 모두 갖추어야 한다.
> 1. (　　)명 이상의 인원을 수용할 수 있는 대회의실이 있을 것
> 2. (　　)명 이상의 인원을 수용할 수 있는 중 · 소회의실이 (　　)실 이상 있을 것

① 2천, 30, 5　　② 2천, 10, 5

③ 200, 30, 3　　④ 200, 10, 3

21 국제회의산업 육성에 관한 법령상 국제회의집적시설의 종류와 규모에 대한 설명 중 (　　)에 들어갈 내용이 순서대로 옳은 것은?

> · 관광진흥법에 따른 관광숙박업의 시설로서 (　　)실 이상의 객실을 보유한 시설
> · 유통산업발전법에 따른 대규모 점포
> · 공연법에 따른 공연장으로서 (　　)석 이상의 객석을 보유한 공연장

① 30, 300　　② 30, 500

③ 100, 300　　④ 100, 500

22 관광진흥개발기금법상 민간자본의 유치를 위하여 관광진흥개발기금을 출자할 수 있는 경우가 아닌 것은?

① 장애인 등 소외계층에 대한 국민관광 복지사업
② 국제회의산업 육성에 관한 법률에 따른 국제회의시설의 건립 및 확충 사업
③ 관광사업에 투자하는 것을 목적으로 하는 투자조합
④ 관광진흥법에 따른 관광지 및 관광단지의 조성사업

23 관광진흥개발기금법상 관광진흥개발기금의 재원으로 옳은 것은?

① 한국관광공사로부터 받은 출연금
② 카지노사업자의 과태료
③ 관광복권사업자의 납부금
④ 기금의 운용에 따라 생기는 수익금

24 관광진흥개발기금법령상 국내 공항과 항만을 통하여 출국하는 자로서 출국납부금의 면제대상이 아닌 자는?

① 국제선 항공기의 승무교대를 위하여 출국하는 승무원
② 대한민국에 주둔하는 외국의 군인 및 군무원
③ 관용여권을 소지하고 있는 공무원
④ 입국이 거부되어 출국하는 자

25 관광기본법의 목적으로 명시되지 않은 것은?

① 관광자원과 시설의 확충
② 국민경제와 국민복지의 향상
③ 건전한 국민관광의 발전 도모
④ 국제친선의 증진

제2과목 : 관광학개론

26 쉥겐(Schengen)협약에 가입하지 않은 국가는?

① 오스트리아
② 프랑스
③ 스페인
④ 터키

27 컨벤션과 관련분야 산업의 성장을 목적으로 1963년 유럽에서 설립된 컨벤션 국제기구는?

① WTTC
② ICAO
③ ICCA
④ IHA

28 인천공항에 취항하는 외국 항공사가 아닌 것은?

① 에티오피아 항공(ET) ② 체코 항공(OK)
③ 사우스웨스트 항공(WN) ④ 알리탈리아 항공(AZ)

29 호텔에서 판매촉진 등을 목적으로 고객에게 무료로 객실을 제공하는 요금제는?

① Tariff Rack Rate ② Complimentary Rate
③ FIT Rate ④ Commercial Rate

30 국제 슬로시티(Slow City)에 가입된 지역이 아닌 곳은?

① 제천 수산 ② 하동 악양
③ 담양 창평 ④ 제주 우도

31 Banker와 Player 중 카드 합이 9에 가까운 쪽이 승리하는 카지노 게임은?

① 바카라 ② 블랙잭
③ 다이사이 ④ 빅휠

32 국내 입국 시 소액물품 자가사용 인정기준(면세통관범위)을 초과하는 것은?

① 인삼 3Kg ② 더덕 3Kg
③ 고사리 5Kg ④ 참깨 5Kg

33 국내 크루즈업에 관한 설명으로 옳은 것은?

① 크루즈로 기항 할 수 있는 부두는 제주항이 유일하다.
② 1970년대부터 정기 취항을 시작하였다.
③ 법령상 관광객 이용시설업에 속한다.
④ 2010년 이후 입항 외래 관광객이 꾸준한 하락세를 보이고 있다.

34 해외 주요 도시 공항코드의 연결이 옳은 것은?

① 두바이(Dubai Int'l) - DUB
② 로스앤젤레스(Los Angeles Int'l) - LAS
③ 홍콩(Hong Kong Int'l) - HGK
④ 시드니(Sydney Kingsford) - SYD

35 문화체육관광부가 선정한 2016년 대한민국 문화관광축제가 아닌 것은?

① 광주 비엔날레
② 봉화 은어축제
③ 강진 청자축제
④ 자라섬 국제재즈페스티벌

36 한국관광공사가 인증한 우수 외국인관광 도시민박 브랜드는?

① 굿스테이(GOOD STAY)
② 베스트스테이(BEST STAY)
③ 코리아스테이(KOREA STAY)
④ 베니키아(BENIKEA)

37 한국 일반여권 소지자가 무비자로 90일까지 체류할 수 있는 국가는?

① 필리핀
② 캄보디아
③ 대만
④ 베트남

38 한국에서 개최되었거나 개최 예정인 메가스포츠 이벤트와 마스코트 연결이 옳은 것은?

① 1988 서울 올림픽 – 곰돌이
② 2002 한일 월드컵 – 살비
③ 2011 대구 세계육상선수권대회 – 아토
④ 2018 평창 동계올림픽 – 수호랑

39 관광구성요소에 관한 설명으로 옳지 않은 것은?

① 관광객체는 관광매력물인 관광자원, 관광시설 등을 포함한다.
② 관광객체는 관광대상인 국립공원, 테마파크 등을 포함한다.
③ 관광매체는 관광사업인 여행업, 교통업 등을 포함한다.
④ 관광매체는 관광매력물인 관광목적지, 관광명소 등을 포함한다.

40 세계관광기구(UNWTO)의 국제관광객 분류 상 관광통계에 포함되는 자는?

① 승무원
② 이민자
③ 국경통근자
④ 군 주둔자

41 2015년 국적별 방한 외래객수가 많은 순으로 바르게 나열한 것은?

① 중국 – 일본 – 미국 – 대만 – 필리핀
② 중국 – 일본 – 미국 – 싱가포르 – 대만
③ 중국 – 일본 – 대만 – 태국 – 싱가포르
④ 중국 – 일본 – 미국 – 필리핀 – 대만

42 서양의 관광역사 중 Mass Tourism 시대에 관한 설명으로 옳은 것을 모두 고른 것은?

> ㄱ. 역사교육, 예술문화학습 등을 목적으로 하는 그랜드 투어가 성행했다.
> ㄴ. 생산성 향상, 노동시간 감축, 노동운동 확산 등으로 여가시간이 증가하기 시작했다.
> ㄷ. 과학기술 발달로 인한 이동과 접근성이 편리해져 여행수요 증가가 가능해졌다.
> ㄹ. 자유개별여행, 대안관광, 공정여행 등 새로운 관광의 개념이 등장했다.

① ㄱ, ㄴ
② ㄱ, ㄹ
③ ㄴ, ㄷ
④ ㄷ, ㄹ

43 유네스코(UNESCO) 세계기록유산 등재목록에 해당하지 않는 것은?

① 조선왕조의궤
② 새마을운동기록물
③ 난중일기
④ 징비록

44 관광유형의 설명으로 옳지 않은 것은?

① S.I.T : 특별목적관광
② Dark Tourism : 야간관광
③ Fair Travel : 공정여행
④ Incentive Travel : 포상여행

45 비수기 수요의 개발, 예약시스템의 도입 등은 관광서비스 특징 중 어떤 문제점을 극복하기 위한 마케팅 전략인가?

① 무형성(Intangibility)
② 비분리성(Inseparability)
③ 소멸성(Perishability)
④ 이질성(Heterogeneity)

46 우리나라 인바운드 관광수요에 부정적 영향을 미치는 요인을 모두 고른 것은?

> ㄱ. 일본 아베 정부의 엔저 정책 추진
> ㄴ. 미국의 기준금리 인상으로 인한 달러가치 상승
> ㄷ. 중동위기 해소로 인한 국제유가 하락
> ㄹ. 북한의 핵미사일 위협 확대

① ㄱ, ㄴ
② ㄱ, ㄹ
③ ㄷ, ㄹ
④ ㄴ, ㄷ, ㄹ

47 국민의 국내관광 활성화 차원에서 추진한 정책이 아닌 것은?

① 의료관광
② 구석구석캠페인
③ 여행주간
④ 여행바우처

48 관광(觀光)이라는 단어가 언급되어 있는 문헌과 그 내용의 연결이 옳지 않은 것은?

① 삼국사기 – 관광육년(觀光六年)

② 고려사절요 – 관광상국(觀光上國) 진손숙습(盡損宿習)

③ 조선왕조실록 – 관광방(觀光坊)

④ 열하일기 – 위관광지상국래(爲觀光之上國來)

49 우리나라에서 최초로 제정된 관광법규는?

① 관광기본법
② 관광사업진흥법
③ 관광사업법
④ 관광진흥개발기금법

50 한국관광공사의 사업에 해당하는 것은?

① 국민관광상품권 발행
② 국민관광 진흥사업
③ 관광경찰조직 운영
④ 관광진흥개발기금 관리

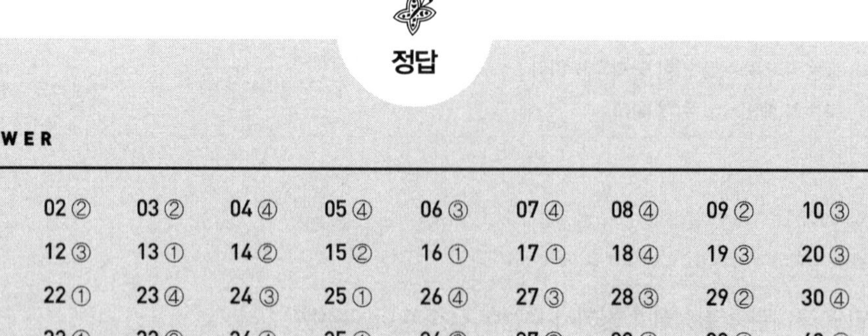

정답

ANSWER

01 ①	02 ②	03 ②	04 ④	05 ④	06 ③	07 ④	08 ④	09 ②	10 ③
11 ②	12 ③	13 ①	14 ②	15 ②	16 ①	17 ①	18 ④	19 ③	20 ③
21 ④	22 ①	23 ④	24 ③	25 ①	26 ④	27 ③	28 ③	29 ②	30 ④
31 ①	32 ①	33 ③	34 ④	35 ①	36 ③	37 ③	38 ④	39 ④	40 ①
41 ①	42 ③	43 ④	44 ②	45 ③	46 ②	47 ①	48 ①	49 ②	50 ②

2017년도 9월 기출문제

제1과목 : 관광법규

01 관광기본법의 내용으로 옳은 것은?

① 지방자치단체는 관광진흥에 관한 기본적이고 종합적인 시책을 강구하여야 한다.
② 국가는 10년마다 관광진흥장기계획과 5년마다 중기계획을 연동하여 수립하여야 한다.
③ 정부는 매년 관광진흥에 관한 보고서를 회계연도개시 전까지 국회에 제출하여야 한다.
④ 정부는 관광에 적합한 지역을 관광지로 지정하여 필요한 개발을 하여야 한다.

02 관광진흥법령에 따른 수수료를 잘못 납부한 경우는?

① 관광종사원 자격시험에 응시하면서 30,000원을 납부한 경우
② 관광종사원의 등록을 신청하면서 5,000원을 납부한 경우
③ 관광종사원 자격증의 재발급을 신청하면서 3,000원을 납부한 경우
④ 문화관광해설사 양성을 위한 교육프로그램의 인증을 신청하면서 20,000원을 납부한 경우

03 관광진흥법령상 관광사업자가 붙일 수 있는 관광사업장의 표지로서 옳지 않은 것은?

① 관광사업 허가증 또는 관광객 이용시설업 지정증
② 관광사업장 표지
③ 등급에 따라 별 모양의 개수를 달리하는 방식으로 문화체육관광부장관이 고시하는 호텔등급 표지(호텔업의 경우에만 해당)
④ 관광식당 표지(관광식당업만 해당)

04 관광진흥법령상 관광사업자 단체에 관한 설명으로 옳은 것은?

① 문화체육관광부장관은 관광사업의 건전한 발전을 위하여 한국관광협회를 설립할 수 있다.
② 제주특별자치도에는 지역별 관광협회를 둘 수 없지만 협회의 지부를 둘 수 있다.
③ 한국관광협회중앙회는 업종별 관광협회를 설립하여야 한다.
④ 지역별 관광협회는 시ㆍ도지사의 설립허가를 받아야 한다.

05 관광진흥법령상 관광지 및 관광단지의 개발에 관한 설명으로 옳지 않은 것은?

① 문화체육관광부장관은 관광지 및 관광단지를 지정할 수 있다.

② 국가는 관광지등의 조성사업과 그 운영에 관련되는 공공시설을 우선하여 설치하도록 노력하여야 한다.

③ 관광개발기본계획에는 관광권역의 설정에 관한 사항이 포함되어야 한다.

④ 권역별 관광개발계획에는 환경보전에 관한 사항이 포함되어야 한다.

06 관광진흥법령상 관광사업자가 관광사업의 시설 중 타인에게 위탁하여 경영하게 할 수 있는 시설은?

① 카지노업의 허가를 받는데 필요한 시설

② 안전성검사를 받아야 하는 유기시설

③ 관광객 이용시설업의 등록에 필요한 시설 중 문화체육관광부령으로 정하는 시설

④ 관광사업의 효율적 경영을 위한 경우, 관광숙박업의 등록에 필요한 객실

07 관광진흥법령상 관광객 이용시설업의 종류로 옳지 않은 것은?

① 전문휴양업　　② 일반휴양업

③ 종합휴양업　　④ 관광유람선업

08 관광진흥법령상 허가를 받아야 하는 업종을 모두 고른 것은?

ㄱ. 카지노업	ㄴ. 기타유원시설업
ㄷ. 종합유원시설업	ㄹ. 관광순환버스업
ㅁ. 일반유원시설업	

① ㄱ, ㄴ, ㄹ　　② ㄱ, ㄷ, ㅁ

③ ㄴ, ㄹ, ㅁ　　④ ㄷ, ㄹ, ㅁ

09 관광진흥법령상 외국인 관광객을 대상으로 하는 여행업에 종사하지만 관광통역안내의 자격이 없는 甲이 2017년 5월 5일 중국인 관광객을 대상으로 관광안내를 하다가 적발되어서 2017년 6월 5일 과태료처분을 받았다면 甲에게 부과된 과태료는 얼마인가? (단, 다른 조건은 고려하지 않음)

① 30만원　　② 50만원

③ 60만원　　④ 100만원

10 관광진흥법령상 관광숙박업 등의 등록심의위원회 심의대상이 되는 관광객 이용시설업이나 국제회의업이 아닌 것은?

① 크루즈업 ② 관광호텔업
③ 전문휴양업 ④ 국제회의시설업

11 관광진흥법령상 관광통계의 작성범위로 명시된 것을 모두 고른 것은?

ㄱ. 해외관광지에서 발생한 내국민피해에 관한 사항
ㄴ. 외국인 관광객 대상 범죄율에 관한 사항
ㄷ. 관광지와 관광단지의 현황과 관리에 관한 사항
ㄹ. 관광사업자의 경영에 관한 사항

① ㄱ, ㄴ ② ㄴ, ㄷ
③ ㄷ, ㄹ ④ ㄱ, ㄷ, ㄹ

12 관광진흥법령상 관광사업자가 아닌 자가 상호에 포함하여 사용할 수 없는 명칭으로 옳지 않은 것은?

① 관광공연장업과 유사한 영업의 경우 관광공연
② 관광면세업과 유사한 영업의 경우 관광면세
③ 관광유흥음식점업과 유사한 영업의 경우 전문식당
④ 관광숙박업과 유사한 영업의 경우 휴양 콘도미니엄

13 관광진흥법령상 사업계획 변경승인을 받아야 하는 경우에 해당하는 것은?

① 호텔업의 경우 객실 수를 변경하려는 경우
② 국제회의업의 경우 전시시설의 옥외전시면적을 변경할 때에 그 변경하려는 옥외전시면적이 당초 승인받은 계획의 100분의 10 이상이 되는 경우
③ 관광숙박업의 경우 부지 및 대지 면적을 변경할 때에 그 변경하려는 면적이 당초 승인받은 계획면적의 100분의 10 이상이 되는 경우
④ 전문휴양업의 경우 부지, 대지 면적 또는 건축 연면적을 변경할 때에 그 변경하려는 면적이 당초 승인받은 계획면적의 100분의 5 이상이 되는 경우

14 관광진흥법령상 관광특구에 관한 설명으로 옳은 것은?

① 관광특구내에서는 연간 180일 이상 공개 공지(空地: 공터)를 사용하여 외국인 관광객을 위한 공연 및 음식을 제공할 수 있다.

② 최근 2년 동안 외국인 총 관광객 수가 10만 명을 넘은 광역시의 경우 관광특구를 신청할 수 있다.

③ 제주특별자치도의 서귀포시장은 요건을 갖춘 경우 관광특구를 신청할 수 있다.

④ 군수는 관할 구역 내 관광특구를 방문하는 외국인 관광객의 유치 촉진 등을 위하여 관광특구진흥계획을 수립하여야 한다.

15 관광진흥법령상 여행업자와 여행자간에 국외여행계약을 체결할 때 제공하여야 하는 안전정보에 관한 설명으로 옳지 않은 것은?

① 외교부 해외안전여행 인터넷홈페이지에 게재된 여행목적지(국가 및 지역)의 여행경보단계 및 국가별 안전정보

② 해외여행자 인터넷 등록 제도에 관한 안내

③ 여권의 사용을 제한하거나 방문 · 체류를 금지하는 국가 목록

④ 해당 여행지에 대한 안전정보를 서면 또는 구두 제공

16 관광진흥법령상 야영장업의 등록을 한 자가 지켜야 하는 안전 · 위생기준으로 옳은 것은?

① 야영용 천막 2개소 또는 100제곱미터마다 1개 이상의 소화기를 눈에 띄기 쉬운 곳에 비치하여야 한다.

② 야영장 내에서 들을 수 있는 긴급방송시설을 갖추거나 엠프의 최대출력이 20와트 이상이면서 가청거리가 200미터 이상인 메가폰을 1대 이상 갖추어야 한다.

③ 야영장 내에서 차량이 시간당 30킬로미터 이하의 속도로 서행하도록 안내판을 설치하여야 한다.

④ 야영장 내에서 폭죽, 풍등의 사용과 판매를 금지하고, 흡연구역은 별도로 설치하지 않아도 된다.

17 관광진흥법령상 안전성검사를 받아야 하는 관광사업은?

① 관광유람선업 ② 일반유원시설업

③ 관광호텔업 ④ 카지노업

18 관광진흥법령상 기획여행을 실시하는 자가 광고를 하려는 경우 표시하여야 하는 사항으로 옳은 것은?

ㄱ. 여행업의 상호 및 등록관청
ㄴ. 최대 여행인원
ㄷ. 여행일정 변경시 여행자의 사전 동의 규정
ㄹ. 보증보험 등의 가입 또는 영업보증금의 예치 내용
ㅁ. 국외여행인솔자 동행여부

① ㄱ, ㄴ, ㄹ
② ㄱ, ㄷ, ㄹ
③ ㄱ, ㄷ, ㅁ
④ ㄴ, ㄹ, ㅁ

19 관광진흥법령상 카지노업의 신규허가 요건에 관한 조문의 일부이다. ( )에 들어갈 숫자는?

문화체육관광부장관은 최근 신규허가를 한 날 이후에 전국 단위의 외래관광객이 ( )만 명 이상 증가한 경우에만 신규 허가를 할 수 있다.

① 30
② 50
③ 60
④ 80

20 관광진흥개발기금법령상 관광진흥개발기금을 대여할 수 있는 경우에 해당하지 않는 것은?

① 관광시설의 건설
② 카지노이용자에 대한 자금지원
③ 관광을 위한 교통수단의 확보
④ 관광특구에서의 관광 편의시설의 개수

21 관광진흥개발기금법령상 1천원의 납부금을 납부해야 하는 자는?

① 선박을 이용하여 입국하는 40세의 외국인
② 항공기를 이용하는 5세의 어린이
③ 선박으로 입항하였으나 입국이 거부되어 출국하는 외국인
④ 선박을 이용하여 출국하는 8세의 어린이

22 관광진흥개발기금법령상 납부금을 부과받은 자가 부과된 납부금에 대하여 이의가 있는 경우에는 부과받은 날부터 몇 일 이내에 이의를 신청할 수 있는가?

① 60일
② 90일
③ 120일
④ 180일

23 국제회의산업 육성에 관한 법령상 부대시설에 해당하는 경우는?

① 전시시설에 부속된 판매시설
② 전문회의시설에 부속된 소회의시설
③ 준회의시설에 부속된 주차시설
④ 준회의시설에 부속된 숙박시설

24 다음은 국제회의산업 육성에 관한 법령상 국제회의복합지구의 지정요건에 관한 조문의 일부이다. ( ) 에 들어갈 숫자는?

국제회의복합지구 지정 대상 지역 내에서 개최된 회의에 참가한 외국인이 국제회의 복합지구 지정일이 속한 연도의 전년도 기준 5천명 이상이거나 국제회의복합지구 지정일이 속한 연도의 직전 3년간 평균 ( )천명 이상일 것

① 2　② 3
③ 5　④ 10

25 국제회의산업 육성에 관한 법령상 국제회의에 해당하는 경우는?

① 국제기구가 개최하는 모든 회의
② 국제기구에 가입한 A단체가 개최한 회의로서 5일 동안 진행되었으며 외국인 참가인은 200명이고 총 참가인이 250명인 회의
③ 국제기구에 가입하지 아니한 B법인이 2일간 개최한 회의로서 160명의 외국인이 참가한 회의
④ 국제회의시설에서 개최된 국가기관의 회의로서 15개국의 정부대표가 각 5인씩 참가한 회의

제2과목 : 관광학개론

26 2017년 현재 우리나라의 국제공항이 아닌 것은?

① 대구국제공항　② 광주국제공항
③ 김해국제공항　④ 양양국제공항

27 다음 설명에 해당하는 것은?

> 교통약자 및 출입국우대자는 이용하는 항공사의 체크인카운터에서 대상자임을 확인받은 후 전용 출국장을 이용할 수 있다.

① 셀프체크인　　② 셀프백드랍
③ 패스트트랙　　④ 자동출입국심사

28 항공기 내 반입금지 위해물품 중 해당 항공운송사업자의 승인을 받고 국토교통부고시에 따른 항공위험물 운송기술기준에 적합한 경우 객실 반입이 가능한 것은?

① 소화기 1kg　　② 드라이아이스 1kg
③ 호신용 스프레이 200ml　　④ 장애인의 전동휠체어 1개

29 항공사가 전략적으로 공동의 서비스를 제공하는 항공 동맹체가 아닌 것은?

① 윈 월드(Win World)
② 스카이 팀(Sky Team)
③ 유플라이 얼라이언스(U-Fly Alliance)
④ 스타 얼라이언스(Star Alliance)

30 관광구조의 기본 체계 중 관광객체에 관한 설명으로 옳지 않은 것은?

① 관광안내, 관광정보 등을 포함한다.
② 관광객을 유인하는 관광매력물을 의미한다.
③ 관광자원이나 관광시설을 포함한다.
④ 관광객의 욕구를 만족시키는 역할을 한다.

31 UNWTO의 국적과 국경에 의한 관광분류(1994년)에 관한 설명으로 옳지 않은 것은?

① Internal 관광은 Domestic Tourism과 Inbound Tourism을 결합한 것이다.
② National 관광은 Domestic Tourism과 Outbound Tourism을 결합한 것이다.
③ International 관광은 Inbound Tourism과 Outbound Tourism을 결합한 것이다.
④ Intrabound 관광은 Internal Tourism과 National Tourism을 결합한 것이다.

32 관광의 경제적 효과 중 소득효과가 아닌 것은?

① 투자소득효과　　② 소비소득효과
③ 직접조세효과와 간접조세효과　　④ 관광수입으로 인한 외화획득효과

33 역내관광(Intra-regional Tourism)의 예로 옳은 것은?

① 한국인의 일본여행　　② 독일인의 태국여행
③ 중국인의 캐나다여행　　④ 일본인의 콜롬비아여행

34 카지노산업의 긍정적 효과가 아닌 것은?

① 사행성 심리 완화　　② 조세수입 확대
③ 외국인 관광객 유치　　④ 지역경제 활성화

35 마케팅전략 개발에 유용하게 이용될 수 있는 AIO분석에 관한 설명으로 옳지 않은 것은?

① 소비자의 관찰가능한 일상의 제반 행동이 측정 대상이다.
② 특정 대상, 사건, 상황에 대한 관심 정도가 측정 대상이다.
③ 소비자에게 강점과 약점으로 인식되는 요소를 찾아내는 것이다.
④ 소비자의 특정 사물이나 사건에 대한 의견을 파악한다.

36 크루즈 유형의 분류기준이 다른 것은?

① 해양크루즈　　② 연안크루즈
③ 하천크루즈　　④ 국제크루즈

37 외국인 전용으로 허가받아 개설된 우리나라 최초의 카지노는?

① 제주 라마다 카지노　　② 인천 올림포스 카지노
③ 부산 파라다이스 카지노　　④ 서울 워커힐 카지노

38 서양의 중세시대 관광에 관한 설명으로 옳지 않은 것은?

① 관광의 암흑기
② 성지순례 발달
③ 도로의 발달로 인한 숙박업의 호황
④ 십자군 전쟁 이후 동양과의 교류 확대

39 문화체육관광부가 지정한 2017년 올해의 관광도시로 선정되지 않은 곳은?

① 광주광역시 남구
② 강원도 강릉시
③ 경상북도 고령군
④ 전라북도 전주시

40 다음 설명에 해당하는 것은?

관광산업의 사회적 인지도를 증진시키기 위해 1990년에 설립된 민간 국제조직으로 영국 런던에 본부를 둔다.

① PATA
② WTTC
③ UNWTO
④ ASTA

41 관광진흥법령상 국외여행 인솔자의 자격요건이 아닌 것은?

① 관광통역안내사 자격을 취득할 것
② 여행업체에서 6개월 이상 근무하고 국외여행 경험이 있는 자로서 문화체육관광부장관이 정하는 소양교육을 이수할 것
③ 문화체육관광부장관이 지정하는 교육기관에서 국외여행 인솔에 필요한 양성교육을 이수할 것
고등교육법에 의한 전문대학 이상의 학교에서 관광분야를 전공하고 졸업할 것

42 다음 설명에 해당하는 것은?

지역주민이 주도하여 지역을 방문하는 관광객을 대상으로 숙박, 여행알선 등의 관광사업체를 창업하고 자립 발전하도록 지원하는 사업이다.

① 관광두레
② 여행바우처
③ 슬로시티
④ 굿스테이

43 제 3차 관광개발기본계획(2012년~2021년)의 개발전략이 아닌 것은?

① 미래 환경에 대응한 명품 관광자원 확충
② 국민이 행복한 생활관광 환경 조성
③ 저탄소 녹색성장을 선도하는 지속가능한 관광확산
④ 남북한 및 동북아 관광협력체계 구축

44 여행업의 기본 기능이 아닌 것을 모두 고른 것은?

ㄱ. 예약 및 수배	ㄴ. 수속대행	ㄷ. 여정관리
ㄹ. 공익성	ㅁ. 상담	ㅂ. 저렴한 가격

① ㄱ, ㄴ ② ㄷ, ㄹ
③ ㄹ, ㅂ ④ ㅁ, ㅂ

45 다음 설명에 해당하는 것은?

> 여행목적, 여행기간, 여행코스가 동일한 형태로 정기적으로 실시되는 여행

① Series Tour ② Charter Tour
③ Interline Tour ④ Cruise Tour

46 다음 설명에 해당하는 것은?

> 취침 전에 간단한 객실의 정리 · 정돈과 잠자리를 돌보아 주는 서비스

① Turn Away Service ② Turn Down Service
③ Uniformed Service ④ Pressing Service

47 다음 설명에 해당하는 것은?

> 컨벤션산업 진흥을 위해 관련단체들이 참여하여 마케팅 및 각종 지원 사업을 수행하는 전담기구

① CMP ② KNTO
③ CVB ④ CRS

48 의료관광에 관한 설명으로 옳지 않은 것은?

① 치료 · 관광형의 경우 관광과 휴양이 발달한 지역에서 많이 나타난다.
② 외국인 환자유치를 포함하는 의료서비스와 관광이 융합된 새로운 관광 상품 트렌드이다.
③ 환자중심의 서비스와 적정수준 이상의 표준화된 서비스를 제공하기 위해 의료서비스 인증제도가 확산되고 있다.
④ 주목적이 의료적인 부분이기 때문에 일반 관광객에 비해 체류기간이 짧고 체류비용이 저렴하다.

49 2017년 현재 출국을 앞둔 내국인 홍길동이 국내 면세점에서 면세품을 구입할 수 있는 한도액은?

① 미화 400달러 ② 미화 600달러
③ 미화 2,000달러 ④ 미화 3,000달러

50 2017년 현재 컨벤션센터 중 전시면적이 큰 순서대로 나열한 것은?

① ICC Jeju – EXCO – COEX
② BEXCO – EXCO – ICC Jeju
③ EXCO – BEXCO – ICC Jeju
④ COEX – ICC Jeju – BEXCO

정답

ANSWER

01 ④	02 ①	03 ①	04 ④	05 ①	06 ④	07 ②	08 ②	09 ②	10 ②
11 ③	12 ③	13 ③	14 ④	15 ④	16 ①	17 ②	18 ②	19 ③	20 ②
21 ④	22 ①	23 ①	24 ③	25 ③	26 ②	27 ③	28 ②	29 ①	30 ①
31 ④	32 ③	33 ①	34 ①	35 ③	36 ④	37 ②	38 ③	39 ④	40 ②
41 ④	42 ①	43 ④	44 ③	45 ①	46 ②	47 ③	48 ④	49 ④	50 ②

2018년도 9월 기출문제

제1과목 : 관광법규

01 관광기본법상 국가관광전략회의에 관한 설명으로 옳지 않은 것을 모두 고른 것은?

ㄱ. 대통령 소속으로 둔다.
ㄴ. 관광진흥의 주요 시책을 수립한다.
ㄷ. 구성과 운영에 필요한 사항은 대통령령으로 정한다.
ㄹ. 관광진흥계획의 수립에 관한 사항을 심의할 수는 있으나 조정할 수는 없다.

① ㄱ, ㄴ
② ㄱ, ㄹ
③ ㄴ, ㄷ
④ ㄴ, ㄹ

02 관광진흥법령상 A광역시 B구(구청장 甲)에서 관광사업을 경영하려는 자에게 요구되는 등록과 허가에 관한 설명으로 옳지 않은 것은?

① 관광숙박업의 경우 甲에게 등록하여야 한다.
② 종합유원시설업의 경우 甲의 허가를 받아야 한다.
③ 국제회의업의 경우 甲의 허가를 받아야 한다.
④ 카지노업의 경우 문화체육관광부장관의 허가를 받아야 한다.

03 관광진흥법령상 관광 편의시설업에 해당하지 않는 것은?

① 관광유람선업
② 관광식당업
③ 관광순환버스업
④ 관광궤도업

04 관광진흥법령상 관광사업의 등록기준에 관한 설명으로 옳은 것은?

① 국외여행업의 경우 자본금(개인의 경우에는 자산평가액)은 5천만원 이상일 것
② 의료관광호텔업의 경우 욕실이나 샤워시설을 갖춘 객실은 30실 이상일 것
③ 전문휴양업 중 식물원의 경우 식물종류는 1,500종 이상일 것
④ 관광공연장업 중 실내관광공연장의 경우 무대는 100제곱미터 이상일 것

05 관광진흥법령상 관광사업의 등록등을 받거나 신고를 할 수 있는 자는?

① 피한정후견인
② 파산선고를 받고 복권되지 아니한 자
③ 관광진흥법에 따라 등록등이 취소된 후 20개월이 된 자
④ 관광진흥법을 위반하여 징역의 실형을 선고받고 그 집행이 끝난 후 30개월이 된 자

06 관광진흥법령상 (　　)에 들어갈 내용이 순서대로 옳은 것은?

> 동일한 등급으로 호텔업 등급결정을 재신청하였으나 다시 등급결정이 보류된 경우에는 등급결정 보류의 (　　)부터 (　　) 이내에 신청한 등급보다 낮은 등급으로 등급결정을 신청하거나 등급결정 수탁기관에 등급결정의 보류에 대한 이의를 신청하여야 한다.

① 결정을 한 날, 60일　　② 결정을 한 날, 90일
③ 통지를 받은 날, 60일　　④ 통지를 받은 날, 90일

07 관광진흥법령상 기획여행을 실시하는 자가 광고를 하려는 경우 표시해야 할 사항을 모두 고른 것은?

> ㄱ. 여행경비　　ㄴ. 최저 여행인원
> ㄷ. 여행업의 등록번호　　ㄹ. 식사 등 여행자가 제공받을 서비스의 내용

① ㄱ, ㄴ　　② ㄱ, ㄷ
③ ㄴ, ㄷ, ㄹ　　④ ㄱ, ㄴ, ㄷ, ㄹ

08 관광진흥법령상 관광 사업별로 관광사업자 등록대장에 기재되어야 할 사항의 연결이 옳은 것은?

① 휴양 콘도미니엄업 – 등급
② 제1종 종합휴양업 – 부지면적 및 건축연면적
③ 외국인관광 도시민박업 – 대지면적
④ 국제회의시설업 – 회의실별 1일 최대수용인원

09 관광진흥법령상 등록기관등의 장이 관광종사원의 자격을 가진 자가 종사하도록 해당 관광사업자에게 권고할 수 있는 관광업무와 그 자격의 연결이 옳지 않은 것은?

① 외국인 관광객의 국내여행을 위한 안내(여행업) – 국내여행안내사
② 4성급 이상의 관광호텔업의 객실관리 책임자 업무(관광숙박업) – 호텔경영사 또는 호텔관리사
③ 휴양 콘도미니엄업의 총괄관리(관광숙박업) – 호텔경영사 또는 호텔관리사
④ 현관의 접객업무(관광숙박업) – 호텔서비스사

10 관광진흥법령상 카지노사업자가 관광진흥개발기금에 납부해야 할 납부금에 관한 설명으로 옳지 않은 것은?

① 납부금 산출의 기준이 되는 총매출액에는 카지노영업과 관련하여 고객에게 지불한 총금액이 포함된다.

② 카지노사업자는 총매출액의 100분의 10의 범위에서 일정 비율에 해당하는 금액을 관광진흥개발기금법에 따른 관광진흥개발기금에 내야 한다.

③ 카지노사업자가 납부금을 납부기한까지 내지 아니하면 문화체육관광부장관은 10일 이상의 기간을 정하여 이를 독촉하여야 한다.

④ 문화체육관광부장관으로부터 적법한 절차에 따라 납부독촉을 받은 자가 그 기간에 납부금을 내지 아니하면 국세 체납처분의 예에 따라 징수한다.

11 관광진흥법령상 카지노업의 허가를 받으려는 자가 갖추어야 할 시설 및 기구의 기준으로 옳지 않은 것은?

① 330제곱미터 이상의 전용 영업장

② 1개 이상의 외국환 환전소

③ 카지노업의 영업종류 중 세 종류 이상의 영업을 할 수 있는 게임기구 및 시설

④ 문화체육관광부장관이 정하여 고시하는 기준에 적합한 카지노 전산시설

12 관광진흥법령상 호텔업 등록을 한 자 중 의무적으로 등급결정을 신청하여야 하는 업종이 아닌 것은?

① 관광호텔업　② 한국전통호텔업

③ 소형호텔업　④ 가족호텔업

13 甲은 관광진흥법령에 따라 야영장업을 등록하였다. 동 법령 상 甲이 지켜야 할 야영장의 안전 · 위생기준으로 옳지 않은 것은?

① 매월 1회 이상 야영장 내 시설물에 대한 안전점검을 실시하여야 한다.

② 문화체육관광부장관이 정하는 안전교육을 연 1회 이수하여야 한다.

③ 야영용 천막 2개소 또는 100제곱미터마다 1개 이상의 소화기를 눈에 띄기 쉬운 곳에 비치하여야 한다.

④ 야영장 내에서 차량이 시간당 30킬로미터 이하의 속도로 서행하도록 안내판을 설치하여야 한다.

14 관광진흥법령상 관광사업시설에 대한 회원모집 및 분양에 관한 설명으로 옳지 않은 것은?

① 가족호텔업을 등록한 자는 회원모집을 할 수 있다.
② 외국인관광 도시민박업을 등록한 자는 회원모집을 할 수 있다.
③ 호스텔업에 대한 사업계획의 승인을 받은 자는 회원모집을 할 수 있다.
④ 휴양 콘도미니엄업에 대한 사업계획의 승인을 받은 자는 그 시설에 대해 분양할 수 있다.

15 관광진흥법상 관광지등에의 입장료 징수 대상의 범위와 그 금액을 정할 수 있는 권한을 가진 자는?

① 특별자치도지사　② 문화체육관광부장관
③ 한국관광협회중앙회장　④ 한국관광공사 사장

16 관광진흥법령상 관광지등 조성계획의 승인을 받은 자인 사업시행자에 관한 설명으로 옳지 않은 것은?

① 사업시행자는 개발된 관광시설 및 지원시설의 전부를 타인에게 위탁하여 경영하게 할 수 없다.
② 사업시행자가 수립하는 이주대책에는 이주방법 및 이주시기가 포함되어야 한다.
③ 사업시행자는 관광지등의 조성사업과 그 운영에 관련되는 도로 등 공공시설을 우선하여 설치하도록 노력하여야 한다.
④ 사업시행자가 관광지등의 개발 촉진을 위하여 조성계획의 승인 전에 시 · 도지사의 승인을 받아 그 조성사업에 필요한 토지를 매입한 경우에는 사업시행자로서 토지를 매입한 것으로 본다.

17 관광진흥법상 ( )에 공통적으로 들어갈 숫자는?

> 관광진흥법 제4조 제1항에 따른 등록을 하지 아니하고 여행업 · 관광숙박업(제15조 제1항에 따라 사업계획의 승인을 받은 관광숙박업만 해당한다) · 국제회의업 및 제3조 제1항 제3호 나목의 관광객 이용시설업을 경영한 자는 ( )년 이하의 징역 또는 ( )천만원 이하의 벌금에 처한다.

① 1　② 2
③ 3　④ 5

18 관광진흥법상 관광지 및 관광단지를 지정할 수 없는 자는?

① 부산광역시장　② 한국관광공사 사장
③ 세종특별자치시장　④ 제주특별자치도지사

19 관광진흥법령상 관광지등의 시설지구 중 휴양 · 문화 시설지구 안에 설치할 수 있는 시설은? (단, 개별 시설에 부대시설은 없는 것으로 전제함)

① 관공서　② 케이블카
③ 무도장　④ 전망대

20 관광진흥법령상 한국관광 품질인증에 관한 설명으로 옳지 않은 것은?

① 문화체육관광부장관은 품질인증을 받은 시설 등에 대하여 국외에서의 홍보 지원을 할 수 있다.
② 문화체육관광부장관은 거짓으로 품질인증을 받은 자에 대해서는 품질인증을 취소하거나 3천만 원 이하의 과징금을 부과할 수 있다.
③ 야영장업은 품질인증의 대상이 된다.
④ 품질인증의 유효기간은 인증서가 발급된 날부터 3년으로 한다.

21 관광진흥개발기금법령상 관광개발진흥기금의 관리 및 회계연도에 관한 설명으로 옳은 것은?

① 기금관리는 국무총리가 한다.
② 기금관리자는 기금의 집행 · 평가 등을 효율적으로 수행하기 위하여 20명 이내의 민간전문가를 고용한다.
③ 기금관리를 위한 민간전문가는 계약직으로 하며, 그 계약기간은 2년을 원칙으로 한다.
④ 기금 운용의 특성상 기금의 회계연도는 정부의 회계연도와 달리한다.

22 관광진흥개발기금법령상 문화체육관광부장관의 소관 업무에 해당하지 않는 것은?

① 한국산업은행에 기금 대여
② 기금운용위원회의 위원장으로서 위원회의 사무를 총괄
③ 기금운용계획안의 수립
④ 기금을 대여받은 자에 대한 기금 운용의 감독

23 국제회의산업 육성에 관한 법령상 국제회의산업육성기본계획의 수립 등에 관한 설명으로 옳지 않은 것은?

① 국제회의산업육성기본계획은 5년마다 수립 · 시행하여야 한다.
② 국제회의산업육성기본계획에는 국제회의에 필요한 인력의 양성에 관한 사항도 포함되어야 한다.
③ 국제회의산업육성기본계획의 추진실적의 평가는 국무총리 직속의 전문평가기관에서 실시하여야 한다.
④ 문화체육관광부장관은 국제회의산업육성기본계획의 효율적인 달성을 위하여 관계 지방자치단체의 장에게 필요한 자료의 제출을 요청할 수 있다.

24 국제회의산업 육성에 관한 법령상 문화체육관광부장관이 국제회의 유치 · 개최의 지원에 관한 업무를 위탁할 수 있는 대상은?

① 국제회의 전담조직
② 문화체육관광부 제2차관
③ 국회 문화체육관광위원회
④ 국제회의 시설이 있는 지역의 지방의회

25 A광역시장 甲은 관할 구역의 일정지역에 국제회의복합지구를 지정하려고 한다. 이에 관한 설명으로 옳지 않은 것은?

① 甲은 국제회의복합지구를 지정할 때에는 국제회의복합지구 육성 · 진흥계획을 수립하여 문화체육관광부장관의 승인을 받아야 한다.

② 甲은 사업 지연 등의 사유로 지정목적을 달성할 수 없는 경우 문화체육관광부장관의 승인을 받아 국제회의복합지구 지정을 해제할 수 있다.

③ 甲이 지정한 국제회의복합지구는 관광진흥법 제70조에 따른 관광특구로 본다.

④ 甲이 국제회의복합지구로 지정하고자 하는 지역이 의료관광특구라면 400만 제곱미터를 초과하여 지정할 수 있다.

제2과목 : 관광학개론

26 2018년 한국관광공사 선정 KOREA 유니크베뉴가 아닌 장소는?

① 서울 국립중앙박물관　　② 부산 영화의 전당

③ 광주 월봉서원　　④ 전주 한옥마을

27 다음 관광자가 즐기는 카지노 게임은?

> 내가 선택한 플레이어 카드 두 장의 합이 9이고, 딜러의 뱅커 카드 두 장의 합이 8이어서 내가 배팅한 금액의 당첨금을 받았다.

① 바카라　　② 키노

③ 다이사이　　④ 다이스

28 2017년 UIA(국제협회연합)에서 발표한 국제회의 유치실적이 높은 국가 순서대로 나열한 것은?

① 한국 – 미국 – 일본 – 오스트리아

② 미국 – 벨기에 – 한국 – 일본

③ 한국 – 싱가포르 – 오스트리아 – 일본

④ 미국 – 한국 – 싱가포르 – 벨기에

29 관광진흥법령상 일반여행업에서 기획여행을 실시할 경우 보증보험 가입금액 기준이 옳지 않은 것은?

① 직전사업년도 매출액 10억원 이상 50억원 미만 – 1억원
② 직전사업년도 매출액 50억원 이상 100억원 미만 – 3억원
③ 직전사업년도 매출액 100억원 이상 1,000억원 미만 – 5억원
④ 직전사업년도 매출액 1,000억원 이상 – 7억원

30 관광진흥법령상 다음 관광사업 중 업종대상과 지정권자 연결이 옳은 것은?

① 관광펜션업 – 지역별 관광협회
② 관광순환버스업 – 지역별 관광협회
③ 관광식당업 – 특별자치도지사 · 시장 · 군수 · 구청장
④ 관광유흥음식점업 – 특별자치도지사 · 시장 · 군수 · 구청장

31 호텔 객실 요금에 조식만 포함되어 있는 요금 제도는?

① European Plan
② Continental Plan
③ Full American Plan
④ Modified American Plan

32 국내 컨벤션센터와 지역 연결이 옳지 않은 것은?

① DCC – 대구
② CECO – 창원
③ SETEC – 서울
④ GSCO – 군산

33 항공 기내특별식 용어와 그 내용의 연결이 옳은 것은?

① BFML – 유아용 음식
② NSML – 이슬람 음식
③ KSML – 유대교 음식
④ VGML – 힌두교 음식

34 다음 설명에 해당하는 객실 가격 산출 방법은?

> 연간 총 경비, 객실 수, 객실 점유율 등에 의해 연간 목표이익을 계산하여 이를 충분히 보전할 수 있는 가격으로 호텔 객실 가격을 결정한다.

① 하워드 방법
② 휴버트 방법
③ 경쟁가격 결정방법
④ 수용률 가격 계산방법

35 문화체육관광부 선정 대한민국 테마여행 10선에 속하지 않는 도시는?

① 전주 ② 충주
③ 제주 ④ 경주

36 항공사와 여행사가 은행을 통하여 항공권 판매대금 및 정산업무 등을 간소화 하는 제도는?

① PNR ② CMS
③ PTA ④ BSP

37 관광진흥법령상 한국관광 품질인증 대상 사업으로 옳은 것을 모두 고른 것은?

ㄱ. 관광면세업	ㄴ. 한옥체험업	ㄷ. 관광식당업
ㄹ. 관광호텔업	ㅁ. 관광공연장업	

① ㄱ, ㄴ, ㄷ ② ㄱ, ㄷ, ㄹ
③ ㄴ, ㄷ, ㄹ ④ ㄴ, ㄹ, ㅁ

38 2018년 문화체육관광부 지정 글로벌 육성축제를 모두 고른 것은?

ㄱ. 김제지평선축제	ㄴ. 자라섬국제재즈페스티벌	ㄷ. 진주남강유등축제
ㄹ. 보령머드축제	ㅁ. 화천산천어축제	

① ㄱ, ㄴ, ㄹ ② ㄱ, ㄷ, ㄹ
③ ㄱ, ㄷ, ㅁ ④ ㄴ, ㄷ, ㅁ

39 관광의 긍정적 영향으로 옳지 않은 것은?

① 국제수지 개선 ② 고용창출 증대
③ 기회비용 증대 ④ 환경인식 증대

40 서양 중세시대 관광에 관한 설명으로 옳은 것은?

① 증기기관차 등의 교통수단이 발달되었다.
② 문예부흥에 의해 관광이 활성화되었다.
③ 십자군전쟁에 의한 동 · 서양 교류가 확대되었다.
④ 패키지여행상품이 출시되었다.

41 관광의 유사 개념으로 옳지 않은 것은?

① 여행
② 예술
③ 레크리에이션
④ 레저

42 다음 이론을 주장한 학자는?

욕구 5단계 이론 : 생리적 욕구 – 안전의 욕구 – 사회적 욕구 – 존경의 욕구 – 자아실현의 욕구

① 마리오티(A. Mariotti)
② 맥그리거(D. McGregor)
③ 밀(R. C. Mill)
④ 매슬로우(A. H. Maslow)

43 재난 현장이나 비극적 참사의 현장을 방문하는 관광을 의미하는 것은?

① Eco Tourism
② Dark Tourism
③ Soft Tourism
④ Low Impact Toursim

44 관광의 구조가 바르게 연결된 것은?

① 관광주체 – 교통기관
② 관광객체 – 관광행정조직
③ 관광매체 – 자연자원
④ 관광주체 – 관광자

45 2018년 현재 출국 내국인의 면세물품 총 구매한도액으로 옳은 것은?

① 미화 2,000달러
② 미화 2,500달러
③ 미화 3,000달러
④ 미화 3,500달러

46 국민관광에 관한 설명으로 옳은 것을 모두 고른 것은?

ㄱ. 국민관광 활성화 일환으로 1977년 전국 36개소의 국민관광지가 지정되었다.
ㄴ. 국민관광은 관광에 대한 국제협력 증진을 목표로 한다.
ㄷ. 국민관광은 출입국제도 간소화 정책을 실시하고 있다.
ㄹ. 국민관광은 장애인, 노약자 등 관광 취약계층을 지원한다.

① ㄱ, ㄴ
② ㄱ, ㄹ
③ ㄴ, ㄷ
④ ㄷ, ㄹ

47 다음 설명에서 A의 관점에 해당하는 관광은?

> 한국에 거주하고 있는 A는 미국에 거주하고 있는 B로부터 중국 여행을 마치고 뉴욕 공항에 잘 도착했다고 연락을 받았다.

① Outbound Tourism ② Overseas Tourism
③ Inbound Tourism ④ Domestic Tourism

48 슬로시티가 세계 최초로 시작된 국가는?

① 이탈리아 ② 노르웨이
③ 포르투갈 ④ 뉴질랜드

49 다음을 정의한 국제 관광기구는?

> 국제관광객은 타국에서 24시간 이상 6개월 이내의 기간 동안 체재하는 자를 의미한다.

① UNWTO ② IUOTO
③ ILO ④ OECD

50 다음 관광 관련 국제기구 중 바르게 연결된 것은?

① PATA – 아시아 · 태평양경제협력체 ② IATA – 미국여행업협회
③ ICAO – 국제민간항공기구 ④ UFTAA – 국제항공운송협회

정답

ANSWER

01 ②	02 ③	03 ①	04 ④	05 ④	06 ③	07 ④	08 ②	09 ①	10 ①
11 ③	12 ④	13 ④	14 ②	15 ①	16 ①	17 ③	18 ②	19 ④	20 ②
21 ③	22 ②	23 ③	24 ①	25 ④	26 ④	27 ①	28 ③	29 ①	30 ④
31 ②	32 ①	33 ③	34 ②	35 ③	36 ④	37 ①	38 ②	39 ③	40 ③
41 ②	42 ④	43 ②	44 ④	45 ③	46 ②	47 ②	48 ①	49 ④	50 ③

2019년도 9월 기출문제

제1과목 : 관광법규

01 관광기본법의 내용으로 옳지 않은 것은?

① 지방자치단체는 관광에 관한 국가시책에 필요한 시책을 강구하여야 한다.

② 문화체육관광부장관은 매년 관광진흥에 관한 기본계획을 수립 · 시행하여야 한다.

③ 정부는 외국 관광객의 유치를 촉진하기 위하여 해외 홍보를 강화하고 출입국 절차를 개선하여야 하며 그 밖에 필요한 시책을 강구하여야 한다.

④ 정부는 매년 관광진흥에 관한 시책과 동향에 대한 보고서를 정기국회가 시작하기 전까지 국회에 제출하여야 한다.

02 관광진흥법령상 기획여행을 실시하는 자가 광고를 하려는 경우에 표시하여야 하는 사항을 모두 고른 것은?

ㄱ. 교통 · 숙박 및 식사 등 여행자가 제공받을 서비스의 내용
ㄴ. 기획여행명 · 여행일정 및 주요 여행지
ㄷ. 여행일정 변경 시 여행자의 사전 동의 규정
ㄹ. 인솔자의 관광통역안내사 자격 취득여부
ㅁ. 여행자보험 최저 보장요건

① ㄱ, ㄴ, ㄷ
② ㄱ, ㄷ, ㅁ
③ ㄴ, ㄹ, ㅁ
④ ㄱ, ㄷ, ㄹ, ㅁ

03 관광진흥법령상 관광종사원으로서 직무를 수행하는 데에 부정 또는 비위(非違) 사실이 있는 경우에 시 · 도지사가 그 자격을 취소하거나 자격의 정지를 명할 수 있는 관광종사원에 해당하는 자를 모두 고른 것은?

ㄱ. 국내여행안내사　ㄴ. 호텔서비스사　ㄷ. 호텔경영사
ㄹ. 호텔관리사　ㅁ. 관광통역안내사

① ㄱ, ㄴ
② ㄱ, ㅁ
③ ㄷ, ㄹ
④ ㄹ, ㅁ

04 관광진흥법령상 관광 편의시설업의 종류에 해당하지 않는 것은?

① 외국인전용 유흥음식점업 ② 국제회의기획업
③ 관광순환버스업 ④ 관광극장유흥업

05 관광진흥법령상 관광숙박업을 경영하려는 자가 등록을 하기 전에 그 사업에 대한 사업계획을 작성하여 특별자치시장 · 특별자치도지사 · 시장 · 군수 · 구청장의 승인을 받은 때에는 일정 경우에 대하여 그 허가 또는 해제를 받거나 신고한 것으로 본다. 그러한 경우로 명시되지 않은 것은?

① 「농지법」제34조제1항에 따른 농지전용의 허가
② 「초지법」제23조에 따른 초지전용(草地轉用)의 허가
③ 「하천법」제10조에 따른 하천구역 결정의 허가
④ 「사방사업법」제20조에 따른 사방지(砂防地) 지정의 해제

06 관광진흥법령상 여객자동차터미널시설업의 지정을 받으려는 자가 지정신청을 하여야 하는 기관은?

① 국토교통부장관 ② 시장
③ 군수 ④ 지역별 관광협회

07 관광진흥법상 전용영업장 등 문화체육관광부령으로 정하는 시설과 기구를 갖추어 문화체육관광부장관의 허가를 받아야 하는 관광사업에 해당하는 것은? (단, 다른 법령에 따른 위임은 고려하지 않음)

① 관광 편의시설업 ② 종합유원시설업
③ 카지노업 ④ 국제회의시설업

08 관광진흥법령상 관광사업자 등록대장에 기재되어야 하는 사업별 기재사항으로 옳은 것은?

① 여행업: 자본금
② 야영장업: 운영의 형태
③ 관광공연장업: 대지면적 및 건축연면적
④ 외국인관광 도시민박업: 부지면적 및 시설의 종류

09 관광진흥법령상 카지노업의 영업 종류 중 머신게임(Machine Game) 영업에 해당하는 것은?

① 빅 휠(Big Wheel) ② 비디오게임(Video Game)
③ 바카라(Baccarat) ④ 마작(Mahjong)

10 관광진흥법상 문화체육관광부령으로 정하는 주요한 관광사업 시설의 전부를 인수한 자가 그 관광사업자의 지위를 승계하는 경우로 명시되지 않은 것은?

① 「민사집행법」에 따른 경매
② 「채무자 회생 및 파산에 관한 법률」에 따른 환가(換價)
③ 「지방세징수법」에 따른 압류 재산의 매각
④ 「민법」에 따른 한정승인

11 관광진흥법령상 관광 업무별 종사하게 하여야 하는 자를 바르게 연결한 것은?

① 내국인의 국내여행을 위한 안내 – 관광통역안내사 자격을 취득한 자
② 외국인 관광객의 국내여행을 위한 안내 – 관광통역안내사 자격을 취득한 자
③ 현관 · 객실 · 식당의 접객업무 – 호텔관리사 자격을 취득한 자
④ 4성급 이상의 관광호텔업의 총괄관리 및 경영업무 – 호텔관리사 자격을 취득한 자

12 관광진흥법령상 관광종사원인 甲이 파산선고를 받고 복권되지 않은 경우 받는 행정처분의 기준은?

① 자격정지 1개월
② 자격정지 3개월
③ 자격정지 5개월
④ 자격취소

13 관광진흥법령상 유원시설업자는 그가 관리하는 유기기구로 인하여 중대한 사고가 발생한 경우 즉시 사용중지 등 필요한 조치를 취하고 특별자치시장 · 특별자치도지사 · 시장 · 군수 · 구청장에게 통보하여야 한다. 그 중대한 사고의 경우로 명시되지 않은 것은?

① 사망자가 발생한 경우
② 신체기능 일부가 심각하게 손상된 중상자가 발생한 경우
③ 유기기구의 운행이 30분 이상 중단되어 인명 구조가 이루어진 경우
④ 사고 발생일부터 5일 이내에 실시된 의사의 최초 진단결과 1주 이상의 입원 치료가 필요한 부상자가 동시에 2명 이상 발생한 경우

14 관광진흥법령상 문화체육관광부장관이 문화관광축제의 지정 기준을 정할 때 고려하여야 할 사항으로 명시되지 않은 것은?

① 축제의 특성 및 콘텐츠
② 축제의 운영능력
③ 해외마케팅 및 홍보활동
④ 관광객 유치 효과 및 경제적 파급효과

15 관광진흥법령상 관광숙박업이나 관광객 이용시설업으로서 관광사업의 등록 후부터 그 관광사업의 시설에 대하여 회원을 모집할 수 있는 관광사업에 해당하는 것은?

① 전문휴양업
② 호텔업(단, 제2종 종합휴양업에 포함된 호텔업의 경우는 제외)
③ 야영장업
④ 관광유람선업

16 관광진흥법령상 한국관광협회중앙회에 관한 내용으로 옳은 것은?

① 한국관광협회중앙회가 수행하는 회원의 공제사업은 문화체육관광부장관의 허가를 받아야 한다.
② 한국관광협회중앙회는 문화체육관광부장관에게 신고함으로써 성립한다.
③ 한국관광협회중앙회의 설립 후 임원이 임명될 때까지 필요한 업무는 문화체육관광부장관이 지정한 자가 수행한다.
④ 한국관광협회중앙회는 조합으로 지역별 · 업종별로 설립한다.

17 관광진흥법령상 관광취약계층에 해당하는 자는? (단, 다른 조건은 고려하지 않음)

① 10년 동안 해외여행을 한 번도 못 한 60세인 자
② 5년 동안 국내여행을 한 번도 못 한 70세인 자
③ 「한부모가족지원법」 제5조에 따른 지원대상자
④ 「국민기초생활 보장법」 제2조제11호에 따른 기준 중위소득의 100분의 90인 자

18 관광진흥법령상 관광관련학과에 재학중이지만 관광통역안내의 자격이 없는 A는 외국인 관광객을 대상으로 하는 여행업에 종사하며 외국인을 대상으로 관광안내를 하다가 2017년 1월 1일 적발되어 2017년 2월 1일 과태료 부과처분을 받은 후, 재차 외국인을 대상으로 관광안내를 하다가 2019년 1월 10일 적발되어 2019년 2월 20일 과태료 부과처분을 받았다. 이 경우 2차 적발된 A에게 적용되는 과태료의 부과기준은? (단, 다른 감경사유는 고려하지 않음)

① 30만원
② 50만원
③ 60만원
④ 100만원

19 관광진흥법령상 관광특구에 관한 내용으로 옳은 것은?

① 서울특별시장은 관광특구를 신청할 수 있다.
② 세종특별자치시장은 관광특구를 신청할 수 있다.
③ 최근 1년간 외국인 관광객 수가 5만 명 이상인 지역은 관광특구가 된다.
④ 문화체육관광부장관 및 시 · 도지사는 관광특구진흥계획의 집행 상황을 평가하고, 우수한 관광특구에 대하여는 필요한 지원을 할 수 있다.

20 관광진흥개발기금법상 관광진흥개발기금(이하 '기금'이라 함)에 관한 내용으로 옳지 않은 것은?

① 기금의 회계연도는 정부의 회계연도에 따른다.
② 문화체육관광부장관은 한국산업은행에 기금의 계정(計定)을 설치하여야 한다.
③ 문화체육관광부장관은 매년 「국가재정법」에 따라 기금운용계획안을 수립하여야 한다.
④ 기금은 문화체육관광부장관이 관리한다.

21 다음은 관광진흥개발기금법령상 기금운용위원회의 회의에 관한 조문의 일부이다. (　)에 들어갈 내용으로 옳은 것은?

회의는 재적위원 (ㄱ)의 출석으로 개의하고, 출석위원 (ㄴ)의 찬성으로 의결한다.

① ㄱ: 3분의 1 이상, ㄴ: 과반수
② ㄱ: 3분의 1 이상, ㄴ: 3분의 2 이상
③ ㄱ: 과반수, ㄴ: 과반수
④ ㄱ: 3분의 2 이상, ㄴ: 3분의 1 이상

22 관광진흥개발기금법령상 해외에서 8세의 자녀 乙과 3세의 자녀 丙을 동반하고 선박을 이용하여 국내 항만을 통하여 입국하는 甲이 납부하여야 하는 관광진흥개발기금의 총합은? (단, 다른 면제사유는 고려하지 않음)

① 0원　　② 2천원
③ 3천원　　④ 3만원

23 국제회의산업 육성에 관한 법령상 국제회의도시의 지정을 신청하려는 자가 문화체육관광부장관에게 제출하여야 하는 서류에 기재하여야 할 내용으로 명시되지 않은 것은?

① 지정대상 도시 또는 그 주변의 관광자원의 현황 및 개발계획
② 국제회의시설의 보유 현황 및 이를 활용한 국제회의산업 육성에 관한 계획
③ 숙박시설 · 교통시설 · 교통안내체계 등 국제회의 참가자를 위한 편의시설의 현황 및 확충계획
④ 국제회의 전문인력의 교육 및 수급계획

24 甲은 국제회의산업 육성에 관한 법령에 따른 국제회의시설 중 전문회의시설을 설치하고자 한다. 이 경우 전문회의시설이 갖추어야 하는 충족요건 중 하나에 해당하는 것은?

① 30명 이상의 인원을 수용할 수 있는 중 · 소회의실이 10실 이상 있을 것
② 「관광진흥법」제3조제1항제2호에 따른 관광숙박업의 시설로서 150실 이상의 객실을 보유한 시설이 있을 것
③ 「유통산업발전법」제2조제3호에 따른 대규모점포인근에 위치하고 있을 것
④ 「공연법」제2조제4호에 따른 공연장으로서 1천석 이상의 객석을 보유한 공연장이 있을 것

25 국제회의산업 육성에 관한 법령상 문화체육관광부장관이 전자국제회의 기반의 구축을 촉진하기 위하여 사업시행기관이 추진하는 사업을 지원할 수 있는 경우로 명시된 것은?

① 국제회의 정보망의 구축 및 운영
② 국제회의 정보의 가공 및 유통
③ 인터넷 등 정보통신망을 통한 사이버 공간에서의 국제회의 개최
④ 국제회의 정보의 활용을 위한 자료의 발간 및 배포

제2과목 : 관광학개론

26 관광숙박업을 등록하고자 하는 홍길동이 다음 조건의 시설을 갖추고 있을 경우 등록할 수 있는 숙박업은?

> · 욕실이나 샤워시설을 갖춘 객실이 29실이며, 부대시설의 면적 합계가 건축 연면적의 50% 이하이다.
> · 홍길동은 임대차 계약을 통해 사용권을 확보하고 있으며, 영어를 잘하는 동생이 매니저로 일할 수 있다.
> · 조식을 제공하고 두 종류 이상의 부대시설을 갖추고 있다.

① 가족호텔업
② 관광호텔업
③ 수상관광호텔업
④ 소형호텔업

27 관광사업의 공익적 특성 중 사회 · 문화적 측면에서의 효과가 아닌 것은?

① 국제문화의 교류
② 국민보건의 향상
③ 근로의욕의 증진
④ 외화획득과 소득효과

28 아래 게임의 종류는 무엇이며 누구의 승리인가?

홍길동이 카지노에서 게임을 벌이던 중 홍길동이 낸 카드 두 장의 합이 8이고 뱅커가 낸 카드 두 장의 합이 7이다.

① 바카라, 홍길동의 승리
② 바카라, 뱅커의 승리
③ 블랙잭, 홍길동의 승리
④ 블랙잭, 뱅커의 승리

29 2019년 9월 7일 현재, 출국 시 내국인의 면세물품 총 구매한도액은?

① 미화 4,000달러
② 미화 5,000달러
③ 미화 6,000달러
④ 미화 7,000달러

30 국제회의기준을 정한 공인 단체명과 이에 해당하는 용어의 연결이 옳은 것은?

① AACVA – 아시아 콩그레스 VIP 연합회
② ICAO – 국제 컨벤션 연합 조직
③ ICCA – 국제 커뮤니티 컨퍼런스 연합
④ UIA – 국제회의 연합

31 특정 국가의 출입국 절차를 위해 승객의 관련 정보를 사전에 통보하는 입국심사 제도는?

① APIS
② ARNK
③ ETAS
④ WATA

32 제주항공, 진에어, 이스타 등과 같은 저비용 항공사의 운영형태나 특징에 관한 설명으로 옳은 것은?

① 중 · 단거리에 비해 주로 장거리 노선을 운항하고 제1공항이나 국제공항을 이용한다.
② 중심공항(Hub)을 지정해 두고 주변의 중 · 소도시를 연결(Spoke)하는 방식으로 운영한다.
③ 항공권 판매의 주요 통로는 인터넷이며 항공기 가동률이 매우 높다.
④ 여러 형태의 항공기 기종으로 차별화된 다양한 서비스를 제공한다.

33 우리나라의 의료관광에 관한 설명으로 옳은 것은?

① 웰빙과 건강추구형 라이프스타일 변화에 따라 융 · 복합 관광분야인 웰니스관광으로 확대되고 있다.
② 최첨단 의료시설과 기술로 외국인을 유치하며 시술이나 치료 등의 의료에만 집중하고 있다.
③ 휴양, 레저, 문화활동은 의료관광의 영역과 관련이 없다.
④ 의료관광서비스 이용가격이 일반 서비스에 비해 저렴한 편이며, 체류 일수가 짧은 편이다.

34 국내 크루즈 산업의 발전방안으로 옳은 것은?

① 크루즈 여행일수를 줄이고 특정 계층만이 이용할 수 있도록 하여 상품의 가치를 높인다.
② 계절적 수요에 상관없이 정기적인 운영이 필요하다.
③ 특별한 목적이나 경쟁력 있는 주제별 선상프로그램의 개발을 통해 체험형 오락거리가 풍부한 여행상품으로 개발해야 한다.
④ 까다로운 입 · 출항 수속절차를 적용해 질 좋은 관광상품이라는 인식을 심어준다.

35 여행상품 가격결정요소 중 상품가격에 직접적인 영향을 미치지 않는 것은?

① 출발인원 수
② 광고 · 선전비
③ 교통수단 및 등급
④ 식사내용과 횟수

36 관광진흥법상 관광숙박업 분류 중 호텔업의 종류가 아닌 것은?

① 수상관광호텔업
② 한국전통호텔업
③ 휴양콘도미니엄업
④ 호스텔업

37 다음 설명에 해당하는 여행업의 산업적 특성으로 옳은 것은?

> 여행업은 금융위기나 전쟁, 허리케인, 관광목적지의 보건 · 위생 등에 크게 영향을 받는다.

① 계절성 산업
② 환경민감성 산업
③ 종합산업
④ 노동집약적 산업

38 A는 국제회의업 중 국제회의기획업을 경영하려고 한다. 국제회의기획업의 등록기준으로 옳은 것을 모두 고른 것은?

> ㄱ. 2천명 이상의 인원을 수용할 수 있는 대회의실이 있을 것
> ㄴ. 자본금이 5천만원 이상일 것
> ㄷ. 사무실에 대한 소유권이나 사용권이 있을 것
> ㄹ. 옥내와 옥외의 전시면적을 합쳐서 2천제곱미터 이상 확보하고 있을 것

① ㄱ, ㄴ
② ㄱ, ㄹ
③ ㄴ, ㄷ
④ ㄷ, ㄹ

39 한국 국적과 국경을 기준으로 국제관광의 분류가 옳은 것은?

① 자국민이 자국 내에서 관광 – Inbound Tourism
② 자국민이 타국에서 관광 – Outbound Tourism
③ 외국인이 자국 내에서 관광 – Outbound Tourism
④ 외국인이 외국에서 관광 – Inbound Tourism

40 1960년대 관광에 관한 설명으로 옳지 않은 것은?

① 관광기본법 제정
② 국제관광공사 설립
③ 관광통역안내원 시험제도 실시
④ 국내 최초 국립공원으로 지리산 지정

41 연대별 관광정책으로 옳은 것은?

① 1970년대 – 국제관광공사법 제정
② 1980년대 – 관광진흥개발기금법 제정
③ 1990년대 – 관광경찰제도 도입
④ 2000년대 – 제2차 관광진흥 5개년 계획 시행

42 국제관광의 의의로 옳은 것을 모두 고른 것은?

ㄱ. 세계평화 기여	ㄴ. 문화교류 와해
ㄷ. 외화가득률 축소	ㄹ. 지식확대 기여

① ㄱ, ㄷ
② ㄱ, ㄹ
③ ㄴ, ㄷ
④ ㄴ, ㄹ

43 세계관광기구(UNWTO)에 관한 설명으로 옳지 않은 것은?

① 1975년 정부 간 협력기구로 설립
② 문화적 우호관계 증진
③ 2003년 UNWTO로 개칭
④ 경제적 비우호관계 증진

44 근접국가군 상호 간 관광진흥 개발을 위한 국제관광기구로 옳은 것은?

① ASTA
② ATMA
③ IATA
④ ISTA

45 마케팅 시장세분화의 기준 중 인구통계적 세부 변수에 해당하지 않는 것은?

① 성별 ② 종교
③ 라이프스타일 ④ 가족생활주기

46 관광매체 중 공간적 매체로서의 역할을 하는 것은?

① 교통시설 ② 관광객이용시설
③ 숙박시설 ④ 관광기념품 판매업자

47 관광의 사회적 측면에서 긍정적인 효과가 아닌 것은?

① 국제친선 효과 ② 직업구조의 다양화
③ 전시 효과 ④ 국민후생복지 효과

48 관광의사결정에 영향을 미치는 개인적 요인으로 옳은 것은?

① 가족 ② 학습
③ 문화 ④ 사회계층

49 2018년에 UNESCO 세계유산에 등재된 한국의 산사에 해당하지 않는 것은?

① 통도사 ② 부석사
③ 법주사 ④ 청량사

50 국내 전시 · 컨벤션센터와 지역의 연결이 옳지 않은 것은?

① 대구 - DXCO ② 부산 - BEXCO
③ 창원 - CECO ④ 고양 - KINTEX

정답

ANSWER

01 ②	02 ①	03 ①	04 ②	05 ③	06 ④	07 ③	08 ①	09 ②	10 ④
11 ②	12 ④	13 ④	14 ③	15 ②	16 ①	17 ③	18 ④	19 ④	20 ②
21 ③	22 ①	23 ④	24 ①	25 ③	26 ④	27 ④	28 ①	29 ②	30 ④
31 ①	32 ③	33 ①	34 ③	35 ②	36 ③	37 ②	38 ③	39 ②	40 ①
41 ④	42 ②	43 ④	44 ②	45 ③	46 ①	47 ③	48 ②	49 ④	50 ①

저자 **강익준**

- 제주 출생
- 중앙대학교 법과대학 법학과 졸업
- 경희대학교 경영대학원 관광경영학과 졸업
- 스위스 CHUR Hotel Management & Tourism 대학 졸업

| 현 |

- (주)동아아카데미 관광교육원장
- 한양여자대학 강사
- 한국산업인력공단 강사
- 한서전문학교 강사
- 신흥대학 사회교육원 강사
- 한국표준협회 관광통역안내원 과정 강사
- 한영신학대학교 강사
- 서울외국어아카데미학원 강사
- 세종외국어학원 강사
- 한국관광학회 정회원
- 부산외국어대학교 동남아 창의인재센터 관광통역안내사 과정 초빙 강사

| 저서 |

- 관광학개론(삼영서관)
- 관광법규(삼영서관)
- 면접시험가이드 일본어 · 일반과목(삼영서관)
- Interview English(삼영서관)

관광학개론 · 관광법규
요점 및 기출 · 예상문제집

2020년 3월 10일 개정판 1쇄 인쇄
2020년 3월 15일 개정판 1쇄 발행

저　　자 강익준
펴 낸 이 이장희
펴 낸 곳 삼영서관
디 자 인 디자인클립

주　　소 서울 동대문구 한천로 229, 3F
전　　화 02) 2242-3668
팩　　스 02) 6499-3658
홈페이지 www.sysk.kr
이 메 일 syskbooks@naver.com
등 록 일 2018년 7월 5일
등록번호 제 2018-000032호
책　　값 20,000원
ISBN 979-11-90478-01-4 13980